W0175921

Nachhaltige und wirksame Mitarbeitermotivation

Praxium-Verlag
Kalchbühlstr. 50
CH-8038 Zürich
Tel. + 41 44 481 14 64
Fax. + 41 44 481 14 65
www.praxium.ch

Marco De Micheli

Nachhaltige und wirksame Mitarbeitermotivation

Praxisgrundsätze, Fallbeispiele, Motivations- und Führungsprinzipien und konkrete Motivationsideen inklusive Mitarbeitergespräche und Kommunikationsregeln zur Motivationssteigerung von Mitarbeitern im Betriebsalltag.

PRAXIUM-Verlag, Zürich

Der Autor

Marco De Micheli war viele Jahre in führenden Positionen tätig. Seine breite Erfahrung in der Mitarbeiterführung und seine intensive Auseinandersetzung mit Fragen der Kommunikation und Motivation kommen daher in diesem Buch mit vielen Praxisbeispielen stark zum Ausdruck.

ISBN: 3-9522958-3-3

2. Auflage 2009

Copyright © Praxium-Verlag, Zürich, 2009
Alle Rechte vorbehalten
Umschlaggestaltung: Wilber's Grafik & Druck, Basel, www.wilber.ch
Lektorat: Renate Monnin
Druck: P+M Grafické Studio, SK-03853 Turany

Inhaltsverzeichnis

Vorwort

Personalabbau, exzessive Top-Manager-Löhne und fragwürdige Managementphilosophien wie der Shareholder Value haben das Vertrauen und die Arbeitsmotivation in den letzten Jahren massiv beeinträchtigt. Alarmierend ist dabei: Viele Mitarbeiter "schieben oft nur noch Dienst nach Vorschrift". In etlichen Befragungen bezeichnet sich zudem im Durchschnitt jeweils nur knapp ein Viertel der Befragten als bei ihrer Arbeit hoch engagiert; zwei Drittel sind moderat engagiert - gegen 14 Prozent haben innerlich oft schon gekündigt.

Diese Zahlen und Fakten belegen auf alarmierende Weise, wie dringend sich Unternehmen und Führungskräfte mit der Motivation auseinandersetzen und diese bei sich selber und ihren Mitarbeitern verbessern müssen. Denn sich verändernde Ansprüche und Lebensgrundhaltungen – Stichworte sind dabei Worklife-Balance, zunehmende Burnout-Syndrome, ein neues Arbeitsverständnis, veränderte Grundwerte – kommen hinzu und erfordern zusätzliche Anstrengungen in einem komplexer werdenden Umfeld.

Dieses Buch versucht, die Motivation einerseits möglichst ganzheitlich anzugehen und andererseits pragmatische und praktische Hilfestellung zu leisten. Patentrezepte für eine "im Motivationsparadies schwebende Mitarbeiterschaft", kann kein seriöses Buch bieten. Konkrete Anregungen, unkonventionelle Ideen, Anleitungen zu motivierendem Führungsverhalten und praxiserprobte Handlungsgrundsätze und Erfahrungswerte aus der Unternehmenspraxis hingegen sehr wohl. Wissenschaftliche Werke bestehen zu Hunderten, doch an praxisorientierten und zur Umsetzung ermunternder Fachinformation mangelt es eher. Deshalb halten Sie dieses Buch in Händen.

Wir laden Sie ein, es aktiv, kritisch und handlungsorientiert zu nutzen. Seien Sie sich aber bewusst: Motivation ist letztlich kein Management-Handwerk, das man sich bei Motivations-Gurus und an Seminaren auf die Schnelle zulegen kann.

Motivation entspringt vielmehr – sowohl auf Ebene der Unternehmenskultur wie auch der gelebten Führungspraxis – einer gegenüber Menschen und deren Leistungen positiven und respektbasierenden Grundhaltung. Ohne sie sind alle Massnahmen zum Scheitern verurteilt und bleiben schiere Kosmetik.

Autor und Verlag 2006

Die Praxis-Systematik dieses Buches

Der Praxium-Verlag setzt alles daran, die Praxisnähe und Umsetzbarkeit seiner Fachinformationen permanent zu verbessern. Beachten Sie daher die in diesem Buch angewandten Formen der Informationsaufbereitung, Konzeption, Systematik und Praxishilfen.

Praxis-Merkpunkte	Die Kästchen "Wichtiger Merkpunkt für die Praxis" beinhalten auf den Punkt gebrachte Kernaussagen, die für die Praxisumsetzung eine besonders grosse Bedeutung haben.
Fallbeispiele	Als solche gekennzeichnete Fallbeispiele veranschaulichen wichtige Sachverhalte anhand eines konkreten Falles aus der Betriebspraxis. Sie enthalten oft auch umsetzbare Anregungen und Massnahmen-Möglichkeiten.
Check-it	Bei diesen Arbeitsblättern kann man Sachverhalte interaktiv bewerten, Vorschläge gewichten und Eigenbeurteilungen oder Prioritäten für die Umsetzung vornehmen. Diese Vorlagen sind alle auch auf CD-ROM enthalten.
Schaubilder	Kernaussagen werden visualisiert, auf wesentliche Aspekte reduziert und in kompakter Form nochmals zusammengefasst oder aus einem anderen Blickwinkel gezeigt.
Vorlagen	Konzepte, Merkblätter, Textbausteine, Mustertexte, Gesprächsscripts und mehr sind konkret ausgearbeitete Vorlagen, die mit geringfügigen Änderungen sofort in die Praxis übernommen werden können.
Kurzübersichten	Auf das Wesentliche reduzierte tabellarische Kurzübersichten geben Schritt-für-Schritt-Anleitungen.
Mehr im Web	Websites im Internet zur Vertiefung, dem Kennenlernen anderer Standpunkte und Sichtweisen oder zur interaktiven Auseinandersetzung mit dem Thema.
CD-ROM-Vorlagen	Alle Arbeitsblätter und Vorlagen sind als Word-Vorlagen auch auf CD-ROM enthalten und können dort einfach ergänzt und verändert werden. Darstellungen können zudem auch für andere Themen eingesetzt werden.

Bedeutung und Grundsätze der Motivation

Über Motivation sind Hunderte von Büchern und wissenschaftliche Arbeiten geschrieben und Seminare gehalten worden. Die Thematik ist komplex, hat aber heute in der Betriebspraxis mehr denn je einen sehr hohen Stellenwert. Im nachfolgenden Kapitel versuchen wir, die Motivation von verschiedenen Blickwinkeln aus näherzubringen und dabei vor allem die Ganzheitlichkeit bewusst zu machen. Bei den Grundsätzen geht es darum, mit der Fokussierung auf das Wesentliche einen ersten Gesamtüberblick zu den im Buch behandelten Themen zu geben.

Motivation – ein Definitionsversuch

Etwas trocken, aber wohl in der ganzheitlichen Sichtweise zutreffend, kann Motivation wie folgt definiert werden: Zustand einer Person, der sie dazu veranlasst, eine bestimmte Handlungsalternative auszuwählen, um ein bestimmtes Ergebnis bzw. eine bestimmte Leistung zu erreichen und der dafür sorgt, dass diese ihr Verhalten hinsichtlich Richtung und Intensität beibehält. Der Begriff der Motivation wird oft auch im Sinne von Handlungsantrieben oder Bedürfnissen verwendet. Twyla Dell definiert in seinem Buch "How to move people" nüchtern aber wohl sehr ganzheitlich: "Im Kern bedeutet Motivation, den Menschen das zu geben, was sie sich von der Arbeit am meisten erhoffen. Je mehr man in der Lage ist, ihnen das zu geben, desto eher kann man von ihnen das erwarten, was man sich wirklich wünscht: Produktivität, Qualität und Service".

Die generelle Wörterbuch-Definition

Wer eine breit und ganz korrekt abgestützte und ganzheitliche Definition wünscht: Motivation (lateinisch movere = bewegen; PPP = motum) bezeichnet innerhalb der Psychologie die Beweggründe oder Bereitschaft für ein spezielles Verhalten. In der Ethnologie wird immer häufiger der Begriff Handlungsbereitschaft verwendet. Die Motivation ist abhängig von der inneren Situation in Verbindung mit entsprechenden inneren (intrapersonellen) oder äusseren (interpersonellen) Reizen. Diese Reize können motivierend (die Motivation auslösend oder steigernd) oder demotivierend (die Motivation senkend oder auslöschend) sein.

Die wissenschaftliche Definition

Die Wissenschaft bezeichnet allgemein ausgedrückt Motive in der Psychologie als richtunggebende, leitende und antreibende psychische Ursachen des Handelns. Motive befähigen ihren Besitzer, bestimmte Gegenstände wahrzunehmen und durch die Wahrnehmung eine emotionale Erregung zu erleben, daraufhin in bestimmter Weise zu handeln oder wenigstens den Impuls zur Handlung zu verspüren. Es werden dabei zwischen biogenen oder primären Motiven und Soziogenen oder sekundären Motiven unterschieden. Biogene sind angeboren und haben eine genetische Grundlage. Es gilt heute als sicher, dass auch angeborene Motive durch Umwelteinflüsse überlagert und ausgestaltet werden. Soziogene oder sekundäre Motive werden gelernt bzw. erworben. Für deren individuelle Ausprägung sind besonders die Einflüsse während der ersten Lebensjahre entscheidend.

Mehr im Web

Vertiefende Informationen aus wissenschaftlicher Sicht finden Sie hier: www.stangl-taller.at/arbeitsblaetter

Die pragmatische Definition

Interessant und sehr pragmatisch ist auch die Definition von Jörg Zeyeringer, dem Autor des übrigens sehr lesenswerten Buches "Der Treppenläufer": "Motivation heisst, ein klares, konkretes Ziel vor Augen zu haben, zu versuchen, es mit sehr hohem Einsatz zu erreichen und dabei konsequent bei der Sache zu bleiben". Grundsätzlich sollte Motivation von zwei Seiten aus betrachtet werden:

- Massnahmen, um andere Menschen für ein Vorhaben zu gewinnen, so dass sie idealerweise mit Begeisterung und Freude mitmachen.
- Massnahmen, die verhindern, dass Menschen demotiviert werden, also das Dafürsorgen, dass die Beteiligten möglichst störungsfrei und effektiv arbeiten können.

Wirklich motivierte Mitarbeiter und Menschen sind von sich aus bereit, ihr Bestes an Leistung und Engagement zu geben, arbeiten aus einer inneren Überzeugung heraus und sind persönlich an einem guten Ergebnis und an guter Arbeitsqualität interessiert. Da Mitarbeitermotivation eng mit der persönlichen Prioritätensetzung von Beruf und Arbeit zusammenhängt, sollte man schon bei der Personalgewinnung stark auf Kriterien der Motivierbarkeit achten. Doch darüber hinaus ist Motivation eng mit Führungsqualitäten, Kommunikation, dem positiven Menschenbild und einer entsprechenden Unternehmenskultur verbunden.

Die Kunst, Mitarbeiter zu motivieren

Wer andere motivieren will, muss zunächst bei sich selbst anfangen – eine einfache aber grundlegende Voraussetzung. Eine ehrliche und selbstkritische Bestandsaufnahme der eigenen Persönlichkeit ist unerlässlich, wenn man Mitarbeiter für etwas gewinnen will. Um dies zu erreichen, muss man bei sich selbst Blockaden und hinderliche Einstellungen auflösen und sich über die zentralen Motivationsfaktoren und das Menschenbild im klaren sein.

Wer übrigens meint, Motivation von Mitarbeitern sei ein Thema moderner Mitarbeiterführung, irrt sich. Es war John Ruskin, der schon im Jahre 1851 treffend einige wesentliche Grundregeln der Motivation formulierte: "Damit die Menschen bei ihrer Arbeit glücklich sind, sind drei Dinge nötig: Sie müssen für ihre Arbeit geeignet sein, sie dürfen nicht zu viel arbeiten und sie müssen Erfolge erleben".

Der eigene Motivationsbeitrag

Bevor man an die Motivation anderer herangeht, sollte man sich zunächst eine ehrliche Antwort auf die Frage geben, was man selbst bereit ist, dafür zu tun, um andere zu motivieren. Andere zu motivieren bedeutet, dass Sie Kraft aufwenden müssen und aus einer glaubwürdigen Grundhaltung heraus ein ehrlicher und überzeugender Motivator sind. Sie selbst müssen mehr als alle anderen motiviert sein! Wenn Ihre eigene Motivation zu schnell nachlässt oder zu sprunghaft ist, werden Sie auch andere Menschen nicht dauerhaft motivieren können. Möglicherweise müssen Sie bei Konflikten vermitteln und schlichten und permanent bereit sein, selbst ständig dazuzulernen, Ihre Massnahmen zu überprüfen und zu ändern, wenn dies die Umstände erfordern.

Überprüfen Sie Ihr Menschenbild

Neben der eigenen Motivation sollte man sich aber auch der Einstellungen und Glaubenssätzen anderer Menschen bewusst sein. Die Einstellung und Grundhaltung ist entscheidend: Von Ihrer Einstellung und dem ehrlichen Respekt anderen Menschen und der Leistungsfähigkeit Mitarbeitern gegenüber hängt nicht nur ab, wie Sie diese und ihre Bemühungen erleben, sondern auch, wie Sie selbst auf andere wirken und damit wie erfolgreich Ihre Motivationsanstrengungen überhaupt sind.

Wie man in den Wald hineinruft, so schallt es zurück! – wie immer es um eine Einstellung steht, Mitarbeiter spüren instinktiv, wie Sie über sie denken und was Sie von Ihnen halten. Wenn Sie z.B. der Meinung sind, dass ihr Assistent im Grunde zu nichts zu gebrauchen ist, dann wird er das spüren und unbewusst entweder Ihrem Bild nachkommen oder sich zumindest abwehrend verhalten und ihre Glaubwürdigkeit in Frage stellen. Gehen Sie aber offen und positiv auf andere Menschen zu, werden diese viel eher genau Ihren Erwartungen entsprechen.

Wichtiger Merkpunkt für die Praxis

Ein positives und respektbasierendes Menschenbild ist eine absolute Voraussetzung für wirksame und glaubwürdige Motivationsarbeit. Achten Sie vor allem bei der Rekrutierung von Führungskräften und Besetzung von Schlüsselpositionen auf diese Grundhaltung. Das Menschenbild ist ein Grundwert, der nur schwer entscheidend verändert werden kann.

Die Vielfalt der Einflussfaktoren auf die Motivation

- **Menschen**
  - Mitarbeiter, der leistungsbereit sein muss
  - Vorgesetzter, der Leistung optimal ermöglichen soll
- **Aufgaben**
  - Stärken und Fähigkeiten nutzende Aufgaben
  - Spannende Herausforderungen und attraktive Ziele
- **Hilfsmittel**
  - Geräte, Instrumente, Werkzeuge als Unterstützung
  - Eigenkontroll-, Mess- und Effizienzmittel
- **Singgebungen**
  - Übereinstimmung mit eigenen Grundwerten
  - Entwicklung und Perspektiven aufzeigend und bietend
- **Situation und Unternehmen**
  - Vorherrschendes Menschenbild und Führungsstile
  - Handlungsspielräume und Einbringen der Persönlichkeit

Die Bedeutung von persönlichen Grundwerten

Erkennen Sie Ihre Glaubenssätze und die Leitmotive anderer Menschen und Mitarbeiter – entscheidend ist, dass Sie sich über Ihre Einstellungen gegenüber Menschen bewusst werden. Beantworten Sie deshalb die folgenden Fragen für sich selbst so ehrlich wie möglich:

- Was sind die Botschaften über andere Menschen, die Sie in Ihrer Kindheit gehört haben?
- Was haben z.B. Ihre Eltern über die Nachbarn oder über Freunde und Minderheiten gesagt?
- Was fällt Ihnen spontan zu dem Wort "Menschheit" ein?
- Was trauen Sie - ganz grundsätzlich - anderen Menschen zu?
- Wie ist Ihre ehrliche Meinung von jeder einzelnen Person, mit der Sie zusammenarbeiten oder ein Projekt vorhaben?
- Was halten Sie von ihnen? Wie ist Ihre Wertschätzung den einzelnen Personen gegenüber?
- Wie offen sind Sie gegenüber den Ideen, Ansichten und Meinungen anderer Menschen?
- Wie reagieren Sie auf ausgefallene Vorschläge?
- Wie ehrlich können Sie die Leistungen anderer Menschen anerkennen, ohne neidisch zu sein oder Angst zu bekommen, ein anderer könnte besser sein als Sie?
- Wie realistisch oder vielleicht überzogen sind diese Ansprüche?

Die Problematik negativer Einstellungen und Grundwerte

Wenn Sie bei der Beantwortung der oben gezeigten Fragen feststellen, dass Sie von vornherein eher eine negative Einstellung gegenüber anderen Menschen haben, ihnen misstrauen oder befürchten, andere könnten Ihnen überlegen sein, dann sollten Sie daran arbeiten. Sie brauchen eine positive und respektbasierende Einstellung Menschen gegenüber, wenn Sie diese wirklich motivieren wollen. Setzen Sie sich konkrete Ziele dahingehend, welche Einstellungen Sie verändern wollen. Nutzen Sie dazu z.B. bestimmte Mentaltechniken oder Affirmationen. Lesen Sie Bücher, die Sie positiv motivieren und tauschen Sie sich mit Menschen aus, die anderen gegenüber eine positive Einstellung haben.

Die nachfolgende Tabelle zeigt Leitmotive bzw. Grundwerte von Mitarbeitern, die individuell sehr unterschiedlich sein können. Sie zu kennen ist äusserst wichtig für eine motivierende Führung. Das dann folgende Fallbeispiel zeigt ein konkretes Vorgehen auf.

Individuelle Leitmotive von Mitarbeitern Es ist wichtig, die individuellen Leitmotive und Grundwerte von Mitarbeitern zu kennen, um persönlichkeitsgerecht motivieren zu können	ausgeprägt	vorhanden	irrelevant
Name Mitarbeiter:			
Funktion:			
Jahresziele:			
Leitmotive des Mitarbeiters			
Streben nach und Erzielen von Erfolg			
Massnahmen:			
Hoher Leistungswille und -bereitschaft			
Massnahmen:			
Sicherheit des Arbeitsplatzes und Arbeitens			
Massnahmen:			
Anerkennung und Wertschätzung			
Massnahmen:			
Teamharmonie und Kommunikation			
Massnahmen:			
Status und Karriere			
Massnahmen:			
Weiterentwicklung der gesamten Persönlichkeit			
Massnahmen:			
Ausgeprägte Kreativität und Schaffenskraft			
Massnahmen:			

Fallbeispiel: Nach Motivationsprofil handeln

Ausgangslage
Barbara A. ist Sachbearbeiterin in einem Handelsunternehmen. Ihr Vorgesetzter führt ein Team von 10 Mitarbeitern, die in ihren Persönlichkeiten, Stärken und Interessen sehr unterschiedlich sind. Barbara A. zeigt seit einigen Wochen Desinteresse und ist wenig engagiert. Nun versucht ihr Vorgesetzter, ihre individuellen Motive zu erkunden.

Mitarbeiterpersönlichkeit
Barbara A. ist eine eher ruhige Mitarbeiterin, die sich im Hintergrund aufhält. Status und Karriere bedeuten ihr nicht viel und sie ist oft unsicher und sucht nach Anerkennung ihrer Arbeit und Leistung.

Beobachtung
Barbara A. arbeitet aber sehr genau und hat ein ganz besonderes Talent, mit Excel, Zahlen und Analysen zu arbeiten und diese dann hervorragend strukturiert und mit Grafiken dargestellt für Präsentationen auszuarbeiten. Nur solche Aufgaben hat sie zur Zeit eher wenige und sie arbeitet aber oft in Teams und Projekten, wo sie sich aufgrund ihrer Persönlichkeit nicht sehr wohl fühlt.

Massnahmen
In Absprache mit dem Team verändert ihr Vorgesetzter nun ihre Aufgaben. Er hat mit Barbara A. ein Gespräch geführt und sie auf seine Eindrücke angesprochen. Daraufhin nimmt ihr Vorgesetzter sie aus den Teams zurück und gibt ihr neu Excel-Arbeiten aus den Bereichen Reporting, HR- und Marketinganalysen. Für die Geschäftsleitung übernimmt Barbara A. auf Initiative ihres Vorgesetzten ein Kleinprojekt, in dem sie Vorlagen und Gestaltungsideen für das Management-Reporting erstellt und den nächsten Report von A-Z gestalten und layouten kann. Dafür organisiert ihr Vorgesetzter einen Fortgeschrittenen-Powerpoint-Kurs, in dem sie ihr Talent und das Anwendungsspektrum gezielt erweitern und vertiefen kann.

Resultate
Der Vorgesetzte hat Barbara A. schnell und offen auf das Problem angesprochen und durch Beobachtungen und das Gespräch hat er ihre Stärken erkannt und gesehen, für welche Aufgaben ihr "Herz schlägt". Die Änderung ihrer Aufgaben durch ein Job-Enlargement, ein das Selbstvertrauen stärkendes Projekt mit Erfolgserlebnissen und eine konkrete Weiterbildungsmassnahme bewirkten, dass Barbara A. ihre Motivation und Leistungsfreude nicht nur zurückgewinnen sondern vervielfachen kann.

Feedback einholen und kontinuierlich an sich arbeiten

Es ist sehr wichtig, sich selbst immer wieder zu überprüfen. Auch wenn Sie vielleicht glauben, alle hinderlichen Einstellungen beseitigt zu haben und bereits alle möglichen Motivationselemente einzusetzen, so sollten Sie sich dennoch immer wieder Feedback holen. Sie können Freunde oder Bekannte bitten, Ihnen ehrlich zu sagen, welchen Eindruck Sie auf sie machen. Sie sollten immer auch Ihre Mitarbeiter und Mitarbeiterinnen direkt um Feedback zu Ihren Aktionen und Massnahmen bitten. Fragen Sie konkret danach, was Sie besser tun können und ob und wie Sie vielleicht andere demotivieren. Bedanken Sie sich für alle Vorschläge, die Sie bekommen und seien Sie auch für konstruktive Kritik dankbar. Haben Sie den Mut, auch ruhig einmal unkonventionelle Ansätze auszuprobieren. Seien Sie bereit, ständig an sich zu arbeiten und Ihre Motivations- und Führungsfähigkeiten kontinuierlich zu verbessern. Wenn Sie erkennen, dass die Motivation anderer Menschen immer bei Ihnen selbst beginnt, sind Sie einen grossen Schritt weitergekommen.

Das motivationsfördernde Arbeitsklima

Die grösste Motivation entsteht aus der Freude und dem Spass am Tun und Arbeiten und ist von Begeisterung getragen. Damit aber die Arbeit oder die Aufgabe mit Freude angegangen wird, müssen bestimmte Faktoren vorherrschen. Entscheidend dabei ist, sich stets bewusst zu sein, dass die Bedürfnisse von Menschen sehr unterschiedlich sein können. Je besser Sie die Bedürfnisse Ihrer Mitarbeiter - mehr noch ihre Sehnsüchte, ihre Talente, ihre Wünsche, ihre Lebensziele, ihre Träume - kennen, desto besser und individueller können Sie darauf eingehen.

Das Wohlbefinden von Mitarbeitern

Das Wohlbefinden von Menschen beeinflusst ihre Motivation. Wohlbefinden können Sie durch zahlreiche Faktoren schaffen: Ehrliche Anerkennung, freundliche Farb- und Einrichtungsgestaltung, Pflanzen, kommunikationsfördernde Treffpunkte, kleine Angebote, unerwartete Überraschungen, das gemeinsame Feiern von Erfolgen und erbrachten Leistungen. Die Vorteile, die Sie durch zufriedene und motivierte Mitarbeiter erlangen, sollten Sie immer mit einrechnen.

Die Bedeutung von Humor und Spass

In Ihrem Unternehmen, Team oder Projekt sollte nicht alles zu ernst zugehen - eine lockere und humorvolle Atmosphäre ist ein ausgezeichneter Nährboden für Motivation und Spass an der Leistungserbringung. Freude und Humor tragen ganz wesentlich zum Wohlbefinden bei. Menschen, die über sich selbst lachen können, gehen mit Problemen viel leichter um und finden schnell neue Energien, bei Schwierigkeiten weiterzumachen. Lachen Sie gemeinsam über ein Missgeschick und packen Sie dann die Lösung an – auch Selbstironie oder grundsätzliches humorvolles Hinterfragen kann sehr sympathisch wirken. Zum Arbeitsklima die pointierte Meinung einer Führungskraft: "Die Sorge für die richtige Stimmung in der Mannschaft gehört zu jenen Bausteinen guter Unternehmensführung, um die sich jeder Manager persönlich kümmern muss.".

Sinngebung ist von zentraler Bedeutung

Menschen, die das Gefühl haben, dass ihre Tätigkeit sinnvoll ist, dass das Unternehmen ihre Leistung benötigt und anerkennt und die täglich spüren und erleben, dass sie gebraucht werden, arbeiten sehr viel motivierter als Personen, die das nicht so empfinden. Machen Sie Ihren Mitarbeitern immer wieder klar, was sie für die Firma oder das Projekt leisten und wie wertvoll und für das Unternehmen relevant ihre Leistungen sind. Sorgen Sie dafür, dass der Sinn und die Bedeutung jedes einzelnen Arbeitsplatzes für alle Beteiligten transparent ist und auch kommuniziert wird.

Wichtiger Merkpunkt für die Praxis

Erst sinngebende Arbeit macht einen kreativen Ausdruck der Mitarbeiterpersönlichkeit möglich und spricht sie konsequent mit allen ihren Stärken, Talenten, Fähigkeiten und Lebenserwartungen an. je mehr dabei Privates und Berufliches, also der Mitarbeiter in seiner gesamten Person, sich einbringen kann, desto stärker und nachhaltiger ist die Sinngebung und Motivation.

Gertrud Höhler, Managementberaterin und Buchautorin, bringt es in einem Interview zu Ihrem Buch "Die Sinn-Macher" auf den Punkt: "Unternehmen müssen Mitarbeitern ein Umfeld schaffen, in dem Angestellten klar wird: Hier bin ich nicht bloss für die Firma. Hier bin ich auch für mich". In diesem Interview weist die Autorin auch zu Recht darauf hin, dass es für Unternehmen gegenüber Führungskräften nur schon darum eine Verpflichtung sein sollte, deren Arbeit Sinn zu geben, da diese immerhin den Löwenanteil ihrer Lebenszeit im Unternehmen beansprucht.

Lassen Sie Ihre Tür stets offen für Gespräche

Hören Sie zu, wenn Ihre Mitarbeiter und Mitarbeiterinnen etwas sagen. Hören Sie sich interessiert ihre Vorschläge und Ideen an, auch wenn Sie vielleicht sofort erkennen, dass sie nicht realistisch oder durchführbar sind. Hören Sie sich auch Vorwürfe und Kritik an. Denken Sie immer daran, dass Sie aus allem, was Ihre Mitarbeiter oder Teammitglieder sagen, etwas über die Stimmung und damit auch über die individuelle Motivation erfahren können. Noch so beiläufig scheinende Randbemerkungen, private Sorgen oder Stresssituationen und Zeichen mangelnden Selbstvertrauens sollten Sie jederzeit Beachtung schenken und darauf reagieren.

Mehr im Web

Interaktives Programm zu Stressprävention und zum Stressabbau: www.stressnostress.ch

Anreize und Herausforderungen schaffen

Belohnungs- und Anreizsysteme können eine grosse Motivationskraft haben, wenn Sie dabei folgende Punkte beachten: Was ein wirklicher Anreiz ist, ist für jeden Mitarbeiter verschieden. Meistens ist es nicht die Lohnerhöhung oder der Bonus, die effektiv zur nachhaltigen und echten Motivation beitragen. Der eine sehnt sich vielleicht viel mehr nach persönlichem Lob und gezielter Anerkennung, eine andere Mitarbeiterin freut sich über kleine Geschenke, wieder ein anderer möchte so gerne einmal in der Firmenzeitschrift lobend erwähnt werden und noch ein anderer würde sich über ein paar spontan bewilligte, freie Freizeitstunden freuen. Und nicht immer kosten Belohnungen viel Geld. Es sind manchmal nur und vor allem die kleinen Gesten und Anerkennungen, die als eine ehrliche und wirksame Belohnung empfunden werden.

Förderung von Engagement

Förderung von Mitarbeitern

Ermutigen Sie Mitarbeiter dazu, über sich selbst hinauszuwachsen und bieten Sie die notwendigen Herausforderungen, dies tun zu können. Fördern Sie Höchstleistungen und haben Sie keine Bedenken davor, dass andere besser werden könnten als Sie. Wenn Sie das befürchten, ist die Gefahr gross, möglicherweise das Leistungsniveau künstlich niedrig zu halten und dabei auf der "Leistungsbremse zu stehen". Begrenzen Sie die Leistungen Ihrer Mitarbeiter oder Projektmitglieder nicht dadurch, dass Sie ihnen weniger zutrauen, als vielleicht möglich ist. Seien Sie offen für interessante Ideen und bahnbrechende Erfolge. Oft stellen wir selbst durch unsere Ängste oder unseren Pessimismus die eigentliche Begrenzung dar. Wichtig ist in diesem Zusammenhang auch, die Erfolgswahrscheinlichkeit so anzusetzen, dass sie relativ hoch und somit herausfordernd ist, aber nicht zu tief, da ohne Ehrgeiz und mit Unterforderung Ziele an Attraktivität verlieren.

Eigenverantwortung ermöglichen

Wer eigenverantwortlich handelt, ist oft viel stärker motiviert gute Leistungen zu vollbringen, als derjenige, der nur auf Anweisungen reagieren muss. Lassen Sie deshalb Ihren Mitarbeiterinnen und Teammitgliedern Freiräume - gestehen Sie ihnen Kompetenzbereiche zu, in denen sie ganz allein entscheiden können. Kontrollieren Sie nicht die Arbeit des Einzelnen, aber erwarten Sie Rechenschaft für das Tun und für getroffene Entscheidungen. Ermöglichen Sie, dass die Beteiligten unternehmerisch denken und handeln können. Dazu wiederum müssen Sie für Transparenz sorgen. Zahlen, Daten und Fakten über das Unternehmen, Projekte oder Vorhaben müssen allen leicht und ständig zugänglich sein. Nur so können die Einzelnen ihre Entscheidungen in einem grösseren Kontext treffen und die Wirkung einschätzen lernen. Und Sie selbst müssen bereit sein, Entscheidungskompetenz abzugeben.

Ehrgeiz erzeugen und fördern

Ein zu starker Ehrgeiz ist schädlich für ein gutes Arbeitsklima und kann sich belastend oder sogar kreativitätshemmend auswirken. Aber ein gesunder, sportlicher Ehrgeiz kann die Motivation positiv steigern. Es geht ganz einfach darum, in einer Art von sportlichem Ehrgeiz Lust daran zu bekommen, das Beste zu geben und sich mit anderen zu messen. Versuchen Sie ein Klima von gesundem Wettstreit zu entwickeln. Denken Sie daran, dass im Sport auch nur dann Höchstleistungen entstehen, wenn die Sportler sich mit anderen messen können.

Mut und Risikofreudigkeit belohnen

Es wird immer wieder Mitarbeiter geben, die sich mit ungewöhnlichen Ideen oder Aktionen von den anderen absetzen. Auch wenn jemand über das Ziel hinausschiesst oder möglicherweise Kompetenzen überschreitet, sollten Sie dieses Engagement grundsätzlich positiv bewerten. Nutzen Sie die Energien und die Dynamik solcher Menschen und leiten Sie sie durch konstruktive Gespräche und ungewöhnliche Massnahmen in die Richtung, die Sie sich wünschen. Solche Menschen können, wenn sie ein zu ihnen passendes Betätigungsfeld bekommen, oft Erstaunliches leisten. Sie dürfen nur nicht gebremst und damit demotiviert werden.

Motivationsfaktoren innerhalb der Arbeitsaufgabe

Es gibt eine Reihe von Faktoren innerhalb einer Arbeitsorganisation, die die Zufriedenheit der Mitarbeiter beeinflussen. Dies sind zum einen Faktoren, die untrennbar mit der Arbeitsaufgabe selbst verknüpft sind. Sie lassen sich nicht verändern, ohne die Arbeitsaufgabe selbst zu ändern. Daher werden diese Faktoren auch als intrinsische Motivatoren bezeichnet.

Je stärker das Bedürfnis der Mitarbeiter nach persönlichkeitsförderlicher Arbeit ist, desto stärker wirken Veränderungen dieser intrinsischen Faktoren auf die Zufriedenheit und damit auch auf die Motivation.

Motivationsfaktoren ausserhalb der Arbeitsaufgabe

Neben den Motivationsfaktoren, die unmittelbar von der eigentlichen Arbeitsaufgabe abhängen, wird bei vielen Projekten zur Organisationsgestaltung auf weitere Anreize geachtet, die sich relativ unabhängig von der Kernaufgabe beeinflussen lassen. Die Massnahmen zur Verbesserung dieser Anreize erscheinen auf den ersten Blick leichter umsetzbar zu sein, da nicht unbedingt Arbeitsabläufe umstrukturiert werden müssen. Persönlichkeitsförderliche Arbeit im Sinne hoher Eigenverantwortung wird aber nicht immer von allen Mitarbeitern bedingungslos gewünscht. Genau dann erreicht man über aufgaben-externe, also extrinsische Motivationsfaktoren kurzfristig eine schnellere Steigerung der Zufriedenheit. Sind diese Spielräume allerdings ausgereizt (z.B. im Lohngefüge), dann lässt die Wirkung solcher Massnahmen schnell nach. Wegen der anfangs schnellen Motivationserfolge wird dann manchmal fatalerweise in genau diesen Bereichen nach weiteren Chancen gesucht.

Unterschiedliche Motivationsformen

Primäre Motivation

Diese ergibt sich aus den Grundbedürfnissen der Menschen. Jeder Mensch hat Hunger und braucht Nahrung. Wenn ein Mensch friert, hat er das natürliche Bedürfnis nach Kleidung und Wärme. Primäre Motivation ist also jener Bedarf von uns Menschen an Dingen, ohne die wir nicht überleben könnten.

Sekundäre Motivation

Sekundäre Motivation entwickelt sich aus unserem Umfeld, unseren Lebensumständen heraus. So sehnen wir uns nach sozialen Kontakten sowie Sicherheit und Anerkennung.

Intrinsische Motivation

Hier kommt der Antriebsmotor des Menschen aus seinem Inneren heraus, es handelt sich um die Eigenmotivation. Dieser Motivation messen mittlerweile über 80% der Personalleiter die grösste Bedeutung zu. Der Mensch strebt nach Selbstverwirklichung, ist ehrgeizig und will dazu lernen. Bewunderung von aussen oder materielle Werte spielen keine Rolle. Die Handlung, die aus dieser Motivation entsteht, dient der persönlichen Befriedigung. Faktoren wie Spass und Interesse an einer Sache zu haben und aus eigenem Antrieb heraus auf Talenten und Stärken basierend Leistungen zu erbringen, stehen bei der intrinsischen Motivation im Vordergrund.

Extrinsische Motivation

Hierbei spielen äussere Anreize wie Entlohnung, Beförderung, Gehaltserhöhung und Anerkennung eine grosse Rolle. Es ist eine Motivationsform, die vom Unternehmen und Vorgesetzten von aussen aktiv initiiert und "geboten" wird. Motivation durch finanzielle Mittel ermöglichen es dem Angestellten sich private Wünsche und Träume zu verwirklichen.

Wichtiger Merkpunkt für die Praxis

Der wirkungsvoll kombinierte Einsatz beider Motivationsebenen ist – konsequent auf individuelle Mitarbeiterbedürfnisse ausgerichtet – von grosser Bedeutung. Die nachfolgende Tabelle zeigt konkrete Beispiele intrinsischer und extrinsischer Motive aus der Betriebspraxis auf einen Blick.

Unbewusste Motivation

Unbewusste Motivation lässt Handlungen ausführen, die dem Menschen selbst Schaden zufügen könnten (z.B. Suchtverhalten, ungesunde Ernährung usw.). Sigmund Freud hat daraus unbewusste Motive als Handlungsursache aufgeworfen. Die Begründung liegt in Motiven, die in der Kindheit entstanden sind und die dem Erwachsenen nicht bewusst sind.

Bewusste Motivation

Bewusste Motivation lässt Handeln zu, über welches man sich im Klaren ist und mit dem man ein bestimmtes Ziel erreichen möchte. Diese Motivation – gepaart mit der oben vorgestellten intrinsischen Motivation – ist eine ideale Kombination, um Leistungen mit einer kontinuierlichen Motivation erbringen zu können.

Intrinsische und extrinsische Anreize und Motivatoren	stark ausgeprägt	teilw. vorhanden	nicht vorhanden
Intrinsische (innere) Motivatoren			
Ausgeprägte Zielorientierung			
Ehrgeiz			
Spass			
Statusstreben			
Erfolgsstreben			
Sicherheitsbedürfnis			
Starkes Ordnungs- und Strukturbedürfnis			
Gemeinschaftssinn und Teamintegration			
Sinngebung und Selbstverwirklichung			
Unternehmensidentifikation			
Extrinsische (äussere) Motivatoren			
Entlöhnung, Boni, Incentives usw.			
Anerkennung und Lob			
Personalentwicklung und Lernumfeld			
Laufbahn und Karriere			
Beförderung			
Arbeitsplatz			
Arbeitshilfsmittel			
Dienstleistungen und Sozialangebot			

Herzbergs Zwei-Faktoren-Theorie

Herzberg hat seine 2-Faktoren-Theorie auf einer Untersuchung aufgebaut, bei der Arbeitnehmer nach Situationen im Arbeitsleben gefragt wurden, bei der sie grosse Zufriedenheit bzw. Unzufriedenheit verspürt haben. Diese zwei Faktoren beschrieb er in weiterer Folge als Motivatoren und Hygienefaktoren.

Motivatoren

Mit ihnen ist es möglich, Zufriedenheit zu bewirken. Ohne sie stellt sich eine Situation der Nicht-Zufriedenheit ein. Motivatoren sind stark an den Arbeitsinhalt gebunden: Anerkennung für geleistete Arbeit, Arbeitsinhalt und Aufstiegschancen sind Beispiele.

Hygienefaktoren

Hygienefaktoren betreffen die Grundbedürfnisse der Arbeit wie

- Arbeitsplatzbedingungen und Arbeitsplatzsicherheit
- Führungsstil
- Gehalt und Incentives

Verbesserungen dieser Hygienefaktoren können die Motivation als Ganzes durchaus erhöhen und so zum Beispiel die Einstellung zur Arbeit positiver gestalten. Deren Fehlen kann aber die eigentlichen Motivatoren wie Anerkennung und sinngebende Arbeitsinhalte wirkungslos machen. So kann ein Unternehmen in der Führung und Kultur eine vorbildliche Arbeitszufriedenheit erzielen, müssen aber deren Mitarbeiter um die Sicherheit der Arbeitsplätze bangen oder haben kein Vertrauen in die strategische Ausrichtung, sind diese Motivatoren nahezu wirkungslos. Sie genügen auch für sich allein nicht, um eine tatsächliche Arbeitszufriedenheit zu schaffen. Die nachfolgende Gegenüberstellung verdeutlicht die Unterschiede mit Beispielen:

Motivatoren	**Hygienefaktoren**
Chance zur Leistungserbringung	Unternehmenspolitik
Anerkennung und Lob	Richtlinien und Reglemente
Herausfordernde Ziele	Klare Arbeitsbedingungen
Möglichkeit zur Verantwortung	Entlöhnung und Incentives
Persönl. Entwicklungsperspektiven	Status und Sicherheit
Förderung und Wachstum	Private, beeinflussende Situation

Erfolgssucher und Erfolgsmeider

Zahlreiche Untersuchungen zum Thema Motivation zeigen, dass bei Menschen oft zwei grundsätzlich verschiedene Motivationstendenzen vorherrschen: Jene, die von Hoffnung auf Erfolg geleitet werden und jene, die primär von der Angst vor Misserfolg geprägt sind. Erfolgssucher sehen demnach die Gründe für ihre Erfolge in ihren Fähigkeiten und Kompetenzen, währenddessen die zweite Kategorie die Umstände verantwortlich macht und bestenfalls von Glück spricht, wenn sich Erfolg einstellt. Die Tragik der Misserfolgsmeider ist die der sich oft selbst erfüllenden Prophezeiung, da dieser oft davon ausgeht, dass sein Vorhaben erfolglos sein wird.

Individuelle Motivationsprofile

Steven Reiss, bekannter amerikanischer Motivationsforscher, unterscheidet 16 unterschiedliche Motivationen und meint: "So wie jeder Mensch unterschiedliche Fingerabdrücke hat, hat er auch sein persönlich unverwechselbares Motivationsprofil". Die Vielfalt dieser Motivationen und deren Individualität sind auf der folgenden Tabelle ersichtlich und kommentiert.

Die dann folgende Übersicht zeigt die Zusammenfassung der wichtigsten Motivationsinstrumente auf einen Blick.

Mehr im Web

Die Online-Enzyklopädie Wikipedia bietet vertiefende und systematische Informationen zum Thema Motivation: http://de.wikipedia.org/wiki/Motivation

Motivationen nach Steven Reiss, Motivationsforscher	
Macht	Streben nach Erfolg, Leistung, Führung, Ansehen, Status
Unabhängigkeit	Streben nach persönlicher Freiheit, Autarkie, Selbstbestimmung
Neugier	Streben nach Wissen, Abwechslung und Wahrheit
Anerkennung	Streben nach sozialer Akzeptanz, Zugehörigkeit und Selbstwert
Ordnung	Streben nach Stabilität, Organisation und Strukturen
Sparen und Sammeln	Streben nach dem Anhäufen materieller Güter
Ehre	Streben nach Loyalität und charakterlicher Integrität
Idealismus	Streben nach sozialer Gerechtigkeit, Fairness und Perfektion
Beziehungen	Streben nach Freundschaft, Kameradschaft, Humor, Zusammengehörigkeit
Familie	Streben nach eigenen Kindern, Familie
Stand	Streben nach Reichtum, sozialer Stellung
Rache und Wettkampf	Streben nach Konkurrenz und Kampf
Romantik	Streben nach erotischem Leben, Sexualität und Schönheitsidealen
Ernährung	Streben nach Primärbedürfnis Essen und Nahrung
Körperliche Aktivität	Streben nach Fitness und Bewegung
Ruhe	Streben nach Entspannung, Regeneration und emotionaler Sicherheit

Einflussfaktoren der wichtigsten Motivationsinstrumente

Nachfolgend ersehen Sie links die wesentlichen Motivationsinstrumente und rechts einige Voraussetzungen und Rahmenbedingungen, die – nebst anderen – für deren Realisierung wichtig sind.

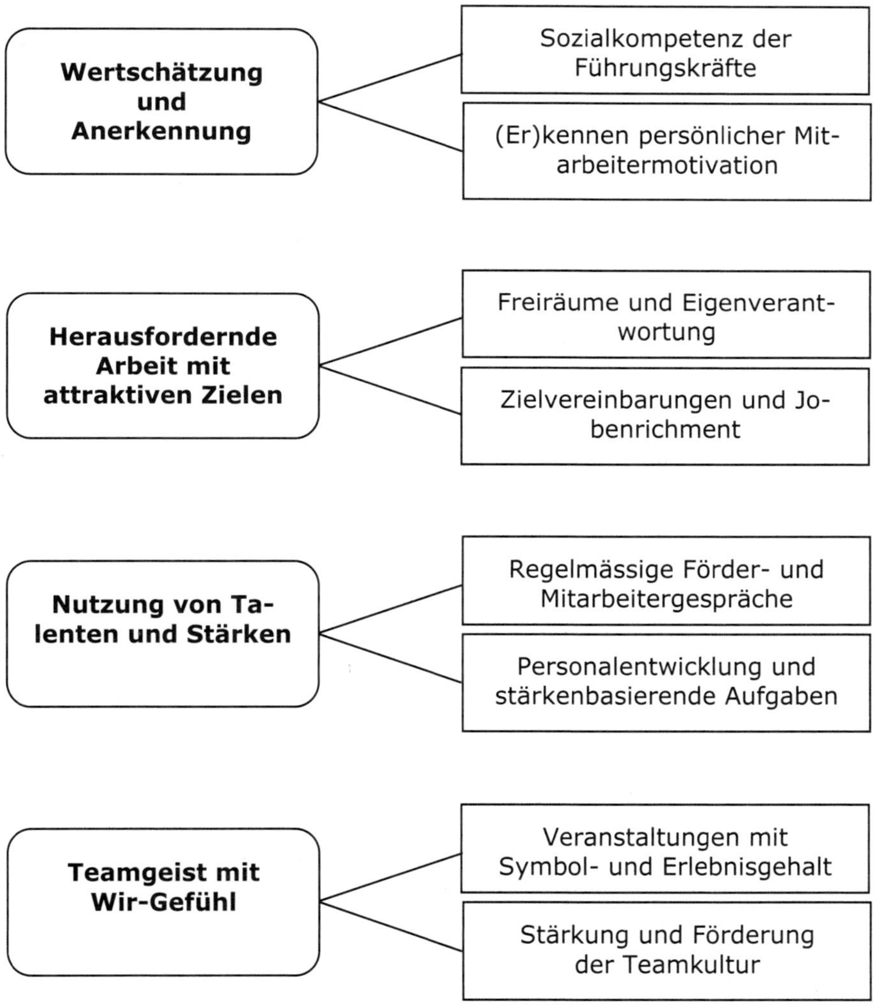

Motivations-Kategorien

Typologien und Kategorien zu bilden, ist zwar immer problematisch, da sie der Realität und Individualität des Menschen nie gerecht werden können und Menschen sich nun einmal nicht in Schemata pressen lassen. Wir sind uns dessen bewusst, versuchen aber dennoch, mit der nachfolgenden Kategorisierung vier Mitarbeiter-Gruppen zu definieren, die in der Praxis in der einen oder anderen Form häufig anzutreffen sind. Sie sollen eine - bei der Komplexität der Motivation besonders notwendige - Orientierungshilfe sein, und zwar von der Personalgewinnung über die Mitarbeiterführung bis zur Ausgestaltung von Aufgaben und Zielen.

Stark leistungsorientierte und motivierbare Mitarbeiter

Diese Gruppe besteht aus zwei für Unternehmen im Allgemeinen erwünschte Kategorien. Sie sind von sich aus und vom Unternehmen unter guten Rahmenbedingungen her sehr gut motivierbar.

Wenn zur Leistungsbereitschaft die Fähigkeiten und eine den Stärken gerecht werdende Arbeit hinzukommt, sind bei diesen Mitarbeitern Motivationsmassnahmen fruchtbar.

Weniger leistungsorientiert und schwerer motivierbar

Es handelt sich bei der einen Kategorie eher um auf Sicherheit und materielle Leistungen bedachte Mitarbeiter, wobei die zweite Kategorie die Gemeinschaft, Teamgeist und sozialen Austausch gewichtet. Natürlich kommen auch diese beiden Kategorien oft in Kombination vor.

Diese Gruppe ist weniger oder gar nur schwach leistungsorientiert und hat andere Grundwerte, die sie - nur teilweise im Unternehmen verwirklichen möchte und kann. Diese Mitarbeiter sind daher schwieriger zu motivieren und haben eine schwächere Leistungsausprägung. Werden aber ihre Bedürfnisse in wichtigen Bereichen befriedigt, können natürlich auch diese Mitarbeiter gute Leistungen erbringen und durchaus ihren Beitrag leisten.

Die nachfolgende Übersicht visualisiert diese beiden Kategorien und die jeweils zwei Untergruppen. Dabei werden typische intrinsische Motive, also von innen, den Mitarbeitern selber kommende bei den Grundwerten und extrinsische, also von aussen, vom Unternehmen und Führungskräfte gebotene bei der Motivierbarkeit, als Beispiele genannt.

Der Performer	Der Perspektiv-Sucher
Der Performer ist der ehrgeizige und ambitionierte Mitarbeiter mit hoher Leistungsbereitschaft und -orientierung, der zeigen will, was er kann und oft sehr zuverlässig ist.	Er trachtet nach Selbstverwirklichung, ist an seiner Weiterentwicklung interessiert, ist oft überdurchschnittlich intelligent und braucht vielseitige Herausforderungen.
Grundwerte	**Grundwerte**
Seine Grundwerte sind sehr oft Erfolg, Leistung, Anerkennung. Der Wille, seine Fähigkeiten einzusetzen und Dinge bewegen zu können sind stark ausgeprägt. Er ist der Macher mit ausgeprägter Zielorientierung.	Seine Grundwerte sind sehr oft Werteschaffung, Zielorientierung, Weiterentwicklung, Kreativität. Er ist an der Ganzheitlichkeit der persönlichen Entwicklung interessiert und stellt hohe Ansprüche.
Motivierbarkeit	**Motivierbarkeit**
Klar und eindeutig messbare Ziele und Aufgaben, ein kontinuierliches Erfolgsfeedback von Kunden und Vorgesetzten und Aufgabenvariationen sind hier geeignet.	Variationsreiche Herausforderungen, Eigenverantwortung und Freiräume sind wichtig. Hinzu kommen Laufbahnberatung und eine gezielte Personalentwicklung.
gut motivierbar und überdurchschnittlich leistungsorientiert	

Der Sicherheitsbedachte	Der Team-Interessierte
Beruf und Arbeit bedeuten ihm primär Garantien für Sicherheit des Arbeitsplatzes und materielle Gegenleistung für seinen Einsatz.	Die Gemeinschaft, Teamgeist, Interaktion, soziale Bedürfnisse und ein freudebetontes Arbeiten sind die primären Bedürfnisse.
Grundwerte	**Grundwerte**
Seine Grundwerte sind entsprechend Sicherheit, Stabilität, Kontrollierbarkeit und Berechenbarkeit. Werden diese erfüllt, zeichnet er sich durch zuverlässige und stabile Leistungserbringung aus.	Seine Grundwerte liegen im sozialen Bereich. Solidarität, Humor, Spass, Geborgenheit und Anerkennung sind ihm wichtig. Die Teamrelevanz kann zu guter Leistungsbereitschaft führen.
Motivierbarkeit	**Motivierbarkeit**
Leistungsgerechte Entlöhnung, Incentives und Boni, Status, Arbeitsplatz-Sicherheit, Ergonomie und klar definierte Rahmenbedingungen bei Aufgaben und Zielen.	Gutes Betriebs- und Teamklima, kommunikative Führung, Rituale, das Wir-Gefühl und eine entsprechende Unternehmenskultur sind hier die Möglichkeiten.
schwerer motivierbar und weniger leistungsorientiert	

Wichtige Voraussetzungen

Wird bei der Rekrutierung der Motivierbarkeit keinerlei Beachtung geschenkt, verhalten sich Führungskräfte selber in hohem Masse demotiviert und leben dies nicht vor. Fehlen Freiräume und Experimentiergeist, bilden destruktive Kaderleute die Mehrheit und mangelt es in der Unternehmenskultur an Kommunikationsbereitschaft, dann sind sämtliche Motivationsmassnahmen zum Scheitern verurteilt. Deshalb soll dieses Kapitel einige wichtige Voraussetzungen aufzeigen, die für eine glaubwürdige Motivationskultur von grosser Bedeutung sind.

Grundsätzliche Motivationsfelder

Konkrete und relevante Motivationsfaktoren auf den Punkt gebracht vermittelt Prof. Dr. Felix von Cube, ein Verhaltensforscher und Fachautor zahlreicher bekannter Veröffentlichungen zur Mitarbeitermotivation:

- Schaffen Sie neue Herausforderungen für Ihre Mitarbeiter.
- Die Bewältigung von neuen, anstrengenden Herausforderungen führt zu einem Glücksgefühl, dem so genannten "Flow".
- Es ist die Aufgabe der Führungskraft, die Stärken der Mitarbeiter zu finden und zu fördern.
- Wichtig ist: Zu wenig neue Herausforderungen erzeugen Langeweile. Zu grosse Herausforderungen rufen Angst hervor.
- Anerkennen Sie die Erfolge Ihrer Mitarbeiter immer wieder.
- Fördern Sie die Bindung ans Unternehmen durch Teamarbeit und gemeinsames Handeln.
- Seien Sie als Führungskraft ein Vorbild und optimieren Sie die Teamarbeit.
- Schöpfen Sie nicht die Erfolge für sich selbst ab – es gibt nichts Demotivierenderes.

Persönlichkeitsfokussierte Personalrekrutierung

Sicher haben die Unternehmenskultur, die Freiräume und der Führungsstil einen erheblichen Einfluss auf die Mitarbeitermotivation. Doch auch Mitarbeiter selber müssen dazu ihren Beitrag leisten und vom Leistungswillen und Charakter her in der Lage sein, sich überhaupt motivieren zu lassen und eine Eigenmotivation mitzubringen. Daher setzt eine erfolgreiche Motivationspraxis schon bei der Personaleinstellung an. Dort geht es darum, sich auf Persönlichkeiten zu konzentrieren,

- die eine gewisse Leistungsbereitschaft zeigen,
- eine positive Grundhaltung haben,
- Leistung und Beruf einen gewissen Stellenwert geben,
- über einen gewissen Ehrgeiz verfügen
- und Freude am Erfolg haben.

Entscheidend ist, dass Beruf und Leistung bei Bewerbern grundsätzlich den notwendigen Stellenwert haben, um für motivierende Aktivitäten überhaupt empfänglich zu sein und sich in einem von Motivation geprägten Arbeitsklima wohl zu fühlen.

Solche aufgrund ihres Persönlichkeitsprofils und ihrer Grundhaltung überdurchschnittlich motivierbaren Mitarbeiter sprechen auf Motivationsmassnahmen nicht nur schneller und besser an, sondern haben durch ihr Verhalten und ihre Persönlichkeit auch im Team und in der Gruppe selber eine Motivationswirkung und können andere für Ziele mitziehen und mitbegeistern.

Eruierung der Motivierbarkeit

Die Motivierbarkeit eines Mitarbeiters kann durch

- den Lebenslauf und das Begleitschreiben,
- das Einholen von Referenzen
- mit Fragen nach dem Interesse an der Stelle,
- seiner Wortwahl und Formulierungen
- und vor allem im Interview eruiert werden.

Die nachfolgende Fragentabelle gibt Anregungen, wie man die Motivierbarkeit und Selbstmotivation eines Kandidaten besser einschätzen kann.

Wichtiger Merkpunkt für die Praxis

Die nur bedingt lernbaren und für die Motivation entscheidenden Persönlichkeitsmerkmale sollten bei der Rekrutierung mit grosser Sorgfalt unter die Lupe genommen werden. Gerade bei Führungskräften sind die Eigenmotivation und die Sozialkompetenzen von grosser Bedeutung. Auch die Kompatibilität mit dem Team, der Vorgesetztenpersönlichkeit und der Unternehmenskultur gehört entscheidend mit dazu.

Interviewfragen zur Prüfung der Motivationsbereitschaft

Bei Interviewfragen zur Prüfung der Motivationsbereitschaft ist es besondes wichtig, auf nonverbale Äusserungen zu achten, mit Kontrollfragen Aussagen zu verifizieren, konkrete Beispiele zu erfragen, kritische und wichtige Aussagen zu hinterfragen und stets das positive Menschenbild und die Sozialkompetenzen zu fokussieren.

- Auf welche konkreten Erfolge sind Sie besonders stolz?
- Was bedeutet für Sie Erfolg und wie geniessen Sie ihn?
- Was motiviert Sie besonders bei Ihrer Arbeit?
- Welches war Ihr motivierendstes Erlebnis betreffend Leistungen?
- Welches war Ihr motivierendstes Erlebnis betreffend Team?
- Welches war Ihr motivierendstes Erlebnis betreffend Kreativität?
- Welches ist Ihre Meinung über Ihre bisherigen Vorgesetzten?
- Was spornt Sie zu überdurchschnittlicher Leistung an?
- Über welche Art von Anerkennung freuen sie sich am meisten?
- Worauf legen Sie im Berufsleben besonderen Wert?
- Was ermöglicht das Erbringen besonders guter Leistungen?
- Worauf legen Sie hier persönlich Wert?
- Was würden Sie bei uns anders machen als bisher?
- Welches war Ihr grösster beruflicher Erfolg?
- Wie sehen Sie Ihre Zukunft?
- Welche Eigenschaften schätzen Sie?
- Mit wem arbeiten Sie gern zusammen?
- Wo sehen Sie Ihre Stärken und Schwächen?
- Können Sie mit Stress umgehen?
- Wie sind Sie mit einer schwierigen Situation umgegangen?
- Was war Ihr schlimmstes Erlebnis?
- Was würden Sie an Ihrem Arbeitsplatz ändern?
- Fühlen Sie sich angemessen und fair beurteilt?
- Was machen Sie, wenn Sie den Arbeitsplatz nicht bekommen?

Rekrutierung von Führungskräften

Noch schwerer ins Gewicht fällt die Rekrutierung von Führungskräften, deren Persönlichkeit, Wertvorstellungen und Sozialkompetenz für die Mitarbeitermotivation von grosser Bedeutung sind und natürlich selbst über einen hohen Grad an Selbstmotivation verfügen sollten.

Fallbeispiel: Top-Anforderung Motivationsfähigkeit

Ausgangslage

Das Unternehmen Vontora AG bietet seinen Mitarbeitern viele Serviceleistungen, pflegt eine offene und ehrliche Kommunikation und legt viel Wert auf Respekt und Anerkennung.

Problem

Trotzdem hat man teilweise hohe Fluktuationsquoten, vereinzelt lang andauernde Spannungen und Konflikte. Eine Untersuchung zeigt, dass eine Handvoll Vorgesetzte wohl bezüglich Leistungsbilanz hervorragende Manager sind, aber einen sehr arroganten und forschen Führungsstil praktizieren, der viele Motivationsmassnahmen zunichte macht und in den betreffenden Abteilungen viel an Glaubwürdigkeit verliert.

Massnahmen und Lösungsansätze

Richtigerweise erkennt man, dass bei der Rekrutierung Sozialkompetenzen, das Persönlichkeitsprofil und das Menschenbild zu wenig beachtet und die Verträglichkeit mit der Unternehmenskultur vernachlässigt wurde. Anhand eines 5-Punkte-Programms wird dies korrigiert:

- Schon bei der Kommunikation der Personalsuche wird stark auf Sozialkompetenzen und Persönlichkeit geachtet
- Bei Schlüsselpositionen werden graphologische Gutachten verlangt
- Bei jedem Kandidateninterview ist ein zweiter HR-Mitarbeiter anwesend, der ausschliesslich auf die Sozialkompetenzen achtet
- Dieser HR-Mitarbeiter fokussiert dann auch die Zeugnis-Analyse und die Referenzeinholungen nach einem genauen Anforderungs- und Prüfkatalog.
- Vor Ablauf der Probezeit werden Mitarbeiter befragt und auf den Führungsstil angesprochen, d.h. es findet eine Vorgesetztenbeurteilung statt, bei der man sich vor Konsequenzen nicht scheut.

Resultat

Mit diesen konkreten Massnahmen gelingt es dem Unternehmen, die Probleme zu lösen und Führungskräfte für sich zu gewinnen, die zur Kultur und gelebten Mitarbeiterorientierung passen.

Check it **Beurteilungskriterien zur Auswahl motivierter Mitarbeiter** Diese Übersicht verhilft Ihnen bei der Personalgewinnung und Personalauswahl zu weiteren Beurteilungskriterien motivierter und motivierbarer Kandidaten.	ausgeprägt	ansatzweise	mangelhaft
Aussagen in Bewerbungsdossiers und bei Referenzen			
Der Begleitbrief sagt, weshalb Stelle dem Bewerber zusagt			
Bewerber bezieht sich konkret auf Anforderungen der Anzeige			
Fähigkeiten und Know-how werden konkret genannt			
Die Verweildauer bei Jobs ist nicht zu kurz			
Arbeitszeugnisse haben im Verhalten keine negativen Aussagen			
In Arbeitszeugnissen werden Stärken genannt			
Leitmotive, Beliefs sind bei Referenzeinholungen zu erkennen			
Motivationsfragen bei Referenzen werden positiv beantwortet			
Aussagen in Kandidaten-Interviews			
Bewerber äussert sich nicht negativ über ehemaligen Arbeitgeber			
Bewerber kennt seine Stärken und Fähigkeiten			
Bei Antworten ist Engagement bzw. Begeisterung zu erkennen			
Der Bewerber kann Herausforderungen und Ziele nennen			
Über Laufbahnziele bestehen zumindest grobe Vorstellungen			
Über Erfolge äussert sich der Kandidat glaubwürdig und mühelos			
Er schildert Erfolgserlebnisse mit Emotionen und Engagement			
Die privaten Verhältnisse sind soweit geordnet			
Die Grundhaltung ist konstruktiv und leistungsorientiert			
Der Kandidat zeigt Emotionen und aktives Interesse an Stelle			

Kommunikation bei der Personalgewinnung

Es ist auch in der Kommunikation der Stellenanzeigen darauf zu achten, dass motivierte und motivierbare Interessenten angesprochen werden:

- Unternehmenskultur entsprechend beschreiben
- Konkrete motivationsrelevante Dienstleistungen nennen
- Bedeutung der Eigenmotivation als klare Erwartung nennen
- Persönlichkeitsmerkmale als klare Anforderung formulieren
- Team als aufgestellt und leistungsorientiert beschreiben
- Zur Interessenbegründung im Begleitbrief auffordern

Die nachfolgenden Formulierungen für Stellenanzeigen sprechen motivierte und motivierbare Mitarbeiter an:

Der wichtigste Faktor für unseren Erfolg ist das tägliche Engagement unserer motivierten Mitarbeiter. Wir sind stolz darauf, unseren Mitarbeitern ein umfangreiches Angebot für ihre berufliche und persönliche Aus- und Weiterbildung zu bieten.

Für unser aufgestelltes Team suchen wir eine engagierte Mitarbeiterin, die sich gerne neuen Herausforderungen stellt und Neues dazulernen möchte.

Der grösste Aktivposten unseres Unternehmens sind die Mitarbeiter. Wir wissen: informierte und motivierte Mitarbeiter beteiligen sich kreativ am Erfolg Ihres Unternehmens. Und das zahlt sich im Team, in der Arbeitsfreude und im wirtschaftlichen Erfolg aus.

Sie wollen Ihr Einkommen, abhängig von Ihrem persönlichen Einsatz selbst bestimmen? Attraktive Herausforderungen, ein motiviertes Team und eine Unternehmenskultur mit vielen Freiräumen und modernen Führungsprinzipien sprechen Sie an?

Um weiterhin erfolgreich zu sein, sind für uns motivierte Mitarbeiter und zufriedene Kunden die wichtigste Voraussetzung. Attraktive Karrierechancen, ein ausgezeichnetes Arbeitsklima und Vertrauen sowie Freiräume als wichtigste Führungsgrundsätze sind einige Beispiele, die wir motivierten und ambitionierten Mitarbeitern in unserem Unternehmen bieten.

Die Bedeutung ganzheitlicher Massnahmen

Man läuft leicht Gefahr, mit einzelnen punktuellen Massnahmen zu meinen, nachhaltige Motivationssteigerungen zu bewirken. Geht man jedoch nach dem Prinzip des "Dann machen wir mal hier bei den Provisionen etwas, senden einige Kaderleute in Führungskurse und verschönern die Büroräume" scheitert man mit Sicherheit.

Alle Ebenen der Einflussfaktoren einbeziehen

Damit ist gemeint, zum Beispiel auf den folgenden Ebenen von

- Rekrutierung
- Führungsqualifikation und -verhalten
- Unternehmenskultur
- Personalentwicklung
- Jobqualität und –anforderungen

Massnahmen zu realisieren, die aufeinander abgestimmt sind und sich gegenseitig verstärken.

Bestandesaufnahme vornehmen und Sensibilität fördern

Eine ganzheitliche Analyse von Defiziten und Stärken auf allen obigen Ebenen muss die Grundlage für gezielte Massnahmen und Optimierungen bilden. Eine Mitarbeiterbefragung mit Schwerpunkt Motivation und vertiefende Mitarbeitergespräche sind eine Massnahme. Gezielte Schulungen von Führungskräften zur Förderung der Sensibilität und die Möglichkeit, Motivation zum Jahresthema – unter Einbezug des Top-Managements – zu machen weitere.

Ganzheitlichkeit und Komplexität der Motivation verstehen

Diese Bereiche werden in diesem Buch vorgestellt und erläutert. Im wesentlichen geht es zum Beispiel um die folgenden Aspekte:

- Eruieren und Beseitigen von Demotivatoren (Hygienefaktoren)
- Förderung des Selbstmanagements und der Eigenmotivation
- Die Individualität der Motivationswirksamkeit verstehen
- Äussere und innere Motivationsfaktoren miteinbeziehen
- Permanent für Glaubwürdigkeit eintreten und kontinuierlich eine mitarbeiterzentrierte Unternehmenskultur entwickeln.

Die Motivierbarkeit von Mitarbeitern

Die Frage, ob Menschen sich grundsätzlich motivieren lassen und sich dies mit Prämien, Anreizen und diversen Aktivitäten steuern lässt, löst immer wieder kontroverse Diskussionen aus. Mit einem pauschalen Ja oder Nein lässt sich dies wohl nicht beantworten.

Sind Motivationsmassnahmen überhaupt wirkungsvoll?

Basieren Motivationsmassnahmen auf stark materiell ausgerichteten Anreizen, missachten sie jede Art von Individualität, basieren sie auf einem wenig respektvollen Menschenbild und stehen gelebtes Führungsverhalten und die Unternehmenskultur im Widerspruch dazu, verpuffen sämtliche Bemühungen mit Sicherheit wirkungslos und richten sogar eher Schaden an.

Doch im Umkehrfall können Motivationsmassnahmen berechtigt und wirksam sein. Wenn Grundsätze wie zum Beispiel

- Ein fähigkeiten- und talentgerechter Einsatz
- Sinngebende und entwicklungsfähige Arbeitsinhalte
- die Berücksichtigung von individuellen Grundwerten
- Herausforderungen bietende Ziele
- Führungskräfte mit positivem Menschenbild
- Freiräume zur Entfaltung und Weiterentwicklung

vorhanden sind und gelebt werden, sind auch Massnahmen von aussen von Erfolg gekrönt und wirken als Verstärker. Ausschlaggebend ist die Glaubwürdigkeit und die erkennbare Übereinstimmung mit der gelebten Praxis und weniger das absolute Ja oder Nein in dieser Frage.

Was alles zur Motivation gehört

Sehr richtig ist wohl die Meinung von Reinhard K. Sprenger, dem mehrfach erwähnten Buchautor, dass zur Motivation auch die *Fähigkeiten* und die *Möglichkeiten* gehören. Wer seine Fähigkeiten, Talente und Stärken nutzen kann, erbringt überdurchschnittliche Leistungen und hat somit Erfolgserlebnisse, die motivieren. Dazu muss aber die Möglichkeit vorhanden sein, also eine Arbeit, Ziele, ein Team und ein Unternehmen, welches den Einsatz dieser Fähigkeiten ermöglicht und fördert.

Unterschiedliche Motivierbarkeitsgruppen

Nebst der Notwendigkeit, individuelle Motivationen zu berücksichtigen, ist es auch von Vorteil, sich unterschiedlicher Muster und Motivierbarkeiten von Mitarbeitergruppen überhaupt bewusst zu sein. Die nachfolgenden Beispiele sollen dies veranschaulichen.

Spass soll's machen – aber ausserhalb des Unternehmens

Es gibt Menschen, deren Charakter, Grundwerte und Erwartungen in einem starken Gegensatz zu Leistung, Wirtschaft und Arbeit stehen und diese gar ablehnen. Ihre Lebenserwartungen liegen zu einem grossen Teil oder ausschliesslich im Freizeit-, Beziehungs- und Privatbereich. Solche Mitarbeiter können nur mit grösstem Aufwand – wenn überhaupt – motiviert werden und sprechen auf Motivationsmassnahmen kaum an. Diese Gruppe muss schon bei der Personalauswahl erkannt werden.

Geringer Stellenwert von Leistung und Arbeit

Leistungsbereitschaft und der Stellenwert der Arbeit sind nicht bei allen Menschen gleich entwickelt. Bei diesen Gruppen von Mitarbeitern führen also weder bessere Arbeitsinhalte noch attraktive Herausforderungen zum Ziel. Sie sind möglicherweise durch ein attraktives Teamklima, flexible Arbeitszeiten oder durch Personaldienstleistungen motivierbar.

Geringes oder fehlendes Selbstvertrauen

Diese Gruppe von Mitarbeitern spricht stark auf Lob und Anerkennung an, braucht starke und positive Führungskräfte und hat oft einen hohen Identifikationsgrad mit der Arbeit und den Zielen. Ist dies aber gegeben, können solche Mitarbeiter ausserordentlich gute Leistungen erbringen.

Pragmatische und rationale Personen

Diese Gruppe von Mitarbeitern lässt sich von rationalen und nutzenorientierten Motiven und Werten leiten. Beruf und Arbeit haben einen mittleren Stellenwert und materielle Aspekte, Arbeitsplatzsicherheit und attraktive Arbeitszeiten sind hier unter anderen die primären Motivationsmöglichkeiten.

Hoher Ehrgeiz und starke Zielorientierung

Vom Standpunkt des betrieblichen Interesses aus beurteilt, ist dies wohl die ideale Motivationsgruppe und reagiert besonders stark auf aktive Massnahmen wie Karrieremodelle, Statusgefüge, Herausforderungen und Personalentwicklungs-Massnahmen. Die Anforderungen an Führungskräfte sind hier aber hoch.

Hohe Identifikation und Sinnerwartung

Diese Mitarbeiter üben ihre Berufe aus einer Berufung heraus aus. Ihre Bedürfnisse, ihre Stärken und Fähigkeiten, die Leistungsbereitschaft, der Wille zur Entwicklung und permanenten Verbesserung sind in hohem Masse vorhanden. Diese Mitarbeitergruppe hat einen hohen Grad von Selbstmotivation. Die Vermittlung geeigneter Arbeitsinhalte und

Entwicklungsmöglichkeiten und attraktive Herausforderungen sind hier besonders wichtig und können dann richtig eingesetzt zu Spitzenleistungen führen. Es liessen sich wohl noch weitere Kategorien anfügen, doch die genannten dürften in der Praxis wohl die grösste Bedeutung haben. Einmal mehr zeigt sich auch hier, dass die Motivierbarkeit und der Motivationstyp bei der Personalauswahl eine hohe Priorität haben muss, d.h. auf die Anforderungen und die Unternehmenskultur ausgerichtet werden sollte.

Wichtiger Merkpunkt für die Praxis

Einer der grössten Fehler bei der Motivationsförderung ist die Missachtung unterschiedlich motivierbarer Gruppen von Menschen und Bedürfnisse von Individuen. Motivation nach dem Giesskannenprinzip versagt. Auch Dogmen sollte man mit Vorsicht begegnen, sondern Massnahmen, Prioritäten und Stossrichtungen auf individuelle Gegebenheiten abstimmen.

Voraussetzungen der Leistungserbringung

Die Leistungserbringung steht in einem mehrschichtigen Zusammenhang und ist nicht nur eine Frage, ob man zu Leistung motiviert ist. Voraussetzungen zur Leistungserbringung bestehen aus drei Elementen:

Leistungsbereitschaft: Ist der Mitarbeiter grundsätzlich bereit, etwas zu leisten, ein Ziel zu erreichen? Wer hinter einem Produkt steht und dieses wirklich verkaufen möchte, ist zu einer Leistung bereit und folglich motiviert. Wollen

Leistungsfähigkeit: Wie steht es um die Fähigkeiten, die Leistung erwartungsgemäss zu erbringen? Ist das verkäuferische Können und die Erfahrung da, reichen die Produkt- und Zielgruppenkenntnisse aus? Können

Leistungsmöglichkeiten: Stimmt das Umfeld, ermöglichen die Bedingungen die Erbringung der erwarteten Leistungen, gibt es die notwendigen Arbeitshilfsmittel? Um beim Verkäuferbeispiel zu bleiben: Wurde eine professionelle Produktschulung geboten, entspricht das Produkt Kundenbedürfnissen, wurde die Zielgruppe genau definiert?

Dürfen

Betriebliches Gesundheitsmanagement

Gesundheit ist eine wichtige Qualifikation von MitarbeiterInnen und zugleich eine Grundvoraussetzung für die Motivation, denn nur auf der Basis von Wohlbefinden auf psychischer und physischer Ebene kann sich diese entwickeln. Der bewusste und kompetente Umgang mit der eigenen Gesundheit liegt im Trend eines generell erhöhten Gesundheitsbewusstseins und ist in Unternehmen eine neue Schlüsselqualifikation. Gesundheitsförderung am Arbeitsplatz beschränkt sich nach wie vor vielerorts zu sehr auf die Arbeitsplatzsicherheit, die Unfallverhütung und Vermeidung von Berufskrankheiten.

Sinn und Zweck der Gesundheitsförderung

Eine leistungsfähige Gesundheitsförderung soll die Mitarbeitenden befähigen, stärker Einfluss auf wichtige gesundheitliche Aspekte und Verhaltensweisen zu nehmen. Dazu gehört einerseits die Verminderung gefährdender Einflüsse und Verhaltensweisen - also die Prävention - und andererseits die Stärkung fördernder Einflüsse und möglicher Aktivitäten, also die Ressourcen. Die Arbeitswelt ist für die Umsetzung eines ganzheitlichen Gesundheitskonzepts nur schon aufgrund ihres grossen Anteils an der Lebenszeit und wegen ihres hohen Organisationsgrades und vorhandener Ressourcen und Kommunikationsmittel prädestiniert. Bei der betrieblichen Gesundheitsförderung geht es insgesamt darum, professionell auf alle gesundheitsrelevanten Faktoren einzuwirken, für die das Unternehmen und die Beschäftigten (mit)verantwortlich sind. Dies ist nebst den positiven gesundheitlichen Effekten nicht nur eine hervorragende und motivierende Personaldienstleistung sondern auch ein Mittel zur Mitarbeiterbindung.

Was umfasst aktives Gesundheitsmanagement

Ganzheitliches Gesundheitsmanagement umfasst mehr als Ernährungstipps und eine Früchteschale in der Kantine. Die Vielfalt und Sinngebung der Arbeit, Teamintegration und Teamprobleme, die Art und Weise wie Konflikte ausgetragen werden und "Frühwarnsysteme" für Burnouts und Depressionsverdacht sind nur einige wenige Beispiele aus dem psychischen und sozialen Bereich, der ebenso miteinbezogen sein muss.

Motivation zum Gesundheitsbewusstsein

Wie aber können Mitarbeiter motiviert werden, wünschenswerte und gesunde Verhaltensweisen aktiv im Arbeitsleben umzusetzen?

Primär gelingt dies durch Informationen, Aufklärungsarbeit, Sensibilisierung, Events und konkrete gesundheitsfördernde Massnahmen und Dienstleistungen. Betriebsinterne Massnahmen sind organisatorische Verbesserungen (z.B. die Anpassung von Kommunikationswegen oder Schichtplänen) oder Massnahmen, die das Arbeitsumfeld beeinflussen (z.B. die Installation/das Einrichten einer Nichtraucher-Zone in der Cafeteria). Die nachfolgende Tabelle zeigt auf verschiedenen Ebenen konkrete Möglichkeiten von gesundheitsfördernden Massnahmen und Aktivitäten. Wichtig ist, dass nicht nur der physischen, sondern auch psychischen Gesundheit die mindestens gleiche Bedeutung zugemessen wird und dieser Bereich auch enttabuisiert wird.

Mehr im Web

Informationen und Handlungsanleitungen zur Gesundheitsförderung im Betrieb: www.kmu-vital.ch/

Check it **Gesundheitsfördernde Massnahmen**	realisieren	näher prüfen	nicht geeignet
Einfache Aktivitäten und Möglichkeiten			
Bewegungspausen und Ausgleichsübungen			
Massage-Tage und Fitnessgeräte im Betrieb			
Outdoor-Erlebnisse wie Walking			
Gesundheitsmonate zu bestimmten Themen			
Gesundheitsbelastende Arbeitsplatz-Faktoren			
Gesundheitsfördernde Sonderleistungen			
Vorsorgeuntersuchungen			
Generelle Checkups			
Fitness- und Konditionstests			
Blutdruckmessungen			
Cholesterinkontrollen			
Abnahmeprogramme			
Finanz. Beteiligung an Raucherentwöhnungskursen			
Informationsveranstaltungen und Aufklärung			
Vortrag einer Enährungsberaterin			
Kommunikation und Konfliktmanagement			
Stressbewältigung, Burnout und Entspannung			
Sucht und Suchterkennung am Arbeitsplatz			
Vertrauensverhältnisse schaffen und pflegen			
Ergonomie am Arbeitsplatz			
Enttabuisierung/Aufklärung psychischer Krankheiten			
Auswirkungen der Nachtarbeit und Verhalten			
Therapeuten-Empfehlungen für private Probleme			

Fallbeispiel: Aktives Gesundheitsmanagement

Ausgangslage
Bei der Merkana GmbH stellt man das zunehmende Gesundheitsbewusstsein im Ernährungsverhalten der Mitarbeiter und in Anfragen bei der HR-Abteilung immer stäker fest. Man will nun von punktuellen und vom Zufall bestimmten Massnahmen wegkommen und ein einfaches, aber wirksames betriebliches Gesundheitsmanagement entwickeln.

Zielsetzungen
Man kann zur Zeit kein grosses Budget bereitstellen, möchte aber dennoch wirkungsvoll und gezielt tätig werden. Deshalb möchte man sich auf drei Stossrichtungen konzentrieren:

1. Gesundheitsbewusstseinsstärkung mit Beratungsdienstleistungen
2. Finanzielle Unterstützung bei Vorsorgemassnahmen
3. Gesundheitsfördernde Einrichtungen und Massnahmen im Betrieb

Massnahmen
Ein Projektteam, bestehend aus der HR-Abteilung, zwei an der Thematik interessierten Kaderleuten, vier besonders gesundheitsbewussten Mitarbeiter und zwei externen Beratern, entscheidet folgende Massnahmen. Diese hat man vorgängig in einer Mitarbeiterbefragung auf den Bedarf hin überprüft:

- Jeden zweiten Monat wird ein Referent zu einem von den Mitarbeitern bestimmten Gesundheitsthema eingeladen
- Ebenfalls jeden zweiten Monat beantwortet ein Experte (Ernährung, Sport, Vorsorge, Burnout, Suchtprobleme) einen halben Tag individuelle Mitarbeiterfragen
- Im Betrieb wird kombiniert am Nachmittag ein Relaxraum – und über den Mittag nutzbar – ein einfacher Fitnessraum eingerichtet
- Das Rauchen wird - bis auf einen Nichtraucher-Raum - verboten.
- Anti-Raucher-Therapien werden mit 50% mitfinanziert
- Ein Arbeitsplatz-Ergonom bekommt den Auftrag, sämtliche Arbeitsplätze auf Gesundheitsverträglichkeit zu überprüfen (Beleuchtung, PC-Einrichtung, Lärmpegel, Stühle usw.)
- In der Hauszeitung berichten Mitarbeiter in einer neuen Rubrik über ihre konkreten Erfahrungen mit Gesundheitsmassnahmen

Resultate
Das Programm kommt aufgrund der Vielfalt, des Mitarbeitereinbezugs und konkreter Massnahmen sehr gut an. Gesundheit ist ein Thema und man fühlt sich vom Unternehmen unterstützt und gefördert.

Die zentralen Motivatoren auf einen Blick

Eine starke und auf nachhaltigen Werten basierende Motivation ist der stärkste Leistungsmotor einerseits und ein Garant für Arbeitszufriedenheit auch auf persönlicher Ebene andererseits.

Die nachfolgenden Kriterien entstammen nicht der Meinung von Psychologen und Managementtheoretikern, sondern sind ein Konzentrat und eine Zusammenfassung von authentischen Mitarbeiteräusserungen aus Umfragen, Kursen und Seminaren. Die Reihenfolge zeigt auch Stellenwert und Bedeutung. Interessant ist, wie weit dabei die Bedeutung der materiellen Motivation von der Spitze entfernt ist.

Die Topmotivatoren auf einen Blick

In Untersuchungen, Befragungen und Expertenmeinungen sind im Allgemeinen die nachfolgenden – und zwar in der Reihenfolge ihrer Bedeutung – die jeweils meistgenannten Kriterien:

1. Sinngebende und herausfordernde Tätigkeit
2. Verantwortungsspielraum
3. Anerkennung und Lob
4. Weiterbildungsmöglichkeiten
5. Feedback vom Vorgesetzten
6. Gutes Einkommen (Prämien)
7. Karriere- und Entwicklungsmöglichkeiten
8. Spass und Freude an der Arbeit
9. Kontakt zu Menschen
10. Entscheidungsfreiheit
11. Das Bedürfnis nach Akzeptanz
12. Nach der Meinung gefragt werden
13. Erfolgserlebnisse
14. Arbeitsumfeld
15. Flexible Arbeitszeitgestaltung

Sinngebende und herausfordernde Tätigkeit

Diese Voraussetzung steht an erster Stelle und sie stellt Mitarbeitern ein gutes Zeugnis aus, dass es weder eine materielle noch eine statusbezogene Erwartung ist. Sinngebende und herausfordernde Aufgaben sind deshalb so wichtig, weil sie das Selbstvertrauen, das Selbstwertgefühl und die permanente Gewissheit vermitteln, für sich selber und das Unternehmen einen wertvollen Beitrag zu leisten.

Für sich selber ist es vor allem die Nutzung von Talenten, besonderen Fähigkeiten und Stärken, die eine kontinuierliche Herausforderung darstellen und welche auch Erfolgserlebnisse ermöglichen, die eine starke motivierende Wirkung haben. Treffend bringt es Konfuzius auf den Punkt, indem er sagt: "Wenn du liebst, was du tust, wirst du nie mehr in deinem Leben arbeiten". Daraus geht einmal mehr hervor, wie wichtig schon die Personalauswahl ist, eine Stelle mit Mitarbeitern zu besetzen, deren Stärken, Fähigkeiten und Talente in möglichst hohem Masse mit den wichtigen und zentralen Anforderungen übereinstimmen.

- Ausgeprägte Kommunikations- und Führungskompetenzen
- eine die Sinngebung berücksichtigende Unternehmenskultur
- Permanent gebotene Möglichkeiten zu Erfolgserlebnissen
- Konstruktive Mitarbeiterbeurteilungen mit Zielvereinbarungen
- Regelmässiges, respektbasierendes Feedback zu Leistungen
- Qualitätsverbesserungen von Tätigkeiten und Anforderungen
- und individuelle Mitarbeiterbedürfnisse in Abstimmung mit Unternehmensziele berücksichtigender Personalentwicklung

sind wohl einige der wichtigsten und entscheidendsten Faktoren, mit denen eine sinngebende und herausfordernde Tätigkeit ermöglicht und erzeugt werden kann. Auch Frederick Herzberg, ein bekannter Motivationsforscher betont die Bedeutung der Qualität der Arbeit. Seine auf den Punkt gebrachte Meinung: "Vergessen Sie Lob, vergessen Sie Bestrafung, vergessen Sie Geld. Um Mitarbeiter wirklich zu motivieren, müssen sie deren Arbeit interessanter gestalten".

Wichtiger Merkpunkt für die Praxis

Es deutet vieles darauf hin, dass sinngebende und herausfordernde Tätigkeiten und Ziele bei der Mitarbeitermotivation eine wenn nicht sogar die ganz zentrale Rolle spielen und eine beachtliche "Hebelwirkung" haben. Wichtig ist dabei, diese Herausforderungen individuell auf Mitarbeiter auszurichten und im Dialog permanent zu überprüfen und mit Anerkennung Wertschätzung zu zeigen.

Die nachfolgende Checkliste hilft, die Qualität, die Vielfalt und die Herausforderung von Aufgaben und Stellen und der damit verbundenen Arbeit zu prüfen und zu verbessern.

Die folgende Aufstellung fasst die Erkenntnisse moderner Psychologie und Verhaltensforschung zusammen, die grossen Einfluss auf die Sinnstiftung der Arbeit haben und für eine solche Bedingung sind. Es ist teilweise eine Vertiefung der vorangehenden Checkliste.

Check it **Möglichkeiten zur Verbesserung der Aufgabenqualität**	ist vorhanden	verbessern	fehlt, prüfen
Anforderungen und MA-Talente/Fähigkeiten sind kongruent			
Die Stelle bietet Abwechslung und Vielfalt			
Es gibt Aufgaben, die messbar sind oder sein könnten			
Die Aufgaben stimmen mit der MA-Persönlichkeit überein			
Wie gross ist der Anteil neu hinzukommender Aufgaben			
Weiterbildung ist konsequent auf Anforderungen ausgerichtet			
Effizienz und Bedienerfreundlichkeit der Arbeitshilfsmittel			
Stellenwert und Akzeptanz der Tätigkeit			
Die Stelle ist in ein Team und das Unternehmen eingebettet			
Es gibt erkennbare Erfolgssignale u. regelmässige Feedbacks			
Diese Feedbacks erfolgen intern und extern			
Das Anspruchsniveau ist nicht zu hoch und nicht zu tief			
Für die Tätigkeit bestehen klare und messbare Ziele/Teilziele			
Es bestehen Gestaltungsmöglichkeiten der Arbeitsausführung			
Potential für Kreativität und Weiterentwicklung ist vorhanden			
Die Wertschöpfung für das Unternehmen ist dem MA bekannt			
Erfolge sind spürbar, ersichtlich, erlebbar, erkennbar			
Aufgaben bieten MA-bezogene Perspektiven und Potentiale			
Die Stelle entspricht den Wertvorstellungen des Mitarbeiters			
Die Aufgaben nutzen die Stärken und Talente des MA			

Bedingungen für sinnstiftende Arbeit	
Aus Untersuchungen, der Forschung und Beobachtungen kennt man heutzutage einige der massgeblichen Faktoren, welche die Sinnstiftung der Arbeit besonders beeinflussen und zu den wichtigen Bedingungen gehören.	
Ganzheitlichkeit der Leistungserbringung	Ganzheitliche und von A-Z in sich abgeschlossene Aufgaben sind wichtig. Man möchte nicht nur planen, sondern auch umsetzen, nicht nur ausführen, sondern auch mitgestalten.
Mitbeeinflussung und Mitgestaltung	Neugier ist ein menschliches Grundbedürfnis und der Wunsch nach Einflussnahme, Mitwirkung und Mitarbeit ebenso. Menschen möchten sich verändern, sich weiterentwickeln, einen Beitrag leisten, etwas prägen und formen und Schaffenskraft einbringen.
Erfolgsschancen und Erfolgsfeedback	Aufgaben, Leistungen und Arbeiten müssen die Chance auf Erfolg, Gelingen und Wertschätzung haben. Eine Tätigkeit muss produktiv sein und sichtbare Resultate erzeugen.
Einbindung in soziales und interaktives Umfeld	Die Mehrheit der Mitarbeiter möchte Leistung, Erfolg und Arbeit im Team erleben, sich austauschen, Stärken beweisen können und als Persönlichkeit wahrgenommen werden. Damit steigt der Selbstwert und das soziale Ansehen und Zugehörigkeitsgefühl und der Beweis, von anderen gebraucht und geschätzt zu werden.
Sinngebung für Menschen und Gemeinschaft	Das Ziel und die Resultate von Arbeit sollten von anderen respektiert, geschätzt und anerkannt werden. Mitarbeitende sollten wissen, für wen sie welchen Nutzen stiften und welchen Beitrag leisten. Dies kann für Teams, Gemeinschaften, Minderheiten, Umwelt und Mitmenschen überhaupt gelten.
Kongruenz mit eigenen Grundwerten und Lebenszielen	Arbeit wird dann als sinnstiftend erlebt und gesehen, wenn diese sich möglichst weitgehend mit den eigenen persönlichen Grundwerten und Auffassungen deckt. Ein Beispiel: Haben Kinder und Erziehung für jemanden eine sehr grosse Bedeutung, ist seine Arbeit in einem Kinderhilfswerk wohl besonders sinnstiftend und motivierend.

Verantwortungsspielraum und Freiräume

Verantwortung übernehmen zu dürfen, signalisiert Vertrauen in die Fähigkeiten und das Können eines Mitarbeiters. Zugleich bietet es Gestaltungs- und Mitentwicklungsmöglichkeiten, was ebenfalls eine sehr bedeutsame Rolle spielt. Es gehört generell zu den wichtigen Voraussetzungen, Aufgaben, Kompetenzen und Verantwortung eines Mitarbeiter genau zu regeln und im Führungsalltag einzuhalten. Zudem hat Verantwortungsspielraum auch mit der Fähigkeit einer Führungskraft zu tun, Verantwortung zu delegieren und damit Vertrauen in die Kompetenz des Mitarbeiters zu beweisen. Wichtig ist auch, dass zu einer gut wahrgenommenen Verantwortung immer auch Feedback erfolgt und sich ein Mitarbeiter so sicher ist, dass er die Verantwortung im korrekten Ausmass und erfolgreich zu übernehmen imstande ist.

Ideenmanagement: Neuen Ideen Raum geben

Eng mit Verantwortungsspielraum und Freiräumen verknüpft ist die Möglichkeit, mit Ideen, Vorschlägen und Anregungen das Unternehmen mitzugestalten und Fähigkeiten und Talente aktiv einzubringen. Der aktive Mitgestaltungsprozess kann einen hohen Beitrag zu glaubwürdiger Motivation leisten, da mit der Realisierung persönlicher Mitarbeiterideen der Wert der Leistung und der Grad der Qualifikation sichtbar und erlebbar wird. Unternehmen und Vorgesetzte sind grundsätzlich an Vorschlägen interessiert, Ideen stossen auf Interesse und Gehör, sie werden besprochen, man fragt Mitarbeiter nach Umsetzung und Rat, es folgt Lob und Anerkennung und die "eigene Idee" ist mit der Realisierung zu Leben erweckt und letztendlich von Erfolg gekrönt. Ein solcher Prozess hat mehrere motivierende Elemente, die höchst wirksam und nachhaltig sind.

Doch nur wo Freiräume existieren, können Gedanken fliessen und Ideen entstehen. Meetings können beispielsweise speziell unter das Thema "Innovation" gestellt werden. Es sollte in diesen Treffen vor allem Brainstorming möglich sein und Fragen der Umsetzbarkeit oder ähnliches erst in einer späteren Phase folgen. Was jedoch tun, wenn die Ideen nicht wirklich umsetzbar sind? Unabdingbar ist Authentizität im Dialog: Es wird klar kommuniziert, wo die Gründe liegen. Freiräume für Ideen haben aber auch in einem Medium Platz, das prädestiniert ist, ein Pool von Ideen, Anregungen und Informationen zu sein: das Intranet. Unternehmen können im Intranet einen Chatroom, ein "schwarzes Brett" oder einen virtuellen Raum installieren, wo alle Beteiligten an Ideen arbeiten. Natürlich ist das persönliche Gespräch, der Ideenaustausch im Team, unabdingbar.

Anerkennung und Lob

Anerkennung und Lob bewirken die permanente Bestätigung und Sicherheit, eine Aufgabe besonders gut zu erfüllen oder eine spezifische

Leistung mit überdurchschnittlichem Erfolg erbracht zu haben, gehört zu den stärksten Motivatoren überhaupt. Besonders aber ist es auch eine wichtige Voraussetzung für Führungskräfte, loben und anerkennen zu können.

Wichtiger Merkpunkt für die Praxis

Lob und Anerkennung werden völlig zu recht als geistiger Sauerstoff des Lebens bezeichnet. Doch Anerkennung muss sich auf konkrete Leistungen beziehen, ehrlich und spontan ausgesprochen werden, individuelle Stärken und Fähigkeiten einbeziehen und den Wert der Leistung für Unternehmen und Team ebenso enthalten.

Weiterbildungsmöglichkeiten

Es ist erstaunlich und zugleich erfreulich, wie hoch Weiterbildungs- und Entwicklungsmöglichkeiten eingestuft werden. Hier liegt die Verantwortung beim Unternehmen, mit einer systematischen Personalentwicklung dem Bedürfnis nach Weiterbildung und persönlicher Entfaltung nachzukommen. Sorgfältige Eruierung der Bedürfnisse, das Finden geeigneter Anbieter und Lernmethoden und der sichergestellte Transfer in die Praxis gehören zu den zentralen Aufgaben einer wirksamen Personalentwicklung.

Mehr im Web

Nachdiplomkurse und Weiterbildungs-Möglichkeiten beim Institut für angewandte Psychologie www.iapzh.ch

Feedback vom Vorgesetzten

Der Wunsch nach regelmässigem Feedback steht in engem Zusammenhang mit Lob und Anerkennung. Grundsätzlich geht es um das Bedürfnis von Mitarbeitern, zu wissen, woran sie sind, ob die Leistungen den Erwartungen entsprechen, welche Mängel es zu verbessern gilt, wie die Zukunftsaussichten im Unternehmen überhaupt sind und vieles mehr.

Feedback kann durchaus auch Kritik sein, sie muss aber stets die Sache betreffen, konstruktiv sein, Unterstützung signalisieren, die Würde achten und darf nie das Selbstvertrauen des Mitarbeiters verletzen. Gekonntes Feedback muss einige ganz bestimmte Regeln enthalten um wirksam und motivierend zu sein. Es sind dies:

- Einbeziehung von Gefühlen und Ich-Haltung
- Eigene mögliche Interpretation einbringen
- Feedback möglichst nach auslösendem Anlass geben
- Bezug auf konkretes und individuelles Verhalten
- Positive Folgen und Auswirkungen aufzeigen und nennen
- Gutes Feedback ist konstruktiv und respektvoll

Wichtiger Merkpunkt für die Praxis

Konkret erlebbare *Kommunikation und Verhaltensweisen des direkten Vorgesetzten* haben wohl in der Praxis einen wesentlich stärkeren Motivationseinfluss als eher abstrakte Elemente wie Unternehmensziele, Führungsinstrumente, Leitbilder und ähnliches. Dies, weil sie emotional, konkret erleb- und beobachtbar und direkt persönlichkeitsgerichtet, – also in sozialer Interaktion – wirken und damit auch regelmässig überprüfbar sind.

Materielle Motivatoren

Nun kommt sie also doch, die Lohntüte. Materielle Sicherheit und ein wirtschaftlich faktisches Anerkennen guter Leistung ist wohl der Grund und nicht direkt oder nicht nur der monetäre Effekt. Gezielte, begründete und leistungsbasierende Lohnerhöhungen, Boni, Provisionen und Sonderzahlungen sind materielle Möglichkeiten. Auch sogenannte Fringe Benefits, als nicht materiell von einer Leistung abhängige Faktoren wie Übernahme von Versicherungskosten, Mitarbeiterrabatte bei Firmenleistungen, Vergütung von Zeitschriften oder günstige Konditionen beim Einkauf von Produkten bei Partnerfirmen sind einige Beispiele.

Eine angemessene und gerechte Entlohnung für die Arbeitsleistung sollte durch das Lohnmodell gewährleistet werden. Angemessene Sicherheit vor Einkommenseinbussen müssen ausgewogenen Verdienstchancen bei hoher Leistung gegenüberstehen. Wichtig ist, dass der Bezug zwischen der individuellen Leistung und dem Verdienst erkannt wird. Bei gruppenorientierten Vergütungen (z.B. Team-Prämie) muss klar sein, inwieweit individuelles Verhalten der Teamleistung zuträglich ist oder nicht. Ansonsten aber ist die materielle Motivation nicht wirklich nachhaltig und sollte nur flankierend mit anderen Massnahmen eingesetzt werden.

Karriere- und Entwicklungsmöglichkeiten

Menschen wünschen sich und brauchen, sowohl im Privat- wie auch im Berufsleben, Perspektiven. Oft sind Entwicklungsmöglichkeiten auch nicht auf den Berufsbereich und den Arbeitplatz beschränkt, sondern betreffen die gesamte Persönlichkeit. Karrierewünsche sind heutzutage auch nicht mehr auf hierarchische Positionen beschränkt, sondern können anspruchsvolle Expertenpositionen und Fachaufgaben sowie neue Aufgabenstellungen und dergleichen betreffen. Deshalb sind Laufbahnplanungen, Karrieregespräche, Weiterentwicklungsziele im Rahmen der Personalentwicklung und Potentialanalysen von grosser Bedeutung.

Ein hohes Bedürfnis nach Entfaltung äussert sich in dem Wunsch nach eigenverantwortlicher, anspruchsvoller, abwechslungsreicher und bedeutungsvoller Arbeit. Mitarbeiter mit einem hohen Bedürfnis nach persönlicher Entfaltung werden nach diesem Modell stärker motiviert, wenn ihre Arbeit auch entsprechende Anreize bietet.

Wichtiger Merkpunkt für die Praxis

Entwicklungsmöglichkeiten zeigen Perspektiven auf, spornen an, beweisen Vertrauen in die Fähigkeiten, zeigen die Wertschätzung der Leistung und den Glauben in das Entwicklungspotential des Mitarbeiters als Ganzes. Doch sie müssen kommuniziert, aufgezeigt und systematisiert werden, um nachhaltig und wirkungsvoll sein zu können.

Der nachfolgende Fragebogen enthält konkrete Fragestellungen, um Weiterbildungsbedürfnisse individuell eruieren zu können.

Check it	
Fragen zur Eruierung der Weiterbildungsbedürfnisse	
Mit den nachfolgenden Fragen können Sie die Fähigkeiten, Bedürfnisse und Wünsche von Mitarbeitenden gezielt eruieren, um dann bedarfsgerechte und auf Mitarbeitende zugeschnittene Massnahmen zu entwickeln.	
Frage	**Antwort**
Welches sind Ihre drei wichtigsten persönlichen Ziele?	
Welches sind Ihre drei wichtigsten beruflichen Ziele?	
Was hält Sie am meisten davon ab, diese zu erreichen?	
Was würde Sie am meisten unterstützen, diese Ziele zu erreichen?	
Was machen Sie bei Ihrer Arbeit besonders gern?	
Welchen Stellenwert hat Ihr Beruf in Ihrem Leben?	
Wie wichtig ist Ihnen die berufliche Weiterentwicklung?	
Wie würde Ihr Traumjob bei uns genau aussehen?	
Welches sind Ihre drei besonderen Stärken?	
Welches sind Ihre drei besonderen Schwächen?	
Bei welchen Aufgaben können Sie Ihre Talente bei uns einsetzen?	
Was fehlt Ihnen bei Ihrem Job, um noch besser zu sein?	
Wo sehen Sie sich bei uns in einem Jahr?	
Wo sehen Sie sich bei uns in drei und in fünf Jahren?	
Welche Funktion finden Sie bei uns die erstrebenswerteste?	
Lernen Sie lieber allein oder in der Gruppe?	
Welches war das Seminar, das Sie am interessantesten fanden?	
Warum war dies so – bezüglich Lernmethoden, Trainer und Inhalte?	
Mögen Sie das Lernen mittels Internet und Computer?	
Gefällt Ihnen das "Learning by doing" direkt am Arbeitsplatz?	
Welches sind Ihre bevorzugten Lerninstrumente und –methoden?	
Welches ist Ihre Traumausbildung - und weshalb ist es diese?	
Reizt Sie eine Führungsaufgabe, und wenn ja, weshalb?	
Welche Persönlichkeitsmerkmale empfinden Sie als wichtig?	

Freudbetontes Arbeitsumfeld und der Spassfaktor

Haben Sie Spass an Ihrer Arbeit? Dies ist eine Frage, die von besonders fähigen Führungskräften oft gestellt wird, denn sie stellt den Menschen und eines seiner Grundbedürfnisse in den Mittelpunkt: Spass und Freude an dem zu haben, was man macht. Spass und Freude kann man als "Massage für die Psyche und das Gemeinwohl" betrachten, denn sie bringen Menschen einander näher, lockern auf, schaffen Stimmung, ermöglichen Humor und bringen Menschen zum Lachen und Sich-Wohlfühlen. Besonders wichtig ist dieser Umstand als Motivator wohl auch deshalb, weil Spiel und Spass eindrücklich zeigen und erlebbar machen, dass man Teil einer Gemeinschaft ist, in der man sich respektiert und aufeinander eingeht.

Spass und Freude an der Arbeit zu haben ist ein auf den ersten Blick etwas banal klingender Punkt, der aber nun mal ganz verständlichen und hedonistischen menschlichen Bedürfnissen entspricht. Anstrengung im Erbringen von Leistungen wird dann mit Lust und Freude verbunden, wenn sinngebende Herausforderungen geboten werden, an denen man sich messen kann, wenn man die Gelegenheit hat, Probleme zu lösen und Risiken zu bewältigen. Acht bis zehn Stunden seines Lebens täglich in einer Schicksalsgemeinschaft mit anderen Menschen zusammen zu arbeiten und Leistungen zu erbringen muss Freude, Spass und Wohlbefinden nun mal enthalten. Hier spielen zum Beispiel das

- Arbeitsklima und die Unternehmenskultur
- Die Führungs- und Kommunikationsfähigkeiten
- Führungskräfte mit hoher Sozialkompetenz
- Mitarbeiterveranstaltungen mit nichtbetrieblichen Inhalten
- Das "Wir-Gefühl" fördernde Events
- Freiräume und Experimentiermöglichkeiten

eine grosse Rolle. Wesentlich ist, Mitarbeiterveranstaltungen zu ritualisieren und auch in der Rekrutierung von Führungskräften und Mitarbeitern auf Persönlichkeitsmerkmale zu achten, die den Spassfaktor und Freude und Motivation an der Arbeit gebührend berücksichtigen. Zum Spass und Spielfaktor gehören auch Gewinnchancen und originelle Preise und Auszeichnungen bei Mitarbeiter-Events und sonstigen Betriebsanlässen. Einige Ideen sind nachfolgend tabellarisch zusammengefasst.

Preis- und Gewinn-Anregungen für betriebliche Anlässe
❑ Abendessen für zwei Personen nach Wahl Mitarbeiter
❑ Jahresabonnement für einen Fitness-Club
❑ Zeitschriften-Abonnement zu Hobby eines Mitarbeiters
❑ Ein Tag oder eine Woche bezahlte Zusatzferien
❑ Kinderhüte-Gutschein für ein Wochenende und eine Familie
❑ Ein Kinokarten-Set für die ganze Familie
❑ Gratis-Parkplatz für einen Monat oder ein Jahr beim Geschäftsdomizil
❑ Wochenende in einem Wellness-Hotel mit Lebenspartner
❑ Übernahme der Steuerrechnung eines Jahres
❑ Ein Oldtimer für ein Wochenende inklusive Benzinkostenübernahme
❑ Gutschein für eine Ballonfahrt
❑ Ein Kochkurs für ein Ehepaar
❑ Spannender Ausflug des Vorgesetzten mit Kind eines Mitarbeiters
❑ Übernahme von Hauslieferdienst-Kosten für einen Single
❑ Laufbahnberatung durch hochrangiges Geschäftsleitungsmitglied
❑ Tickets für vom Lebenspartner favorisierte Kulturveranstaltung
❑ Übernahme der Handy- oder Internetkosten für eine bestimmte Zeit
❑ Abendessen mit einem vom Betrieb gewonnenen Prominenten zusammen
❑ Städteflug für ein Ehepaar mit Besuch des dort grössten Kunden
❑ Seminargutschein für ein persönliches, privates Interessenthema
❑ Ein Monat oder Jahr lang vom Betrieb bezahltes Mittagessen in Kantine
❑ Originalsigniertes Buch vom Lieblingsautor des Mitarbeiters
❑ Hotel-Einladung für Lebenspartner während Seminar oder Geschäftsreise

Arbeitsklima und Teamgeist

Dieses Bedürfnis hängt eng mit dem oben genannten zusammen. Ein kommunikationsförderndes Arbeitsklima, das "Wir-Gefühl" fördernde Events und Freiräume und Experimentiermöglichkeiten sind Rahmenbedingungen und ein Umfeld, die dieses Bedürfnis in besonderem Masse fördern. Die Tatsache, dass man als Mitarbeiter einen wesentlichen Teil seines Lebens in einer nicht beeinflussbaren "Schicksalsgemeinschaft" verbringt, zeigt alleine schon, wie wichtig das Wohlbefinden, die Akzeptanz und das entspannte Klima in einem Team und in einer Gruppe zwangsläufig sein müssen.

Dem Anschluss- oder Intimitäts-Motiv folgen Menschen, die nur dann motiviert arbeiten, wenn sie dies im Team tun können. Anschlussmotivierte Mitarbeiter legen besonderen Wert auf Gemeinschaft und Zusammenarbeit, öffnen sich anderen gegenüber leicht und sind meistens sehr kommunikativ. Damit einher geht meistens auch ein sehr starkes Bedürfnis nach Akzeptanz und Wohlwollen der Gemeinschaft. Es gibt Mitarbeiter, die sich kaum durch Leistung und Arbeit, aber sehr stark durch Intimität und Anschluss motivieren lassen. Studien haben belegt, dass Mitarbeiter mit hoher Leistungs- und Anschlussmotivation im Allgemeinen erfolgreicher sind und weniger Probleme haben, als jene, bei denen die Anschlussmotivation fehlt oder nur sehr schwach ausgeprägt ist.

Nach Resultaten und Erkenntnissen neuester Forschungsarbeiten darf die Teamwirkung allerdings nicht überschätzt werden. Es beginnt sich ein Trend Richtung Aufgabenteilung und individuelle Ziele abzuzeichnen. Teams funktionierten, wenn Mitarbeitende ausreichend Möglichkeiten haben, Ideen zur Umsetzung zur Verfügung zu stellen und individuelle Vorschläge auf Resonanz stossen. Auch der Managementberater Fredmund Malik vom Management Zentrum St. Gallen ist der Ansicht, dass Teamwork zurzeit überbewertet wird.

Die von Professor Norbert Thom vom Institut für Organisation und Personal der Universität Bern 2004/2005 durchgeführte und sehr interessante und aufschlussreiche Studie "Career- und Lifestylemanagement" zeigt in einer Befragung von über 3000 Arbeitnehmern, dass ein angenehmes Arbeitsklima sogar der wichtigste Zufriedenheitsfaktor ist. Das Einbringen eigener Ideen und das Tragen von Verantwortung sind übrigens die nächstfolgenden Punkte, die den Befragten bei Ihrer Tätigkeit besonders wichtig sind.

Wichtiger Merkpunkt für die Praxis

Arbeitsklima, Spassfaktor und Teamgeist dürfen nicht unterschätzt werden. Der Leistungswille ist nicht bei allen Mitarbeitern gleichermassen ausgeprägt. Ein Geborgenheit, Kommunikation, Abwechslung und Humor – um einige konkrete Merkmale einges guten Teamklimas zu nennen - bietendes Team mit entsprechender Führung kann die entscheidende Motivation sein und wesentlich zur Mitarbeiterbindung beitragen.

Die nachfolgende Übersicht gibt konkrete Ideen und Handlungsansätze zur Stärkung und Verbesserung des Arbeitsklimas und Teamgeistes.

Check it **Motivationsfaktor Arbeitsklima und Teamgeist** Konkrete Einflussfaktoren und Massnahmen	ist gut/vorhanden	verbessern	fehlt, prüfen
Häufiges Lob an das gesamte Team zu Team-Leistungen			
Events und Veranstaltungen mit Spass- und Wir-Effekt			
Viele Handlungs- und Entscheidungsspielräume geben			
Wichtige Aufgaben und Verantwortungen delegieren			
Gleichbehandlung und Beitragswert jedes Einzelnen betonen			
Teamleistung im ganzen Unternehmen kommunizieren			
Anlässe ausserhalb wie Klausuren und andere Events			
Definition von Grundsätzen, Spielregeln für Zusammenarbeit			
Starke Förderung der Kommunikation untereinander			
Möglichkeiten bieten, sich von neuen Seiten zu sehen			
Überraschende und originelle Happenings und Ideen			
Konflikte offen und im ganzen Team aus- und besprechen			
Ideen aufnehmen und als Teamleistung würdigen			
Miteinbezug in vielen Entscheidungen, Problemen und Fragen			
Verzicht auf negative und destruktive Mitarbeiter			
Symbolische Anerkennungen, die den Teamcharakter zeigen			
Teilziele verfeinern, anerkennen und würdigen			
Herausforderungen und Ziele auf Teamebene formulieren			
Permanente und konsequente Stärkung des "Wir-Gefühls"			
Kultur des Helfens und Unterstützens praktizieren und fördern			

Entscheidungsfreiheit

Wer entscheiden und damit Verantwortung übernehmen darf, kann sich entfalten und seine Fähigkeiten, Kompetenzen und Persönlichkeit unter Beweis stellen. Und Mitarbeitern, denen diese Möglichkeit gegeben wird, zeigt man damit auch Vertrauen in deren Leistungsfähigkeit und menschliche Reife. Entscheiden heisst in besonderem Masse auch, etwas mitgestalten, mitformen und beeinflussen zu können, was eine starke Motivationswirkung beinhaltet. Möglichkeiten und Ausmasse von Entscheidungsfreiheiten sind gegeben durch eine entsprechende Unternehmenskultur, gezielte Personalentwicklungsmassnahmen und qualifizierte Führungskräfte, die diesem Bedürfnis entgegenkommen.

Das Bedürfnis nach Akzeptanz

Akzeptanz ist wie Anerkennung auch, ein grundlegendes menschliches Bedürfnis, das zu befriedigen in jeder Gemeinschaft entscheidend ist. Akzeptiert zu werden, heisst, unverzichtbarer Teil eines Ganzen zu sein, Wertschätzung zu erfahren, etwas mitgestalten zu können und als vollwertiges Mitglied geschätzt und geachtet zu werden. Aus diesem Grund ist dieses Bedürfnis besonders wichtig und benötigt wiederum eine entsprechende Unternehmenskultur und qualifizierte Führungskräfte, die über das entsprechende Menschenbild verfügen und dieses vorleben.

Gestaltungsmöglichkeiten und Interesse an Meinung

Wer an der Meinung anderer interessiert ist, signalisiert damit, deren Urteilsvermögen, Intelligenz, Fähigkeiten, Kreativität, Kritikfähigkeit zu schätzen, was wiederum eng mit Akzeptanz und Anerkennung zusammenhängt. Um diesem Bedürfnis entgegenzukommen, sind entsprechende Führungskräfte und ein unternehmerisches Führungsverständnis notwendig, die die motivatorische Notwendigkeit verstehen, die entsprechende Persönlichkeit aufweisen und den Einbezug der Mitarbeiter in die Entscheidungsfindung im betrieblichen Alltag konsequent praktizieren.

Erfolgserlebnisse

Erfolgserlebnisse beweisen, veranschaulichen und demonstrieren in hohem Masse an konkret Erlebtem und Erfahrenem, dass man einen "guten Job" gemacht hat. Es müssen Möglichkeiten für Erfolgserlebnisse geboten werden und Führungskräfte im Unternehmen sein, die in der Kommunikation und im Umfeld dafür eintreten. Von besonderer Bedeutung ist, dass Erfolgserlebnisse stark kommuniziert und gefeiert oder gar zu einem Ritual gemacht werden, womit sie sich in der Gemeinschaft sogar noch verstärken.

Wichtiger Merkpunkt für die Praxis

Besten-Ranglisten, Mitarbeiter des Monats und dergleichen sollten *nicht* eingesetzt werden. Es gibt so immer zu viele Verlierer und nur einen Gewinner und stärkt lediglich nur den, der schon weiss, dass er der Beste ist. Auch Neid und Missgunst können hinzu kommen und das Teamklima stören und schädigen.

Ein Ideenmanagement vermittelt auch Erfolgserlebnisse und ist Bestandteil einer Unternehmenskultur, die Mitarbeiter konsequent in den unternehmerischen Gestaltungsprozess miteinbezieht. Am Erfolg sind mehrere Faktoren beteiligt, die nur koordiniert und ganzheitlich berücksichtigt, zu wirksamen "Erlebnissen" führen:

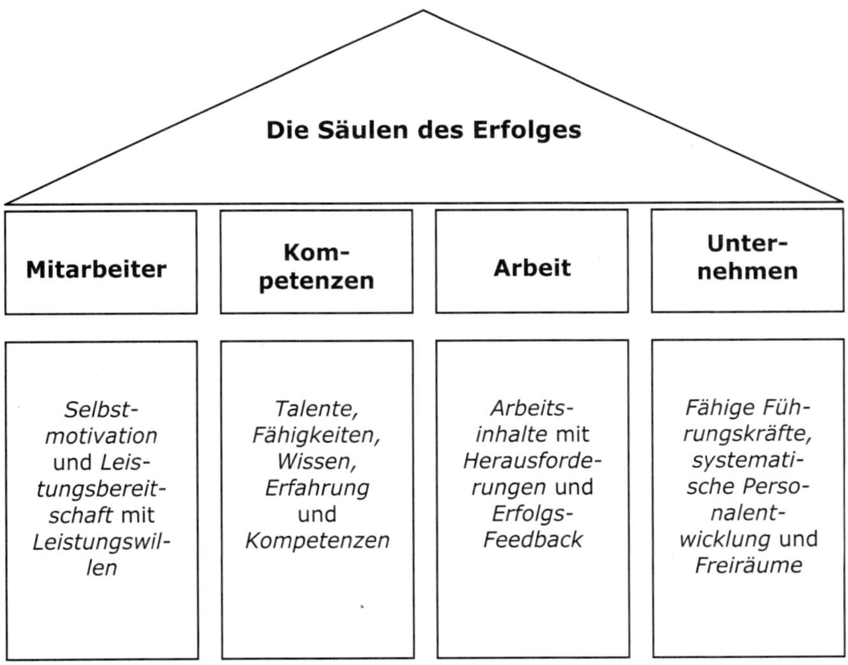

Auf der nachfolgenden Tabelle finden Sie konkrete Ideen, Handlungsansätze und Möglichkeiten für Erfolgerlebnisse.

Check it **Motivationsfaktor Erfolgserlebnisse**	besonders beachten	ab und zu beachten	weniger geeignet
Bewusst auf Stärken ausgerichtete Aufgaben geben			
Stärken und Talente bei Erfolgen würdigen und anerkennen			
Oft um Meinung, Kritik und Ideen bitten			
An Fachurteil interessiert sein und dieses implementieren			
Intensiv beobachten, was Freude macht und begeistert			
Besondere Erfolge mit ähnlichen Aufgaben wiederholen			
Mittlere Herausforderungs-Niveaus von Zielen formulieren			
Ziele möglichst messbar machen und formulieren			
Erreichung von Teilzielen und Einzelaufgaben würdigen			
Zahlreiche Feedbacks in Vertrauen und Kompetenz geben			
Job Enrichment und Projektarbeiten mit Talentnutzung bieten			
Stärken und Talente mit Weiterbildung fördern und würdigen			
Beitrag/Einfluss für das Unternehmen und Team aufzeigen			
Miteinbezug in vielen Entscheidungen, Problemen und Fragen			
Erfolge oft feiern, kommunizieren und würdigen			
Auch Verhalten und Persönlichkeit als Erfolg würdigen			
Erfolge konkret, individuell und spezifisch anerkennen			
Neigungs- und Talenttests zur Talenterkennung bieten			
Erfolgsorientierte Laufbahn- und Karriereplanung vornehmen			
Zeit, Foren und Gehör für Ideen und Vorschläge schaffen			

Arbeitsumfeld

Das Arbeitsumfeld rangiert nicht mehr in den Spitzenpositionen, ist aber immer noch in den Top Ten mit dabei. Ergonomische Qualität, moderne Bürokonzeptionen, Umweltaspekte, moderne Arbeitshilfsmittel sind einige Beispiele, welche das Arbeitsumfeld prägen und beeinflussen. Ferner spielen Temperaturen und Ausstattungen eine Rolle und die Nichtraucherproblematik gewinnt mit zunehmender Bedeutung des Gesundheitsbewusstseins einen immer grösseren Stellenwert. Das Arbeitsumfeld zeichnet sich in einem weiter gefassten Verständnis auch durch verantwortungsvolles Handeln, Offenheit und Achtung gegenüber dem Einzelnen aus. Einige weitere konkrete Punkte:

- Beleuchtungsqualität, Raum- und Arbeitsflächengrösse
- Lärmgrenzwerte und Geräuschkulissen
- Qualität von Lüftungs- und Klimaanlagen
- Monitorauflösung und PC-Ergonomie als Ganzes
- Raum für Individualität – Individualität des Arbeitsplatzes

Flexible Arbeitszeitgestaltung

Arbeitszeitgestaltung ist im Zeitalter der Worklife-Balance berechtigterweise ein Anliegen. Die bekanntesten Formen der Arbeitszeitflexibilisierung sind die Gleitzeit und Teilzeitarbeit. Bei der Einführung flexibler Arbeitszeiten ist zu berücksichtigen:

- Organisation und Regelung der Zeiteinteilung
- Trennung von Betriebs- und Arbeitszeit
- Trennung von Entgelt und Arbeitszeit
- Ausgleich und Kontrolle der Überstunde
- Mess- und Kontrollierbarkeit nach bestimmten Kriterien

Als innovativ gelten Arbeitszeitflexibilisierungen, die mehrere Merkmale miteinander verbinden wie Gleitzeit, Job-Sharing, Telearbeit, Teilzeit à la carte, gleitender Ruhestand. Die Vorteile einer Arbeitszeitflexibilisierung können je nach Betrieb und Organisation nebst der Motivationswirkung auch die Schaffung neuer Arbeitsplätze, Verlängerung der Öffnungs- und Servicezeiten und bessere Leistungsbedingungen und Auslastung der Anlagen sein.

Mehr im Web

Interessante Fachbeiträge zum Thema flexible Unternehmen: www.flexible-unternehmen.de

Worklife-Balance

Immer mehr Single-Haushalte, alleinerziehende Mütter und doppelverdienende Haushalte einerseits und Veränderungen in den Wertvorstellungen und Prioritätensetzungen von Arbeit und Freizeit andererseits führen dazu, dass die Worklife-Balance über das Schlagwort hinaus an Bedeutung gewinnt. Fasst man neuere Untersuchungen zusammen, können 15% der Erwerbstätigen Beruf und Privatleben nicht unter einen Hut bringen und über 20% mangelt es an Freizeit. Deshalb ist die Motivationswirkung der Gestaltung einer Worklife-Balance-Politik, das Privat- und Berufsleben von Mitarbeitern unterstützend in Einklang zu bringen, gross. Dabei gibt es zwei Hauptbereiche: Arbeitszeiten und Dienstleistungen.

Die Bedeutung der Worklife-Balance wird auch in der von Professor Norbert Thom vom Institut für Organisation und Personal der Universität Bern 2004/2005 durchgeführten sehr interessanten Studie "Career- und Lifestylemanagement" bestätigt. Bei dieser gehören nicht etwa Karriere und Lohn zu den wichtigen Werten, sondern ein gutes Familienleben und der Wunsch, mit der Familie mehr Zeit verbringen zu können.

Wichtiger Merkpunkt für die Praxis

Worklife-Balance umfasst wesentlich mehr als nur weniger Arbeit und mehr Freizeit haben zu wollen. Es ist damit eine die Ausgewogenheit, Harmonie und alle Lebensbereiche umfassende Lebenshaltung gemeint, die Partnerschaft, Kinder, Freizeit, Sinn, Kultur, Gesundheit und Persönlichkeitsentwicklung im Interesse eines ganzheitlichen Lebensstils umfasst.

Was verhindert eine Worklife-Balance überhaupt?

Faktor Zeit

Bei 60-Stunden-Arbeitswochen bleibt für Freizeitbedürfnisse nicht mehr viel Zeit übrig. Auch die noch immer vielerorts vorherrschende starre Zeiteinteilung und individuelle flexible Möglichkeiten – zum Beispiel aus Gründen privater Weiterbildungen oder der Geburt von Kindern – verhindern eine Zeitbalance zwischen Arbeit und Privatleben.

Beanspruchung

Wer nach einem 10-Stunden-Arbeitstag erschöpft nach Hause kommt, bringt kaum mehr genügend Energie, Kraft und Ressourcen für die Bedürfnisse von Lebenspartnern, Kindern oder seinen eigenen auf. Auch soziale und kulturelle Bedürfnisse über den Familienbereich hinaus leiden unter zu starker Beanspruchung steigender Leistungsanforderungen am Arbeitsplatz nur allzu oft.

Wertegegensätze

Zu wenig Beachtung schenkt man der Tatsache, dass die unterschiedlichen, ja oft sogar gegensätzlichen Werte, Ziele und Prinzipien – in einem weiteren Sinne die Verhaltensanfoderungen insgesamt – ein weiterer Faktor sind, die ein ausbalanciertes Arbeits- und Privatleben erschweren. Gelten im Arbeitsbereich während 8-10 Stunden Werte wie Produktivität, Konzentration, Zielorientierung, Konkurrenz, sind diese im Privatleben oft gegensätzlicher Art: Entspannung, Harmonie, Genuss und Wohlbefinden, um nur einige Beispiele zu nennen. Diese "Gegensatz-Welten" sind emotionale Wechselbäder, die nicht alle Erwerbstätigen gleich gut vereinigen können.

Worklife-Balance-Angebote und Massnahmen

Betriebe haben, wie die nachfolgenden Tabellen zeigen, einige Möglichkeiten zum Entwickeln von sinnvollen WLB-Angeboten. Dabei ist es wichtig, die oben genannten Faktoren Zeit, Beanspruchung und Wertegegensätze ganzheitlich miteinzubeziehen. Es allerdings auch die Pflicht von Mitarbeitenden selber, sich aktiv mit diesem Anliegen auseinanderzusetzen, ihre Bedürfnisse zu konkretisieren, in Beruf und Privatleben Prioritäten zu setzen und bei Vorgesetzten und Unternehmen eigene Lösungen vorzuschlagen. Wie das optimale Verhältnis zwischen Arbeit und Freizeit aussieht, ist auch eine Frage der individuellen Lebensweise und der persönlichen Interessen.

Die nachfolgende Tabelle gibt konkrete Anregungen zur Beachtung, Förderung und Integration von Work-Life-Balance-Bedürfnissen im Betriebsalltag und in Personaldienstleistungen.

Fallbeispiel: Worklife-Balance-Regelung

Ausgangslage

Sebastian V. ist ein engagierter Mitarbeiter. An der Geburt seiner Tocher hat er grosse Freude und zeigt den Stolz allen Kollegen. Nur seine Ehefrau hat gesundheitliche Probleme, leichte Depressionen und ist überfordert. Sebastian V. sucht das Gespräch mit der HR-Abteilung und seinem Chef und ist für eine gute Lösung sehr dankbar.

Lösung

Man zeigt für die Situation von Sebastian V. viel Verständnis und kommt ihm entgegen. Für die Zeit von drei Monaten gewährt man ihm eine Viertage-Wochen-Arbeitszeit, von der aber nur die Hälfte der Tage an Ferien abgeben muss. Die HR-Abteilung organisiert psychologische Hilfe für die Ehefrau. Im Betrieb werden zwei Angestellte organisiert, welche in Notfällen einspringen und Hilfe leisten. Der Besuch eines Kleinkinder-Betreuungskurses wird von der Firma zudem zu 50% mitfinanziert. Sollte sich die Situation nach Ablauf von drei Monaten nicht wesentlich verbessert haben, denken beide Seiten über eine flexible Teilzeit-Regelung nach, welche die Interessen von Sebastian V., seiner Familie, des Betriebes und seiner Arbeitskollegen mitberücksichtigt.

Check it **Massnahmen für Worklife-Balance**	setzen wir bereits ein	eventuell, ist zu prüfen	passt nicht zu uns
Flexible Arbeitsformen wie Jobsharing			
Flexible, auch temporäre Teilzeitmodelle			
Gewährung von Auszeiten wie Sabbaticals			
Flexible Ferienregelungen			
Ergonomische Arbeitsplatzgestaltung			
Mitfinanzierung bestimmter privater Weiterbildungen			
Errichtung/Vermittlung Kinderhütedienste			
Gesundheitsprogramme und -aktivitäten			
Medizinische Leistungen wie Vorsorgeuntersuchungen			
Rückzugmöglichkeiten in Relaxräume			
Persönlichkeitsbildende Kurse inkl. privatem Nutzen			
Therapeutische Vermittlungen in privaten Krisen			
Sportliche Aktivitäten und Wellness-Angebote			
Steuer- und Rechtsberatung			
Ferien- und Reisedienstleistungen			
Referatreihen auch zu privaten Themen			
Tag der offenen Tür für Angehörige			
Kooperationsangebote (Wohnen, Reisen, Einkauf)			
Flexible Auszeitmodelle			
Services wie Behördenhilfe, Steuern, Kreditvergaben			

Arbeitszeiten

Für eine worklife-gerechte Arbeitszeitgestaltung sollte über Teilzeitstellen und Jobsharing-Angebote hinaus auch Gleitzeit mit Arbeitszeitkonti, die Vertrauensarbeitszeit und das Evaluieren weiterer Arbeitszeitmodelle in Betracht gezogen werden. Bei Teilzeitstellen entspricht die Schaffung von mehr Teilzeitstellen auch für Führungskräfte einem grossen Bedürfnis, weshalb althergebrachte Vorurteile, dies sei für Kaderstellen nun mal nicht möglich, überdacht werden sollten. Ermöglichen flexiblere Arbeitszeiten das Überbrücken von Problemen bei der Kinderbetreuung, private Ausbildungen mit hohem Stellenwert für den Mitarbeiter, Wünsche nach Sabbaticals für schon lange erträumte Reisen oder das vorübergehende Engagement in grösseren Freizeitprojekten, ist die Motivationswirkung mit Sicherheit stark und nachhaltig.

Mehr im Web

Reichhaltige Informationen rund um die Arbeitszeit-Flexibilisierung www.arbeitszeitberatung.de

Dienstleistungen

Dienstleistungen im Bereich der Haushaltsführung, der Kindererziehung und Betreuung von pflegebedürftigen Familienmitgliedern zeugen von sozialer Verantwortung und haben einen entsprechend hohen Wert gerade bei jenen Mitarbeitern, die solche Dienstleistungen besonders dringend benötigen.

Die nachfolgende Übersichtstabelle gibt Ihnen konkrete Anregungen zur Prüfung, Planung und eventuellen Einführung von generellen Nebenleistungs-Massnahmen.

Wichtiger Merkpunkt für die Praxis

Unternehmen tun gut daran, Worklife-Balance nicht als Modeerscheinung wie viele andere Managamenttrends abzutun, sondern als Ausdruck eines tiefverwurzelten Bedürfnisses zu betrachten, Arbeit und Freizeit in einen harmonischen Einklang zu bringen und die Lebensbereiche Freizeit, Familie und Arbeit gegenseitig sinnstiftend einzubeziehen und sich ergänzen zu lassen.

Check it **Personal-Dienstleistungen**	ist vorhanden	verbessern	fehlt, angehen
Einrichtung von Betriebs-Kindergärten			
Vermittlung von Kinderhütediensten			
Gute Einkaufsservices und –konditionen			
Mithilfe und Zeitermöglichung für Behördengänge			
Finanzielle Beteiligungen an Kinderhütediensten			
Vaterschaftsurlaub			
Vorsorgeuntersuchungen			
Vermittlung von externer Unterstützung bei Problemen			
Sonderurlaub bei Weiterbildung oder Burnout			
Mentoring			
Neuorientierungs-Coaching			
Eltern-Hotline			
Karriereplanung und Laufbahnberatung			
Trauerbegleitung			
Externe Pädagogik-Beratung und Erziehungs-Support			
Beratung für persönlichkeitsentwickelnde Massnahmen			
Erziehungsurlaub			
Unterstützungsangebote für alleinerziehende Mütter/Väter			
Raucher-Entwöhnungskurse oder –therapien			
Car-Sharing von Firmenautos über das Wochenende			
Ausleihen von Notebooks und anderem für private Zwecke			

Familienbezogene Serviceleistungen

Bei Familienservices gibt es zahlreiche Möglichkeiten interessanter Dienstleistungen, die für den Mitarbeiter einen hohen Stellenwert haben und auch dem Arbeitgeber nebst der Motivationswirkung weitere Vorteile bietet.

Freizeitbezogene und materielle Dienstleistungen

Hier geht es um den gesamten Freizeitbereich des Mitarbeiters, seines Lebenspartners oder seiner Umgebung als Ganzes. Um hier bedarfsgerecht vorzugehen, sind diesbezügliche Bedürfnisse verschiedener Angebote abzuklären. Dies können sein:

Mitfinanzierung von Freizeitaktivitäten

Sinnvoll ist dies besonders dort, wo sowohl privater wie auch beruflicher Nutzen besteht wie im Bereich von Fremdsprachen, Persönlichkeitsentwicklungen, Talentförderungen, sozialen Fertigkeiten und so fort.

Wellness- und betriebliche Gesundheitsförderung

Das Gesundheitsbewusstsein nimmt stark zu und entspricht auch einem grossen betrieblichen Interesse. Gutscheine in Zusammenarbeit mit Hotels, Beratungsdienstleistungen, Gesundheits-Themen-Monate, externe Referenten, Mitfinanzierung von Checkups und konkrete Gesundheitsmassnahmen im Betrieb (Ergonomie, Arbeitsbedingungen, Ernährung) sind hier einige interessante Möglichkeiten.

Weitere Faktoren zu Worklife-Balance-Massnahmen

Nehmen Sie eine Bestandesaufnahme vor, welche Angebote bereits bestehen und wie und von wem diese genutzt werden. Zudem ist die Art von Massnahmen auch von der Altersstruktur der Belegschaft abhängig. Wichtig ist auch, dass Worklife-Balance von den Führungskräften mitgetragen wird, das notwendige Verständnis vorhanden ist und Grundsätze - zum Beispiel flexible Arbeitszeitengestaltung - nicht auf Hindernisse stossen.

Bestimmte Familienservices und sonstige Dienstleistungen können auch von Dritten oder Experten übernommen werden. Interessant ist dann das Aushandeln günstiger Konditionen, individuelle Lösungen und mögliche Qualitätsprüfungen.

Befragung und Mitarbeiterorientierung

Bei der Einführung solcher Nebenleistungen sollten Sie sich an den Bedürfnissen Ihrer Mitarbeiter orientieren. Zudem sind je nach Durchschnittsalter, Geschlecht, Anteil Kinder usw. unterschiedliche Bedürfnisse und Lebenssituationen zu berücksichtigen. Zur Eruierung der

Bedürfnisse können Mitarbeiterbefragungen oder spezielle Mitarbeitergespräche initiiert werden.

Individuelle Bedürfnisse mit dem Cafeteria-System

Besonders attraktiv ist die Möglichkeit, Nebenleistungen individuell beanspruchen und zusammenstellen zu können. Dies ermöglichen sogenannte Cafeteria-Systeme. Mit diesem aus den USA stammenden System können Mitarbeiter in einem vorgegebenen Budgetrahmen die für sie individuell gewünschten betrieblichen Sozial- und Sonderleistungen und Incentives aussuchen. Die Verwaltung ist mit einem solchen System allerdings recht aufwändig. Allerdings gibt es mittlerweile Online-Dienstleister, welche die Kosten senken. Das nachfolgende Lebensbalance-Modell nach Dr. Nossrat-Peseschkian führt die Ganzheitlichkeit aller Lebensbereiche der Worklife-Balance mit Lebens- und Handlungsfeldern vor Augen.

Die Merkmale und Beurteilungskriterien sind prinzipiell die a) Wahlmöglichkeit, b) die Leistungsquantifizierung, c) die Geltungsdauer, d) die Periodizität und e) die Regelung nicht beanspruchter Leistungen.

Lebensbalance-Modell	
Beruf und Finanzen	**Familie und soziale Kontakte**
Arbeit und Leistung	Ehe- und Lebenspartner
Effizienz und Regeneration	Kinder und Familie
Fachliche Weiterbildung	Freunde und Bekannte
Vermögen und Wohlstand	Soziales und politisches Engagement
Gesundheit und Fitness	**Sinn und Kultur**
Gesundheitliche Vorsorge	Lebenssinn und Vision
Gesunde Ernährung	Lebenswerte und Glaubenssätze
Sport und Bewegung	Innerliches Auftanken
Erholung und Entspannung	Kultur und Persönlichkeit

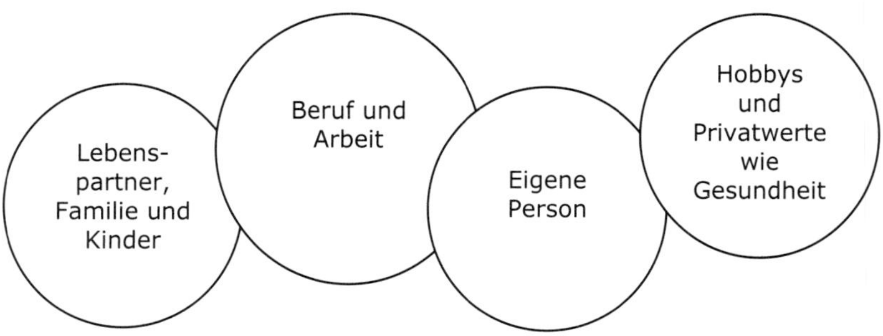

Ganzheitlichkeit des Motivationsverständnisses

Es ist von grosser Bedeutung, Motivationsbemühungen und das Verständnis von Motivation auf eine ganzheitliche, alle Aspekte umfassende Weise zu betrachten. Dies zeigt die nachfolgende Übersichtstafel mit den entsprechenden Ebenen und praxisrelevanten Beispielen auf.

Die zweite Tabelle gibt einen Überblick, dass bei Motivationsmassnahmen und –überlegungen jeweils verschiedene Bedürfnisfelder angesprochen werden. Eine ausgewogene Berücksichtigung und der Einbezug von sinnvollen Kriterien (Belegschaftsstruktur, Alter, Branche, vorherrschende Wertvorstellungen, Geschlechterverteilung) ist hier von Bedeutung.

Wichtiger Merkpunkt für die Praxis

Die Ganzheitlichkeit des Motivationsverständnisses ist wie auf der nachfolgenden Übersicht gezeigt, von sehr grosser Bedeutung. Bei der Ergreifung von Massnahmen ist auf diese Ausgewogenheit zu achten, da sonst Widersprüche oder Lücken entstehen, welche andere sehr gute Motivatoren schwächen oder gar in Frage stellen. So ist zum Beispiel eine auf Respekt basierende Führung – auf der Ebene Führungsverhalten – eine Frage der Glaubwürdigkeit. Freiräume und Chancen zur Entfaltung und Innovation finden auf der Ebene der Unternehmenskultur statt.

Übersicht zu den Motivationsebenen

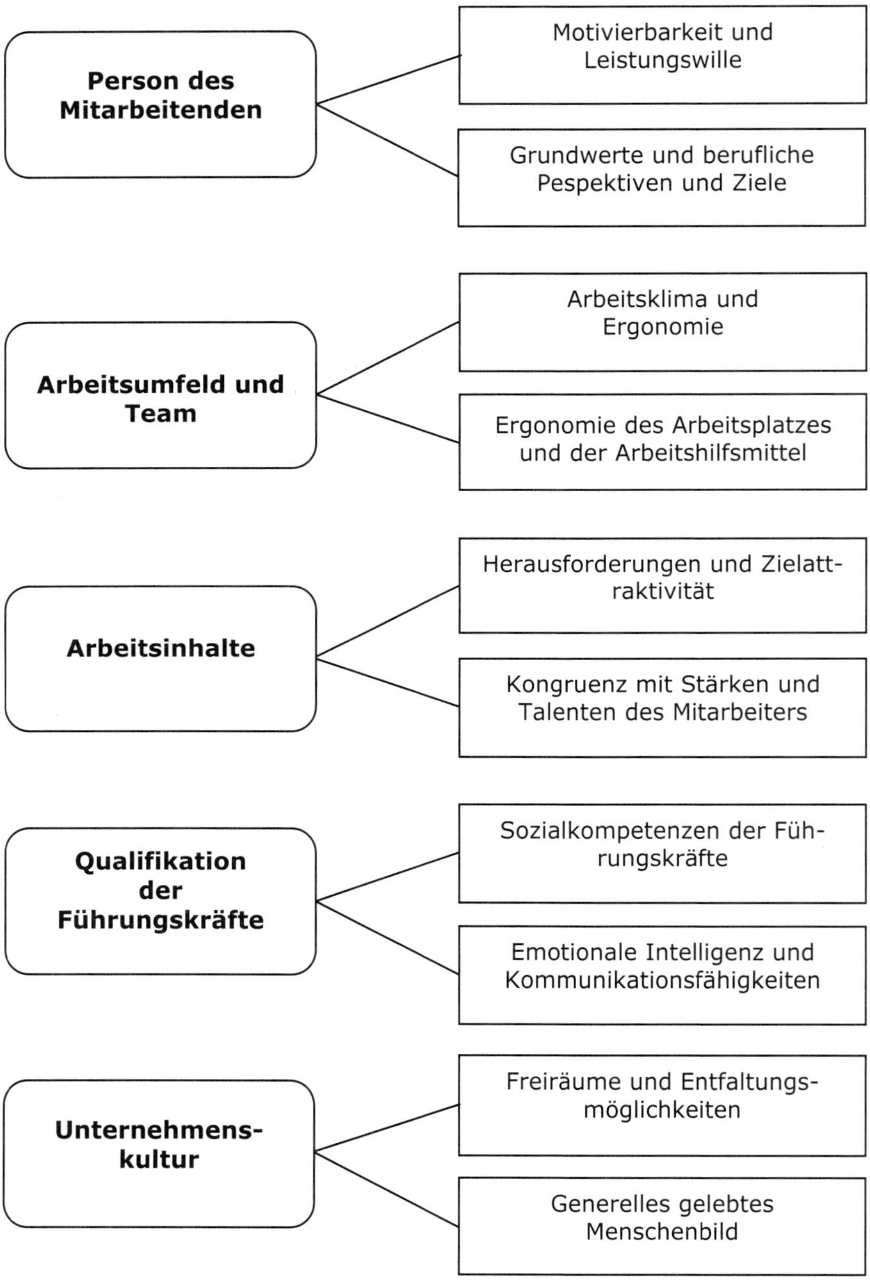

Check it **Bedürfnisfelder von Motivationsarten**	sehr wichtig	teilw. wichtig	unwichtig
Sozialer Kontakt Beispiele: Betriebsausflug, Anlässe, sportliche Anlässe			
Selbstbestimmung Beispiele: Flexible Arbeitszeiten, Telearbeit, Wahl Arbeitsort			
Gesundheitsförderung Beispiele: Vorsorgeleistungen, Gesundheitswochen, Ergonomie			
Anerkennung Beispiele: Incentives, Mitarbeitergespräche, Führungspolitik			
Sicherheit Beispiele: Versicherungsdienstleistungen, Kündigungsschutz			
Flexibilität Beispiele: Arbeitszeit, Arbeitsort, Sabbatical-Möglichkeiten			
Familien- und Lebenspartner-Einbezug Beispiele: Kinderhütedienste, Sonderferien, Arbeitszeitregelungen			
Materielles und Eigentum Beispiele: Lohn, Lohnnebenleistungen, Einkaufsvergünstigungen			
Komfort Beispiele: Relaxräume, Bahn- und Flugleistungen, Ergonomie			
Status und Prestige Beispiele: Firmenauto, Clubs, Hierarchisches, Kompetenzen **Weiterentwicklung** Beispiele: Personalentwicklung, Laufbahn- und Karriereberatung			

Zielvereinbarungsgespräche

Diese Ziele orientieren sich an den Unternehmens- und Abteilungszielen, die der Mitarbeiter mit dem Vorgesetzten zusammen auf seine persönliche Arbeitssituation "herunterbricht". So partizipiert der einzelne Mitarbeiter aktiv an der mittel- und langfristigen Entwicklung des Unternehmens, was nebst Motivationssteigerung und Erhöhung der Eigeninitiative auch einen erheblichen Einfluss auf die Leistungsqualität hat.

Das Zielvereinbarungsgespräch ist ein modernes und beliebtes Führungsinstrument. Gespräche dieser Art möchten Mitarbeiter aktiv in das Unternehmensgeschehen miteinbeziehen und am Zielfindungsprozess direkt beteiligen. Der Mitarbeiter bekommt so Frei- und Gestaltungsräume, um die Ziele des Unternehmens umzusetzen, was eine starke Motivationswirkung zur Folge hat. Zielvereinbarungsgespräche finden üblicherweise einmal jährlich zwischen dem Mitarbeiter und dem direkten Vorgesetzten statt, in denen Ziele für das nächste Jahr vereinbart werden und die Beurteilung am Zielerreichungsgrad erfolgt. Sie unterscheiden sich vom Festlegen von Leistungsmerkmalen und orientieren sich an einem mehr leistungsbezogenen und steuerbaren, den Unternehmensprozess einbeziehenden System.

Wichtiger Merkpunkt für die Praxis

Zielvereinbarungen tragen wesentlich zur Motivation und Leistungsoptimierung bei, da Mitarbeiter so in Entscheidungen eingebunden werden und die Unternehmensentwicklung aktiv mitgestalten können. Dies wiederum signalisiert den Glauben an deren Fähigkeiten und das Interesse an deren Einflussnahme, was in höchstem Grade motivationsfördernd ist.

Die Vorteile von Zielvereinbarungen

Das Instrument der Zielvereinbarung dient letztlich der Ausrichtung auf den Gesamterfolg des Unternehmens auf eine verpflichtende und partnerschaftliche Weise. Der Mitarbeiter wird über die Strategie des Unternehmens informiert und gleichzeitig dazu angehalten, seinen persönlichen Beitrag zum Unternehmenserfolg zu leisten. Im Zentrum stehen dabei die folgenden Erfolgsfaktoren:

Kommunikation

Der Vorgesetzte würdigt im Gespräch die persönlichen Leistungen des Mitarbeiters. Dies führt in der Regel auch zu einer verbesserten beiderseitigen Kommunikation und Zusammenarbeit. Eine Basis für gegenseitiges Feedback wird geschaffen.

Personalplanung

Die Zielvereinbarung kann als Eckpfeiler einer qualitativen Personalplanung dienen: Die Vorgehensweise der Mitarbeiter kann sowohl bei der Zielvereinbarung als auch bei der Umsetzung der Ziele Aufschluss über die Stärken und Lernfelder der Beteiligten geben.

Weiterentwicklung

Hinzu kommt, dass auch die soziale oder fachliche Weiterentwicklung als Zielvereinbarung formuliert wird. Dementsprechend kann z.B. die Weiterbildung des Einzelnen sowohl das Ziel selbst sein, welches verfolgt wird, als auch der Weg dahin, d.h. Weiterbildung erfolgt durch die konsequente Umsetzung der Ziele.

Mehr im Web

Bücher, Gratisdownloads und Informationen zu Zielen und Motivation:www.ziele.de

Anforderungen an Ziele

Ziele sollten spezifischen Kriterien und Anforderungen folgen, um Wirkung zu haben. Dies ist auch deshalb wichtig, weil Zielvereinbarungen eine Messgrundlage für die Mitarbeiterbeurteilung sind. Können Mitarbeiter sich an klaren Zielen orientieren, wissen sie jederzeit, woran sie gemessen werden und was man von ihnen erwartet, was wiederum eine gewisse Selbstkontrolle und Selbsteinschätzung gestattet. Damit Ziele diese Wirkung aber entfalten können, müssen sie folgende Charakteristiken aufweisen. Ziele sollten

- spezifisch, möglichst präzise, verständlich sein und umsetzbare Handlungsanweisungen enthalten
- konstruktiv und positiv formuliert werden
- messbar sein, weil nur messbare Ziele auch überprüfbar und motivierend sind
- fordernd und fördernd sein, denn je anfordernder ein Ziel ist, desto grösser die Herausforderung
- realistisch und terminlich schriftlich festgehalten und gebunden wird der Verpflichtungscharakter verstärkt

Entscheidend ist das Wort "gemeinsam"

Inzwischen werden in vielen Unternehmen oder Teams Visionen und Ziele erarbeitet. Meist geschieht das in einer kleinen Gruppe ausgewählter Führungskräfte. Irgendwann werden dann der Mitarbeiterschaft oder dem Team die Vision und die Ziele präsentiert. Der Ansatz ist gut, nur die Ausführung ist kontraproduktiv. Visionen und Ziele dürfen nicht einfach vorgegeben werden. Wenn Sie wollen, dass Ihre Leute oder Mitarbeiter Visionen mit Leben füllen und Ziele mit aller Energie verfolgen, müssen Sie sie an der Entstehung der Visionen und Ziele beteiligen.

Menschen wollen mitentscheiden

Lassen Sie Ihre Mitarbeiter mitreden und bei der Ausformulierung mitarbeiten. Fragen Sie nach Ideen und Vorschlägen und bauen sie diese wenn möglich mit ein. Hören Sie sich Ängste und Bedenken an. Sorgen Sie dafür, dass alle Beteiligten bereits bei der Entwicklung der Vision und bei der Festlegung von Zielen das Gefühl haben, beteiligt zu sein. Visionen und Ziele können nur dann eine magnetische Kraft entwickeln, wenn sich alle in ihnen wiederfinden und sie teilen. Und Ziele können optimal nur miteinander und nicht gegen eine Front von Widerständen erreicht werden. Jeder Mitarbeiter hat Anspruch auf Berücksichtigung seiner Persönlichkeit und dazu muss die Führungskraft erkennen, wie er ist und warum er so ist.

Die motivierende Kraft von Visionen

Wenn Sie eine Vision für Ihr Team, Unternehmen oder Projekt entwickeln wollen, dann sorgen Sie dafür, dass es wirklich eine Vision wird und nicht nur ein "Visiönchen". Wer nicht wirklich willens ist, bei der Entwicklung einer Vision tatsächlich auch Visionär zu sein, der sollte sich lieber auf die Formulierung von Zielen konzentrieren. Ziele können ebenso gut motivieren wie eine Vision. Aber wenn Sie schon das Wort Vision benutzen, sollten Sie wirklich etwas entwickeln, das Sehnsucht bei den Beteiligten weckt. Sie sollten gemeinsam ein wunderschönes und ganz und gar erstrebenswertes Bild vor Augen haben. Folgende Anekdote veranschaulicht dies eindrücklich: Drei Bauarbeiter, die an einem Dom arbeiteten, wurden gefragt, was sie da tun. Der Erste antwortete: "Ich verdiene meinen Lebensunterhalt". Die Antwort des Zweiten lautete: "Ich habe eine recht eintönige Arbeit. Ich setze Stein auf Stein, Stunde um Stunde, Tag für Tag". Der Dritte aber antwortete stolz: "Ich helfe dabei, eine Kathedrale zu errichten". Die Konsequenz: Keine inhaltsleeren Umsatzziele, sondern "Kathedralen-Ziele und -visionen" setzen.

Formulieren Sie klare und konkrete Ziele

Klare Ziele, auf die sich alle verständigt haben, sind für eine motivierende Arbeitsatmosphäre unerlässlich. Nur wer weiss, worauf er hinarbeitet, kann dies auch effektiv tun. Und nur konkret formulierte Ziele ermöglichen eine Überprüfung der Arbeit. Dabei ist es sowohl wichtig, die operativen Kurzzeitziele zu formulieren, als auch die mittel- und langfristigen Ziele anzugehen. Jedem sollte immer auch der grössere Zusammenhang der einzelnen Arbeitsschritte klar sein. Ein grösseres

Ziel zieht wie ein Magnet, auch wenn einmal die vielen nötigen Alltagsarbeitsschritte nerven.

Häufige Fehler in der Praxis

Wird Zielvereinbarung nebenbei und als Folge einer Direktive realisiert, verkommt sie zu einer Alibiübung und verliert an Motivationswirkung. Die meisten und verhängnisvollsten Fehler sind in der Unternehmenspraxis die folgenden:

Fehlende Zielrelevanz

Es werden banale Ziele formuliert, die keinen Einfluss auf den Unternehmenserfolg und die Wertschöpfung haben und in keiner Weise relevant sind. So ist mehr Sauberkeit und Ordnung in Büroräumen sicher erstrebenswert, aber niemals ein relevantes Ziel gegenüber dem, die Servicequalität für Kunden in diesen und jenen Punkte zu optimieren.

Unklare, vage Zielsetzungen

Taugliche Ziele zu formulieren, ist anspruchsvoll. Leider werden oft Ziele gesetzt, die keine Substanz, keine Handlungsaufforderung, keine Zuständigkeiten und keine Messgrössen enthalten. Auch hier ein Beispiel: "Wir wollen die Kommunikation verbessern", ist äusserst vage und allgemein gehalten. Das Ziel hingegen, "Wir wollen die Kommunikation mit unseren Kunden in den Bereichen Werbung, Service und Call Center-Kontakten klarer, kundenfreundlicher und moderner handhaben und bis Mitte Jahr unter Beizug einer spezialisierten Agentur erreicht haben", ist wohl um einiges klarer und griffiger.

Vereinbarung als Farce

Etwas vereinbaren heisst, dies gemeinsam im Dialog und unter Einbezug des Mitarbeiters und dem Eingehen auf seine Bedürfnisse und Wünsche zu tun. Verharren Führungskräfte aber dennoch im autoritären Stil, Ziele aufzuzwingen, wird dem Zielvereinbarungssystem die Substanz und der Kern entzogen.

Fehlende Kontrolle und kein Feedback

Wird das Erreichen von Teilzielen nicht gewürdigt, finden keine Zwischengespräche mit Feedback statt oder bestehen keine Erfolgskontrollen zur Sicherstellung der Zielerreichung oder fehlen notwendige Hilfsmittel, werden Mitarbeiter verunsichert und Ziele verlieren ihre Attraktivität. Vor allem wichtig: Zielerreichungen würdigen, konkretes Lob aussprechen und Erfolge ab und ab zu feiern oder mit Aufmerksamkeiten anerkennen!

Keine Verankerung in der Unternehmensführung

Schlägt die Unternehmensführung keine klare Strategie ein oder versteht sie es nicht, Ziele und Prioritäten zu setzen und klar zu kommunizieren, wird die Zielvereinbarung geschwächt. Auch das Vorleben im Führungsstil gegenüber dem Kader ist eine Frage der Glaubwürdigkeit und Konsequenz und ebenfalls von Bedeutung.

Entscheidende Erfolgsfaktoren in Kürze

Aus den oben genannten häufigen Fehlern in der Betriebspraxis abgeleitet daher nachfolgend die entscheidenden vier Erfolgsfaktoren auf einen Blick zusammengefasst:

Klarheit der Zielsetzung	Die Ziele müssen konkret, handlungsorientiert, verständlich und motivierend formuliert und kommuniziert werden.
Verhalten Geschäftsleitung	Die Unternehmensleitung muss die Ausrichtung, Strategie und Prioritäten vorgeben und mit dem Führungsverhalten konsequent dahinterstehen.
Aufzeigen des Zielprozesses	Die Schritte der Umsetzung, beteiligte Personen, Zwischenziele, Termine usw. organisieren und klar kommunizieren.
Zielverfolgung u. -kontrolle	Erfolgskontrollen von Teilzielen, Zwischengespräche, Würdigung von Zielerreichungen und Sofortreaktion bei Zielerreichungsproblemen sind von grosser Bedeutung.

Die Qualität der Zielfindung und Zielbestimmung

Die Zielqualität, d.h. die ganzheitlichen Anforderungen und Voraussetzungen an die Wirksamkeit von Zielen und weiteren Faktoren im Umfeld ist für die Motivationswirkung äusserst wichtig. Das NLP - ein Konzept für Kommunikation und Veränderung –, bietet diesem Aspekt der Zielorientierung auf eine sehr systematische und ganzheitliche Weise Beachtung. Man spricht dabei auch von wohlgeformten Zielen oder einem "Wellformed Outcome".

Ziele sollten a) konkret sein, b) positiv formuliert werden ohne Vergleiche, c) einen bestimmten Zeitrahmen aufweisen und d) mit eigener Kompetenz und Beeinflussbarkeit erfüllt werden können. Die positive Formulierung ist besonders zu beachten. So ist die Zielsetzung, die Anzahl von Kundenreklamationen zu senken wohl eine weniger konstruktive Zielbeschreibung, als die Zielsetzung, die Kundenzufriedenheit und Servicequalität in den Bereichen Call Center und Serviceleistungen zu erhöhen und zu verbessern.

Die verwirklichten und angesprochenen Werte

Im Privatbereich gibt es bestimmte Wertvorstellungen und Glaubenssätze, die einen grossen Einfluss auf das Handeln und Denken haben. Dies können Harmonie, Liebesbedürfnis, Schönheit, Spass und mehr sein. Bei der Leistungserbringung in der Berufs- und Arbeitswelt gibt es diese Werte oder Handlungsmotivatoren ebenfalls. Es können Prestige, Erfolg, Anerkennung, Persönlichkeitsentwicklung, Kreativität und so fort sein . Bei Zielsetzungen ist es daher wichtig, die Werte eines Mitarbeiters zu kennen, ihn darauf anzusprechen und gemeinsam herauszufinden, welche Werte und Glaubenssätze er bei welchen Zielen verwirklichen kann und welche Bedeutung und Motivationskraft diese haben oder allenfalls nicht haben.

Mehr im Web

Reichhaltige Artikelsammlung zum Thema Persönlichkeitsentwicklung: www.zeitzuleben.de/

Gefühle und Vorstellungen bei Zielerreichung

Hier geht es darum, sich über die Gefühle und das Befinden bei der Zielerreichung klare Vorstellungen machen zu können und diese im Bewusstsein und im Unterbewusstsein zu verankern. Somit wird eine starke emotionale und motivierende Wirkung erzielt und aus kalten Prozentwerten entstehen erstrebenswerte Bilder und Vorstellungen, welche ein Ziel lebendig und attraktiv machen. Wiederum ein Beispiel: Geht es darum, bei einem Product-Manager Ziele bezüglich Innovationskraft zu setzen, können mit ihm Situationen wie Anerkennung im Team und bei der Geschäftsleitung, sein Stolz ein neues Produkt in Händen halten zu können, die Vorstellung, dass ihn Kunden begeistert anrufen und gratulieren und das schöne Erlebnis, etwas von bleibendem Wert erschaffen zu haben, besprochen werden.

Bewusstmachung eventueller negativer Konsequenzen

Genau so sollten mögliche negative Konsequenzen zur Sprache kommen, was im NLP als "Eco-Check" bezeichnet wird, d.h. ob kommende

Veränderungen mit der Person und ihrem Umfeld verträglich und ökologisch sind. Im Falle der Zielvereinbarung können oder müssen also Aspekte wie mögliche zahlreiche Überstunden, die Beeinträchtigung des Privatlebens, die Folgen eines Scheiterns auf die Psyche und das Selbstvertrauen oder die finanziellen Risiken bedacht und angesprochen werden.

Die zur Zielerreichung notwendigen Fähigkeiten

Im NLP spricht man von Ressourcen, also Fähigkeiten, Know-how, Stärken, Talente und Kräfte, die helfen, ein Ziel zu erreichen. Dabei wird nach positiven Referenzerlebnissen und –erfahrungen gesucht, wie z.B. frühere Erfolge bei ähnlichen Aufgabenstellungen und den damals bewiesenen Stärken. Solche Überlegungen stärken das Selbstvertrauen des Mitarbeiters, stellen sicher, ob die Voraussetzungen für die Zielerreichung nebst den Arbeitshilfsmitteln auch im persönlichen Bereich gegeben sind und machen klar, welche Fähigkeiten und Kenntnisse für welche Ziele genau benötigt werden bzw. von Vorteil sind.

Abschluss-Check: Die Gründe zum Anpacken der Ziele

Dies ist sozusagen die Abschlussfrage, die zeigen soll, ob der Mitarbeiter für die Ziele wirklich bereit ist oder ob noch wichtige Fragen zu klären sind, bevor es ans Anpacken und Realisieren gesetzter Ziele geht. Fehlen bestimmte Fähigkeiten, ist das Engagement mit dem Privatleben vereinbar, ist die Motivation und das Selbstvertrauen stark genug – dies sind mögliche Fragen. Doch vor allem im Zentrum stehen sollen die Gründe, die für das Anpacken der Ziele motivieren, mit Zuversicht und Begeisterung an "die Startlöcher" zu gehen.

Das Anspruchsniveau von Zielen

Jörg Zeyringer geht in seinem Buch "Der Treppenläufer" stark auf die Bedeutung von realistischen, erreichbaren Zielen ein und vertritt die Meinung, dass sich bei einer Herausforderung Wert und Erwartung die Waage halten müssen, um wirklich Höchstleistungen erbringen zu können. Demnach sind mittelschwere Aufgaben und Ziele besonders anspornend. Es sind solche, die noch schwierig und interessant genug sind, um eine Herausforderung darzustellen und sich an ihnen messen zu können, aber ein nicht zu tiefes Niveau haben, dass sie unterfordern und als langweilig und zu einfach an Motivationswirkung verlieren.

Wichtiger Merkpunkt für die Praxis

Das Berücksichtigen von Anspruchsniveaus ist bei Zielvorgaben und Aufgaben von grosser Bedeutung. Überforderung und Unterforderung können gleichermassen Frustration auslösen und so sämtliche andere Motivationsmassnahmen zunichte machen oder zumindest schmälern. Zielerreichungskontrollen, Feedbacks, Beobachtungen und Mitarbeiterbeurteilungen ermöglichen die Beurteilung und Sicherstellung geeigneter Anspruchsniveaus am besten.

Mitwirkung und Selbsteinschätzung des Mitarbeiters

Bei der Zielvereinbarung ist die Mitwirkung und Einflussnahme des Mitarbeiters von entscheidender Bedeutung. Die Ziele müssen verstanden und nachvollzogen und vor allem in Bezug zu übergeordneten Abteilungs- und Unternehmenszielen gebracht werden können, was deren Einfachheit, Motivationswirkung, Messbarkeit und Herausforderungswirkung entscheidend beeinflusst. Bei Zielerreichungsgesprächen ist es wichtig, den Fokus auf künftige Anforderungen zu richten und unter starkem Einbezug des Mitarbeiters eine konstruktive Grundhaltung einzunehmen.

Konstruktive und Mitarbeiter auf motivierende Weise einbindende Fragen zur Mitwirkung an Zielvereinbarungen können die nachfolgenden sein.

Fragen an Mitarbeiter zur Mitwirkung an Zielvereinbarungen

- Was motiviert Sie beim Erreichen von Zielen ganz besonders, was bereitet Ihnen am meisten Befriedigung?
- In welchen Bereichen kann ich persönlich als Ihr Vorgesetzter Sie bei der Erreichung der Ziele am wirkungsvollsten unterstützen?
- Welche der besprochenen Ziele beanspruchen Ihre Talente und persönlichen Fähigkeiten und Interessen auf ganz besondere Weise?
- Welches sind nach Ihrer Einschätzung die wichtigsten Voraussetzungen zur Erreichung dieser Ziele?
- Welches der vereinbarten Ziele spornt Sie am meisten an beziehungsweise ist für Sie die grösste Herausforderung?
- Bei welchen Zielen können Sie die wertvollsten Beiträge leisten?
- Können Sie hinter diesen Zielen voll und ganz stehen und erachten Sie diese als erreichbar?
- Welche Probleme könnten Sie nach Ihrer Einschätzung am ehesten an der Zielerreichung hindern?
- Wenn Sie an den vereinbarten Zielen drei Änderungen anbringen könnten, welche wären dies und was würden sie bezwecken?
- Wie schätzen Sie Ihre erreichten Ziele im Vergleich zu den Teamzielen ein?
- Was hat Sie – durchaus kritisch beurteilt - am meisten an der Erreichung des letztjährigen Ziels gehindert?
- Was müsste alles anders sein, um die Erreichung dieser Ziele auf optimalste Weise zu ermöglichen?
- Können Sie hinter den Erreichbarkeitskriterien stehen, finden Sie diese objektiv und angemessen?
- Wenn Sie Unternehmer wären und für das Unternehmen als Ganzes und sich persönlich drei Ziele festlegen müssten, welche wären dies?
- Welches sind die für Sie wertvollsten und effektivsten Hilfestellungen, die Sie beim Erreichen der gesetzten Ziele am meisten unterstützen?
- Welches der vereinbarten Ziele überzeugt Sie am meisten und mit welchem haben Sie eher Mühe?
- Welche wichtigsten Anforderungen stellen die vereinbarten Ziele an Sie persönlich und unsere Zusammenarbeit?

Fallbeispiel: Konsequent: Einbezug und Mitwirkung

Ausgangslage
Bis jetzt hat Roland K. bei Zielvereinbarungen mit seinem Assistent vieles immer vorgegeben, vorgedacht und im Hinterkopf viele Ziele eigentlich schon festgelegt und entschieden, bevor es zum Zielvereinbarungsgespräch kam.

Erkenntnis
Doch bei seinem Assistenten Manuel O. stösst dies diesmal auf Widerstand und er sagt auch klipp und klar, dass er sich vor ein Fait accompli gestellt sehe. Beim Ziel, für die Medizinalgeräte mit den Therapeuten eine neue Zielgruppe anzusprechen und zu erschliessen, will er dies nun konsequent ändern und verbessern.

Massnahmen zur stärkeren Mitwirkung
Roland K. geht auf die Kritik seines Assistenten ein und gibt ihm recht. Er bekennt sich zum Fehler und bespricht eine Verbesserung und Korrektur gleich direkt mit seinem Assistenten. Er gesteht ihm, dass er in diesem Ziel nicht sehr sicher sei und um die Meinung von Manuel O. bittet, was er für möglich halte. Er lobt die Initiative des Assistenten für die Beauftragung eines Marktforschungs-Institutes und bespricht die Resultate mit ihm. Massnahmen und Ziele legen sie gemeinsam fest, er teilt gewisse Bedenken und korrigiert die Ziele entsprechend. Er gibt Manuel O. sogar die Entscheidungsbefugnis zur Evaluation eines Beraters und bittet ihn um Teilziele.

Nun ist Manuel O. hochmotiviert und trägt den Entscheid voll mit. Er konnte mitentscheiden, Verantwortung übernehmen, Korrekturen einbringen und die Situation mitanalysieren.

Mitarbeiterbefragungen und -beurteilungen

Die Mitarbeiterbefragung ist ein wichtiges und kontinuierlich einzusetzendes Instrument der innerbetrieblichen Meinungsumfrage, um Einstellungen, Arbeitsklima und Erwartungen systematisch und objektiv in Erfahrung zu bringen und damit Motivationsmassnahmen bedarfsgerecht zu planen. Es können aber auch motivationshemmende Barrieren, Probleme und Missstände schnell eruiert werden, die man auf andere Weise oder aufgrund einer gesamtbetrieblichen Analyse normalerweise nicht in Erfahrung bringt.

Konstruktiv durchgeführte und zukunftsgerichtete Mitarbeiterbeurteilungen, die konkrete Förder- und Entwicklungsmassnahmen zur Folge haben, sind ein sehr wirksames Motivationsinstrument. Sie vermitteln dem Mitarbeiter eine Standortbestimmung, rücken seine Stärken in den Vordergrund, halten ihm seinen Beitrag zum Unternehmenserfolg vor Augen und entwickeln und fördern ihn in eine Richtung, welche die Mitarbeiterbeurteilung auf die Mitarbeiterbedürfnisse eingehend vorgibt.

Die Bedeutung der Mitarbeiterbefragung

Die Mitarbeiterbefragung ist ein wichtiges und kontinuierlich einzusetzendes Instrument der innerbetrieblichen Meinungsumfrage, um Einstellungen, Arbeitsklima und Erwartungen systematisch und objektiv in Erfahrung zu bringen und Motivationsmassnahmen bedarfsgerecht zu planen. Dabei können der gesamte Betrieb oder auch nur bestimmte Abteilungen befragt werden. Je nach Befragungszielen können auch Führungskräfte die Zielgruppe sein. Für die Ziele der Personalentwicklung sollte die Erfassung der Entwicklungsbedürfnisse und der Eignungspotentiale von Mitarbeitern für künftige Aufgabenstellungen im Vordergrund stehen.

Motivationsbeeinflussende mögliche Befragungsthemen

- Karriere- und Laufbahnvorstellungen und –optionen
- Aus- und Weiterbildungspräferenzen
- Zusammenarbeit mit Kollegen und Vorgesetzten
- Arbeitsbedingungen und Arbeitsplätze
- Mängel und Bedürfnisse in betrieblichen Leistungen
- Arbeitszeiten und Arbeitszeitenflexibilisierung
- Fragen zur Personalentwicklung generell
- Interne Kommunikation
- Entgelt und Sozialleistungen
- Arbeitsklima und Zusammenarbeit
- Weiterbildung und Schulung
- Führungsverhalten
- Image des Unternehmens

Die Mitarbeiterbefragung ist ein wichtiges Instrument zur Bedarfs- und Massnahmenplanung von Motivationsmassnahmen und ein Gradmesser, wie es um die Motivation in einem Betrieb grundsätzlich steht.

Sie fördert Mitsprache und Beteiligung der Mitarbeiter und hilft, demotivierende Schwachstellen aufzudecken. Die Mitarbeiterbefragung erfolgt in der Regel mittels eines standardisierten Fragebogens. Als sehr effizient und kostengünstig erweisen sich Online-Befragungen, die im firmeneigenen Intranet oder in Zusammenarbeit mit professionellen Software- und Online-Anbietern durchgeführt werden können.

Mehr im Web

Möglichkeiten von Onlinebefragungen und Fachinformationen: www.2ask.ch

Um Befürchtungen und Vorbehalten aller Beteiligten zu begegnen, sollten vor der Durchführung einer Mitarbeiterbefragung die folgenden Voraussetzungen geschaffen werden:

- Eine rechtzeitige, intensive Aufklärung aller Zielgruppen über Anlass und Ziele und Absichten der Mitarbeiterbefragung
- Einbeziehung aller Beteiligten von der Planungsphase bis zur Ergebnisanalyse der Mitarbeiterbefragung
- Diskretion und absolute Wahrung der Anonymität
- Die Zusicherung, dass die Ergebnisse allen Mitarbeitern, zumindest den in die Befragung einbezogenen, zugänglich gemacht werden
- Die grundsätzliche Bereitschaft, aufgrund berechtigter Kritik entsprechende Veränderungen einzuleiten

Voraussetzungen für den Erfolg einer Mitarbeiterbefragung

Klare Zielsetzungen

Das Formulieren einer klaren und nachvollziehbaren Zielsetzung, welche die Strategie des Unternehmens unterstützt, ist wichtig.

Themenfokussierung

Eine gezielte Themenauswahl ist zu empfehlen: Auf das Wesentliche konzentrieren, keine wichtigen Themen ausklammern. Themen können sein: Arbeitsbedingungen und Arbeitsplätze, Mängel und Bedürfnisse in betrieblichen Leistungen und Arbeitszeiten.

Fragestellungen

Die richtigen Fragen verwenden: Die Qualität der Formulierung jeder einzelnen Frage entscheidet über die Brauchbarkeit der Ergebnisse. Die Fragen sollten klar, eindeutig und verständlich sein. Suggestive oder mehrdeutige Fragestellungen verfälschen sofort Resultate.

Umsetzung

Aus der Befragung abgeleitete Massnahmen müssen tatsächlich umgesetzt und die Ergebnisse kommuniziert werden. Eine über mehrere Phasen hinweg ablaufende Kommunikation zu Umsetzungen und "sicht- und erlebbaren" Veränderungen sind wesentliche Voraussetzungen für die Akzeptanz weiterer Befragungen und Personalentwicklungs-Massnahmen.

Nachhaltigkeit

Wirksamkeit und Nachhaltigkeit der Umsetzung können durch eine erneute Befragung oder durch eine zeitnahe, fokussierte Teilbefragung sichergestellt werden. Damit wird auch signalisiert, dass die Anliegen der Mitarbeitenden ernst genommen werden, was an sich schon eine motivationsfördernde Haltung beweist.

Methoden der Mitarbeiterbefragung

Mündliche Befragungen

Mitarbeiterbefragungen können schriftlich oder mündlich durchgeführt werden. Werden sie vom Vorgesetzten in mündlicher Form durchgeführt, eignen sich dafür zahlreiche Mitarbeitergesprächs-Anlässe wie Zielvereinbarungen oder Fördergespräche. Je nach Gesprächsumfeld und Zielsetzungen können diese Befragungen in einer eher ungezwungenen Form stattfinden, oder relativ streng strukturiert, was die Auswertung erleichtert.

Schriftliche Befragungen

Schriftliche Befragungen können sich an Abteilungen, Kaderleute, gewisse Funktionsträger oder Mitarbeitergruppen oder an alle Mitarbeitende eines Unternehmens richten. Die Praxis hat gezeigt, dass eine schriftliche Befragung und ein anschliessendes persönliches Gespräch eine optimale Kombinationsform sind. Die Befragung bringt den Mitarbeitenden dazu, sich mit seiner Rolle im Betrieb und den betrieblichen Gegebenheiten überhaupt auseinander zusetzen.

Im Allgemeinen äussern Mitarbeitende in Befragungen motivationshemmende Zustände und konkrete Unzufriedenheitsfaktoren recht konkret und realistisch. Mitarbeiter sollten dabei ermutigt werden, kritisch Stellung zu nehmen und aktiv eigene Vorschläge und Vorstellungen einzubringen, um motivationsfördernde Aktivitäten möglichst konkret und mitarbeiterorientiert angehen und umsetzen zu können.

Wichtiger Merkpunkt für die Praxis

Befragungen sind eine Orientierungshilfe und ein Kompass für Motivationsmassnahmen - aber nicht mehr. Entscheidend ist das Sensorium und permanente persönliche Mitarbeitergespräche verbunden mit einfühlsamen Beobachtungen im Arbeitsalltag, denen Befragungen folgen müssen bzw. von diesen begleitet werden sollten.

Fragebogen für eine allgemeine Mitarbeiterbefragung

Kreuzen Sie bitte an, wie weit die folgenden Aussagen Ihrer Meinung nach zutreffen. Machen Sie – sofern nichts anderes angegeben ist – immer nur ein Kreuz je Frage.

Wie zufrieden sind Sie insgesamt mit den äusseren Bedingungen an Ihrem Arbeitsplatz?

O sehr zufrieden O eher zufrieden O zufrieden

O eher unzufrieden O unzufrieden O sehr unzufrieden

Welche drei der folgende Punkte wären für Sie als Arbeitsplatzverbesserungen am wichtigsten?

O Lärmschutz O Bessere Belüftungseinrichtungen

O Klimatisierung einführen O Zweckmässigere Arbeitsplatzgestaltung

O Raucher/Nichtraucher-Trennung O Mehr Sicherheits- und Gesundheitsschutz

O Pausenräume O Besseres Arbeitsmaterial und Arbeitsmittel

Welche Wünsche haben Sie zur Gestaltung Ihrer Arbeitszeit?

O Mehr Abgeltung von Mehrarbeit durch Freizeit O weniger flexible Arbeitszeit

O flexiblere Arbeitszeit O kürzere Arbeitszeit (Teilzeit)

Gefällt Ihnen Ihre Arbeit?

O ja, sehr O oft O manchmal

O selten O sehr selten

Entspricht Ihre Arbeit Ihren persönlichen Neigungen?

O ja, sehr O oft O manchmal

O selten O sehr selten

Können Sie bei Ihrer Arbeit Ihr Wissen und Können einsetzen?

O ja, sehr oft O oft O manchmal

O selten O sehr selten

Bringen Sie von sich aus Anregungen oder Beiträge, die die Arbeit oder die Zusammenarbeit mit anderen verbessern?

O ja, sehr oft O oft O manchmal

O selten O sehr selten

Können Sie die Ihnen übertragenen Arbeiten ausreichend Ihren Vorstellungen entsprechend durchführen?

O ja, sehr oft O oft O manchmal

O selten O sehr selten

Gibt Ihnen Ihre Arbeit Möglichkeiten, sich über eine Leistung, einen Erfolg zu freuen?

O ja, sehr oft O oft O manchmal

O selten O sehr selten

Wenn Sie Ihre Leistungsfähigkeit betrachten, wie empfinden Sie dann Ihre Arbeitsbelastung?

O sehr gross O gross O in Ordnung

O gering O sehr gering

Welche drei der folgenden Punkte stören Sie bei Ihrer Arbeit am meisten bzw. beeinträchtigen ihre Zufriedenheit am meisten?

O keine

O Arbeit ist zu langweilig und eintönig

O Arbeitstempo ist zu schnell, es gibt zuviel Termindruck

O meine Aufgaben wechseln zu schnell

O ich habe zuviel zu tun/zu viele Überstunden

O es gibt zuviel Leerlauf

O werde für meine Arbeit nicht ausreichend informiert

O ich weiss oft nicht, was man eigentlich von mir erwartet

O werde zu häufig bei Arbeit unterbrochen

O Arbeitszeitregelung/Schichtarbeit ist ungünstig

O Pausenregelung ist schlecht

O Arbeitsvorbereitung ist mangelhaft

O Arbeitsabläufe sind zu umständlich

O mir fehlen noch einige Erfahrungen

O meine Aufgaben sind zu schwierig / kompliziert

Fühlen Sie sich über die wesentlichen Ereignisse und Vorfälle im Unternehmen informiert?

O ja, sehr O ja O teilweise

O selten O sehr selten O gar nicht

Worüber möchten Sie in erster Linie mehr wissen bzw. besser informiert werden?

O Keine Wünsche

O was meinen unmittelbaren Arbeitsplatz betrifft

O wie sich meine Aufgaben oder die Aufgaben meiner Abteilung ändern

O organisatorische Veränderungen im Betrieb wie andere Abteilungen arbeiten

O wie unser Unternehmen aufgebaut und organisiert ist

O über Personen, z. B. Neueinstellungen, Beförderungen, Jubiläen

O über Tarife, Prämien, Steuern, Sozialabgaben und Sozialleistungen

O über das Weiterbildungsangebot der Firma

O über Aufstiegsmöglichkeiten in der Firma

O wie unser Betrieb arbeitet und ausgelastet ist

O wie sich die allgemeine wirtschaftliche Situation ausserhalb des Unternehmens entwickelt

O was die Geschäftsleitung vorhat

Wie zufrieden sind Sie mit den Weiterbildungsmöglichkeiten der Firma? (Schulung, Weiterbildungs-Kurse, sonstige Seminare usw.)

O sehr zufrieden O eher zufrieden O zufrieden

O eher unzufrieden O unzufrieden O sehr unzufrieden

Wie zufrieden sind Sie mit Ihren Möglichkeiten, in unserer Firma weiterzukommen?

O sehr zufrieden O eher zufrieden O zufrieden

O eher unzufrieden O unzufrieden O sehr unzufrieden

Wie erfüllt Ihr direkter Vorgesetzter seine fachlichen Aufgaben?

O sehr gut O gut O zufriedenstellend

O schlecht O sehr schlecht

Wie führt Ihr Vorgesetzter seine Mitarbeiter

O sehr gut O gut O zufriedenstellend

O schlecht O sehr schlecht

Wie sorgt Ihr Vorgesetzter für die Zusammenarbeit in seiner Abteilung

O sehr gut O gut O zufriedenstellend

O schlecht O sehr schlecht

Wie arbeitet Ihr Vorgesetzter mit Ihnen zusammen?

O sehr gut O gut O zufriedenstellend

O schlecht O sehr schlecht

Verhält sich Ihr Vorgesetzter im Gespräch mit Ihnen aufgeschlossen?

O ja, sehr oft O oft O manchmal

O selten O sehr selten

Informiert Ihr Vorgesetzter Sie über die Dinge, die Ihre Arbeit betreffen, rechtzeitig und ausreichend?

O ja, sehr oft O oft O manchmal

O selten O sehr selten

Bespricht Ihr Vorgesetzter Ihre Aufgaben ausreichend mit Ihnen?

O ja O in der Regel O meistens

O nein O überhaupt nicht

Beachtet Ihr Vorgesetzter Ihre Meinung bei wichtigen Entscheidungen?

O ja O in der Regel O meistens

O nein O überhaupt nicht

Fördert das Verhalten Ihres Vorgesetzten Ihre Einsatzbereitschaft?

O ja, sehr oft O oft O manchmal
O selten O sehr selten

Hilft Ihnen Ihr Vorgesetzter, wenn es mal Schwierigkeiten bei Ihrer Arbeit gibt?

O ja, sehr oft O oft O manchmal
O selten O sehr selten

Setzt er sich im Rahmen seiner Möglichkeiten für Sie ein, wenn Sie mit einem persönlichen Anliegen zu ihm kommen?

O ja, sehr oft O oft O manchmal
O selten O sehr selten

Wie kontrolliert Ihr Vorgesetzter Ihre Arbeit?

O sehr genau O einigermassen O ungenügend
O genau O lückenhaft O pedantisch

Erkennt Ihr Vorgesetzter gute Leistungen lobend an?

O ja, sehr O meistens O manchmal
O selten O sehr selten

Kritisiert er, wenn Fehler passieren, sachlich und angemessen?

O ja, sehr O meistens O manchmal
O selten O sehr selten

Fühlen Sie sich von Ihrem Vorgesetzten gerecht beurteilt?

O ja, sehr O meistens O manchmal
O selten O sehr selten

Wie beurteilen Sie das Führungsverhalten des Chefs Ihres Vorgesetzten?

O sehr gut O gut O zufriedenstellend
O schlecht O sehr schlecht

Wie beurteilen Sie das Betriebsklima in Ihrer Abteilung?

O sehr gut O gut O zufriedenstellend
O schlecht O sehr schlecht

Wie arbeiten die Kollegen Ihrer Abteilung/Gruppe mit Ihnen zusammen?

O sehr gut O gut O zufriedenstellend
O schlecht O sehr schlecht

Finden Sie, dass Ihre Arbeit leistungsgerecht bezahlt wird?

O ja, sehr O ja O teilweise
O nein O gar nicht

Welche Leistungen sind Ihnen persönlich besonders wichtig?

O Gewinnbeteiligung
O vermögenswirksame Leistungen
O Gesundheitsfürsorge wie Sanitätsdienst
O Weiterbildung
O Urlaub
O betriebliches Vorschlagswesen
O Belegschaftsverkauf/-rabatte
O Kantine/Verpflegungszuschüsse
O Jubiläumsgeschenke und ähnliches
O Fahrtkostenzuschuss
O Betriebsfeiern/-ausflüge

Personaldaten					
Geschlecht:			☐ weiblich		☐ männlich
Haben Sie eine Führungsfunktion?			☐ nein		☐ ja
Wie lange arbeiten Sie in unserem Unternehmen?					
☐ weniger als 6 Monate		☐ 6 Monate bis 2 Jahre			
☐ länger als 2 Jahre		☐ länger als 10 Jahre			
Ihr Arbeitspensum beträgt zur Zeit:					
☐ 20%	☐ 30%	☐ 40%	☐ 50%	☐ 60%	☐ 80%
anderes, nämlich:					
Ihr Alter:	☐ 20-29	☐ 30-39	☐ 40-49	☐ 50-60	☐ über 60
Vorname:		Nachname:			
Hierarchische Stellung:					
Vorgesetzter und Abteilung:					
Eintritt/Dauer der Betriebszugehörigkeit:					
Bemerkungen und Kommentare:					
Datum:					

Mitarbeiterbeurteilung als Motivationsinstrument

Führungs- und Standortbestimmungs-Instrument

Mit einer Mitarbeiterbeurteilung wird Mitarbeitenden auch klar kommuniziert, wo sie beim Vorgesetzten stehen, was das Unternehmen von ihnen erwartet, welche Defizite bestehen und wo die Schwerpunkte der Leistungserbringung liegen. Damit ist klar, dass die Mitarbeiterbeurteilung auch ein wichtiges Führungsinstrument ist, welches in wichtigen Bereichen Klarheit und Rahmenbedingungen schafft und damit eine Grundlage für eine konstruktive Zusammenarbeit ist.

Steigerung der Mitarbeiterbindung

Um die talentiertesten und besten Mitarbeiter halten zu können, sind heutzutage auch im Bereich der Mitarbeiterbindung besondere Anstrengungen notwendig. Eine substantiell gute und individuelle Beurteilung in einem konstruktiven Umfeld kann genauso wie eine verbesserungswürdige, aber Unterstützungsmassnahmen bietende Beurteilung wesentlich zur Steigerung der Motivation und Mitarbeiterbindung beitragen.

Basis für eine systematische Personalentwicklung

So wie Motivation und Mitarbeiterbindung ein zentraler Eckpfeiler sind, ist es auch die Personalentwicklung als Mittel zur Sicherstellung der unternehmerischen Kernkompetenzen. Beurteilungssysteme, die bei ungenügenden Leistungen und Leistungsdefiziten auch Mittel und Wege zu deren Verbesserung und Behebung aufweisen, sind daher ein zentrales Instrument auf Basis der in der Praxis erbrachten Ist-Leistung und ermöglichen gezielte Personalentwicklungsmassnahmen.

Verbesserung der Führungskompetenz

Die Beurteilung von Kaderleuten oder die Beurteilung von Vorgesetzten durch ihre Mitarbeiter – wenn praktiziert – und die Beurteilungstätigkeit von Führungskräften als solche bezweckt immer auch eine Verbesserung der motivationsbewussteren Führungsqualität und ist deshalb in jedem Unternehmen zentraler Erfolgsfaktor. Vor allem im Bereich der Förderung und Personalentwicklung werden die Fähigkeiten und Sensorien nachhaltig verbessert.

Potentiale der Mitarbeiter erkennen

Hierbei stehen die Fähigkeiten und Fertigkeiten von Mitarbeitern, also deren Eignung für bestimmte Aufgaben, aber auch Möglichkeiten zur beruflichen Weiterentwicklung im Zentrum der Beurteilung. Potenzialbeurteilung ist immer auf zukünftige Aufgaben, Ziele und Bedürfnisse des Unternehmens ausgerichtet. Die Basis für die Bewertung sind die bisherigen Leistungsbeurteilungen.

Verbesserung von Arbeitsbedingungen

Eine ganzheitlich verstandene Mitarbeiterbeurteilung kann und soll auch Auswirkungen auf die Arbeitsbedingungen, und zwar den Arbeitsplatz und das Arbeitsumfeld haben. Dies kann beispielsweise die Ergonomie, die Medienkompetenz (Internet, E-Mail), die zur Verfügung stehende Software oder die zur Ausführung bestimmter Arbeiten notwendige Konzentration betreffen.

Dialogbasierende, partnerschaftliche Beurteilung

Hier wird der Mitarbeiter ebenfalls umfassend informiert und es finden allenfalls ein bis zwei Vorgespräche statt, zum Beispiel zwecks Klärung von Unklarheiten und Problemen auf der Leistungs- und Beziehungsebene im Vorfeld der eigentlichen Beurteilung. Der Mitarbeiter erhält den Beurteilungsbogen mit der klaren Bitte um eine umfassende Eigenbeurteilung, die Einfluss auf die Vorgesetztenbeurteilung hat. Der Vorgesetzte nimmt wohl auch schon eine Beurteilung vor, diese ist aber nicht definitiv, sondern wird erst im Gespräch mit dem Mitarbeiter gemeinsam, unter Einbezug seiner Sicht der Dinge und seiner Eigenbeurteilung definitiv erstellt.

Dies ist eine den Mitarbeiter sehr partnerschaftlich und stark einbindende Vorgehensweise, die in einem Unternehmen mit entsprechender Kultur und adäquatem Führungsverständnis angewandt werden kann und sehr empfehlenswert ist. Die Akzeptanz, die Veränderungs- und Verbesserungsbereitschaft, der Geist und die Atmosphäre des Gespräches verhelfen so zu sehr erfolgreichen Beurteilungen. Kommt noch eine Vorgesetzten-Beurteilung, also eine "von-unten-nach-oben-Beurteilung" hinzu, rundet diese den starken Mitarbeiterbezug ab. Ist allerdings in der Fremd- und Eigenbeurteilung mit grossen Diskrepanzen zu rechnen, trägt dieses Vorgehen natürlich immenses Konfliktpotential. Es ist also nur bei sehr kritik- und konsensfähigen Partnern und kommunikationsfähigen Vorgesetzten und in einer offenen und auf Vertrauen basierenden Gesprächskultur zu empfehlen.

Mehr im Web

Ausführliches Lernprogramm zur Psychologie der Mitarbeiterbeurteilung und Überprüfung des eigenen Urteilverhaltens: www.personalbeurteilung.de

Fallbeispiel: Mitarbeiter beurteilen - und motivieren

Ausgangslage
Die Luncana AG ist ein kleiner Produktionsbetrieb mit 70 Mitarbeitern. Mitarbeiterbeurteilungen macht man jedes Jahr sehr systematisch und gewissenhaft. Wenn man aber erkennt, dass jeweils viel erreicht wird, aber trotz allem Unsicherheiten, Benotungsängste und dergleichen die Stimmung trüben, entschliesst man sich, Mitarbeiterbeurteilungen konsequent auch als sehr konstruktives, das Selbstvertrauen fördernde Instrument zur Motivationsstärkung einzusetzen.

Analyse der Situation
Die Analyse der Beurteilungsbögen und Bewertungssysteme, eine Projektgruppe von fünf Personen mit Fachleuten aus der HR-Abteilung und ein externer Consulter und zahlreiche Mitarbeitergespräche zeigen vor allem folgendes:

- Trotz Bemühungen sieht man Beurteilungen als Noten-Vergabe
- Vor Beurteilungen hat man oft Angst und ist sehr unsicher
- Es werden zu wenig konkrete Perspektiven aufgezeigt
- Es mangelt an Dialog und Gleichstellung der Kritikäusserung
- Das Bedürfnis, auch Vorgesetzte beurteilen zu können, ist gross

Zielsetzung und Massnahmen
Man formuliert das Ziel, Mitarbeiterbeurteilungen inskünftig viel stärker auch als Motivationsinstrument zu nutzen und zwar ganzheitlich und stark auf die Mitarbeiterbedürfnisse eingehend. Ein erstes Massnahmenpaket umfasst:

- Einführung einer sich auf Sozialkompetenzen konzentrierenden Vorgesetztenbeurteilung
- Jeder Vorgesetzte muss vier Leistungs-Highlights mit zu nutzenden Talenten und Stärken für das kommende Jahr nennen
- Aus einem Highlight heraus wird gemeinsam eine Weiterbildung ausgewählt, die eine besondere Stärke fördert
- Laufbahnberatung wird fester Bestandteil der MA-Beurteilung
- Beurteilt wird nicht mehr skaliert, sondern nur noch verbal
- Lohngespräche werden von Mitarbeiterbeurteilungen abgekoppelt

Resultate
Der Erfolg stellt sich unmittelbar nach der ersten Beurteilungsrunde ein. Mitarbeiter bereiten sich aktiv vor, Vorgesetzte werden sehr fair beurteilt, man konzentriert sich auf die Zukunft und schaut vorwärts. Grossen Einfluss hat auch der Einbezug der Mitarbeiter bei der Neuausrichtung der Mitarbeiterbeurteilung, die zu hoher Glaubwürdigkeit und Akzeptanz führt.

Ablauf und Phasen einer Mitarbeiterbeurteilung

Mitarbeiterbeurteilungen, die eine Motivationswirkung erzielen sollen, müssen gut geplant werden, strukturiert ablaufen, Mitarbeiter konsequent einbeziehen und konkrete Massnahmen zur Förderung und Weiterentwicklung beinhalten. Es sind dies die Schritte:

Erstellung oder Aktualisierung von Leistungsmerkmalen

Der Merkmalskatalog (oder je nach Beurteilungssystem die Zielvereinbarungen) ist der zentrale Bestandteil für den Befragungsbogen und ist zu unterteilen in Leistungs- und Verhaltensmerkmale. Hier ist wiederum eine Abstimmung mit Linienvorgesetzten und der Geschäftsleitung sowie eine klare Formulierung übergeordneter Ziele wichtig. Auch die Gewichtung der Merkmale, die Individualisierung und der gewünschte Grad der Standardisierung müssen zur Sprache kommen.

Abstimmung mit der Geschäftsleitung und Vorgesetzten

Ist der Katalog erstellt, sollte er von der Geschäftsleitung abgesegnet werden. Die Aufgabe der Vorgesetzten ist es, aus deren Führungspraxis wichtige Ergänzungen vorzunehmen, auf allfällige Probleme und auf notwendige Individualisierungen hinzuweisen. Auch die Verantwortlichkeiten, Aufgaben und Kompetenzen bei der Durchführung sollten klar geplant und aufgeteilt und eine Anlaufstelle, vorzugsweise die Projektleitung, bestimmt werden.

Information und Einladung der Mitarbeiter

Hier ist eine persönliche Informationsveranstaltung zu empfehlen, welche den geplanten Mitarbeiterbeurteilungen das notwendige Gewicht gibt. Ziel sollte es sein, Vorurteile und Bedenken auszuräumen und sich der konstruktiven Mitarbeit aller sicher zu sein. Eine abschliessende Frage- und Antwortrunde soll die letzten Zweifel beseitigen. Konkrete Massnahmen und Resultate aus dem letzten Jahr verhelfen zu zusätzlicher Glaubwürdigkeit. Mögliche Themen einer solchen Veranstaltung sind Gründe für die Mitarbeiterbeurteilungen, die Bedeutung durch die Geschäftsleitung, die Zielsetzungen sowie die Vorgehensweise und der Ablauf.

Eigenbeurteilungen

Sind Eigenbeurteilungen im Konzept enthalten, sollten die Erklärungen und Hilfestellungen besonders genau und gut organisiert sein. Eigenbeurteilungen sollten nur in einem kurzen zeitlichen Abstand zur Beurteilung durch den Vorgesetzten erfolgen. Dafür sollte genügend, aber nicht zu viel Zeit gegeben werden. Die Gründe sollten klar aufgezeigt werden (Fairness, Einbezug, Objektivität) und dann aber in die Vorgesetztenbeurteilung auch einfliessen und eine Beurteilungsänderung möglich machen.

Eigentliche Mitarbeiterbeurteilungen

Hier geht es um die Beurteilung des Mitarbeiters durch den Vorgesetzten. Je gründlicher, häufiger und systematischer Unterlagen wie Stellenbeschreibungen, Zwischenzeugnisse und Anforderungsprofil während des Jahres gemacht werden, desto objektiver, fundierter, ganzheitlicher und ergiebiger fällt die Beurteilung aus. Wichtig ist dabei, sich nicht zu sehr auf einzelne Vorfälle oder zu enge Zeiträume zu konzentrieren und auch Meinungen und Beobachtungen anderer einzuholen.

Persönliche Gespräche mit einzelnen Mitarbeitern

Diese sollten nach einem genauen Zeitplan und natürlich völlig ungestört stattfinden. Wichtig sind ein strukturierter Ablauf und genauer Zeitplan und eine auf Respekt basierende Atmosphäre, die unbedingte Dialogbereitschaft und eine beidseitig gute Vorbereitung. Belege und Arbeitsproben können unter Umständen zur Objektivität beitragen und gewisse Beurteilungspunkte verständlicher und besser nachvollziehbar machen.

Auswertungen und Analysen

Diese sind sowohl in skalierter als auch in verbaler Form vorzunehmen. Als Hilfsmittel können einfache tabellarische Übersichten, Excel-Vorlagen oder eigens dafür vorgesehene spezialisierte Softwareprogramme dienen. Das Ziel einer Analyse und Auswertung ist eine objektive Beurteilungsgrundlage für gezielte Personalentwicklungs-Massnahmen.

Erstellung motivationsfördernder Massnahmenpläne

Die Erstellung des Massnahmenplans erfolgt im Idealfall aufgrund der eigentlichen Mitarbeiterbeurteilung, des persönlichen Gesprächs mit diesem nach der Beurteilung und mit seinem Vorgesetzten, nach einer gründlichen Analyse und Auswertung und auf die Bedürfnisse des Unternehmens und Mitarbeiters ausgerichtet. Es geht dabei darum, für die Zielerreichungen Hilfestellung zu leisten, Defizite und Schwächen zu reduzieren und zu beseitigen und die Leistungsfähigkeit des Mitarbeiters insgesamt zu verbessern und weiterzuentwickeln. Im Allgemeinen dürfte es sich dabei um Schulungs- und Weiterbildungsmassnahmen im Rahmen der Personalentwicklung handeln.

Besprechung mit Linienvorgesetzten

Je nach Betriebsgrösse und Organisation können Einzel- oder Ressortbesprechungen stattfinden. Es geht darum, die für die einzelnen Abteilungen zentral wichtigen Erkenntnisse – zur Hauptsache die Kernstärken und Hauptdefizite in Bezug auf die Abteilungs- und Unternehmensziele – zu erörtern. Weitere Themen sind der Massnahmenplan und die

Vorbereitung des Abschlussberichtes an die Geschäftsleitung. Bei solchen Besprechungen sollten auch Massnahmen mit weitergehenden Konsequenzen und besonderer Motivationswirkung zur Sprache kommen wie Versetzungen in Abteilungen oder Niederlassungen, geeignetere oder gar gewünschte neue Aufgaben, Funktionswechsel, Beförderungen, Job Enrichments und Job Enlargements.

Verbesserungskatalog für nächste MA-Beurteilung

Es ist wichtig, sämtliche Optimierungsmöglichkeiten aus den praktischen Erfahrungen einer Mitarbeiterbeurteilung heraus zu notieren, bei Besprechungen zur Sprache zu bringen und wenn gewünscht in die dann kommende, nächste Mitarbeiterbeurteilung einfliessen zu lassen. Dies kann den Ablauf, die Informationen, die Zusammensetzung des Beurteilungsbogens, neue Schwerpunkte bei der Analyse, Einführung von Eigenbeurteilungen, stärkere Individualisierung von Leistungsmerkmalen und mehr betreffen.

Information an alle Mitarbeitenden mit Massnahmen

Eine Abschluss-Veranstaltung und eventuelle Zusammenfassung von Resultaten und Massnahmen in der Mitarbeiterzeitschrift ist unbedingt empfehlenswert. Sie hat den Zweck, Mitarbeitern zu zeigen, dass die Mitarbeiterbeurteilungen weder eine Alibiübung noch eine "Notenvergabeaktion" war, sondern eine von allen Beteiligten seriös und umfassend erarbeitete Grundlage für gezielte Massnahmen in der Förderung und Weiterentwicklung von Mitarbeitern. Auch kritische Anregungen oder Verbesserungsvorschläge von Mitarbeitern aus den Beurteilungsgesprächen heraus sollten unbedingt aufgenommen und realisiert werden. Dies ist ein weiterer konkreter und glaubwürdiger Schritt der Einbindung von Mitarbeitern in den Beurteilungsprozess.

Das Beurteilungsgespräch

Das Beurteilungsgespräch soll im Hinblick auf die Motivationswirkung den Mitarbeiter konkret informieren, wie der Vorgesetzte den Mitarbeiter fachlich, persönlich und leistungsmässig beurteilt und welche Stärken und Schwächen vorhanden sind. Bei einem Beurteilungsgespräch wird auch dem Mitarbeiter die Möglichkeit gegeben, sich über den Vorgesetzten (Aufwärtsqualifikation), das Unternehmen und seine Aufgaben zu äussern.

Es gehört zu den Aufgaben eines Beurteilungsgespräches, auch heikle und persönliche Probleme anzugehen und das Vertrauensverhältnis zum Thema zu machen. Nach dem Beurteilungsgespräch sollte der Vorgesetze das Gespräch nochmals zusammenfassen und dabei vom Mitarbeiter Feedback einholen, ob die zentralen Punkte korrekt verstanden und interpretiert wurden. Beurteilungsgespräche können auch

Zielvereinbarungen enthalten oder Weiterbildungs- und Fördermassnahmen bewirken. Auf jeden Fall empfehlenswert sind Protokolle oder Massnahmen-Kataloge, damit Beurteilungsgespräche auch einen verpflichtenderen Charakter bekommen.

Aufgaben eines Beurteilungsgespräches

Ein ganzheitlich geführtes Beurteilungsgespräch geht über die eigentliche Beurteilung hinaus und umfasst weitere im Interesse einer effizienten und zielgerichteten Zusammenarbeit wichtigen Aspekte. Es sind dies:

Standortbestimmung

Hier werden wichtige Punkte der Zusammenarbeit und der Stand der Dinge generell besprochen. Es geht auch um die Beseitigung oder Klärung abweichender Meinungen und allfälliger Probleme, welche die eigentliche Beurteilung direkt oder indirekt beeinflussen könnten, wie etwa Beziehungsprobleme oder unterschiedliche Prioritäten der Leistungsbewertung während des Jahres.

Bestätigung und Anerkennung

Äusserst wichtig ist in einem konstruktiven Gespräch die Bestätigung erreichter Ziele und guter Leistungen, ehrlich und konkret ausgesprochene Anerkennung und aufrichtiges Lob auch im alltäglichen Verhalten. Dies schafft nicht nur eine positive Grundlage und erhöht die Kritikbereitschaft, sondern zeugt von einem auf Respekt basierenden Menschenbild.

Kritik und Beziehungsverbesserung

Unausgesprochene Probleme auf der Beziehungsebene dürfen auf keinen Fall ausgeklammert werden. Sie belasten ansonsten das Beurteilungsgespräch, behindern die Objektivität und schmälern die Vertrauensbasis. Ein solches klärendes Gespräch kann sogar separat stattfinden und durchaus nicht nur Gegenstand von Problemen, sondern auch Verbesserungsmöglichkeiten und Ideen neuer Zusammenarbeitsformen sein.

Klärung von Unklarheiten

Unklare Vorstellungen, Erwartungshaltungen, Beurteilungsziele, Motive, Ziele und so weiter verunsichern gegenseitig und können Beurteilungen sogar verfälschen. Das offene Ansprechen von Unklarheiten auf der Leistungs-, Verhaltens- und Beziehungsebene sind vom Beurteiler und Beurteilten aus daher besonders wichtig.

Vereinbarungen gezielter Förderung

Die gezielte, auf Defiziten und Stärken beruhende und systematisch auf die Bedürfnisse von Mitarbeitern, Vorgesetzten und Unternehmen eingehende Planung von Personalentwicklungsmassnahmen ist eines der Hauptziele der Mitarbeiterbeurteilung. Im Interesse der Effizienz und vor allem auch der Motivationswirksamkeit ist eine Konzentration auf die Stärken und Talente um ein Vielfaches sinnvoller als Schwächen beheben zu wollen. Die Stärken- und Talentförderung stärkt das Selbstvertrauen, erzeugt schneller bessere Resultate, motiviert den Mitarbeiter wesentlich mehr und ist in den meisten Fällen wohl auch kongruenter mit seinen persönlichen Laufbahn- und Berufszielen.

Der nachfolgende ABC-Ablauf zeigt eine einfache, aber praxisbewährte Struktur, um einen roten Faden zu haben und sich jederzeit auf die wirklich wichtigen Aspekte zu konzentrieren, und sich nicht in Details zu verlieren.

ABC-Systematik eines Beurteilungsgespräches	
A Aufgaben	▪ Welche Aufgaben werden beurteilt? ▪ Werden Stellenbeschreibungen genutzt? ▪ Welches sind die wirklich wichtigen? ▪ Sind es jene, die zur Wertschöpfung beitragen? ▪ Ist die Aufgabenwahl dem Mitarbeiter klar? ▪ Sind dem Mitarbeiter die Zusammenhänge der Aufgaben mit den Unternehmenszielen klar?
B Beurteilung	▪ Wird fair, objektiv und konstruktiv beurteilt? ▪ Sind konkrete Beispiele und Fakten vorhanden? ▪ Sind die Beurteilungskriterien transparent und nachvollziehbar? ▪ Wird effektiv die Leistung und nicht die Person beurteilt? ▪ Kommen auch Stärken, gute Leistungen und erfreuliche Resultate zur Sprache? ▪ Wird zukunftsgerichtet beurteilt? ▪ Wird der Mitarbeiter miteinbezogen, kann er seine Sicht der Dinge einbringen?
C Coaching	▪ Wird Hilfe zur Selbsthilfe geboten? ▪ Werden Ziele und Fördermassnahmen gemeinsam besprochen? ▪ Werden Ziele wirklich vereinbart und nicht einfach aufgezwungen und kommandiert? ▪ Wird aktive Unterstützung angeboten? ▪ Wird auch zu selbstorganisiertem Lernen aus eigener Initiative ermuntert und angespornt? ▪ Werden Zwischenziele vereinbart und deren Erreichungsgrad definiert? ▪ Konzentriert man sich eher auf Talente und Stärken denn auf Schwächen und Defizite?

Muster eines Mitarbeiterbeurteilungsbogens

Der nachfolgende Mitarbeiterbeurteilungsbogen ist eine von A-Z fertig ausgearbeitete Vorlage, die aber als Auszug und stark gekürzte und vereinfachte Version zu verstehen ist. Es geht hier lediglich darum, von der Struktur, Darstellungsweise und vom Aufbau her eine konkrete Anregung zu geben. In einem kleinen Betrieb oder bei eher einfachen Verhältnissen kann die Vorlage allerdings mit geringfügigen Erweiterungen eingesetzt und genutzt werden.

Wichtige Motivationsaspekte für den Einsatz des Bogens

Beachten Sie die Motivationsaspekte beim Einsatz eines solchen Mitarbeiterbeurteilungsbogens – beim Ausfüllen und im Gespräch:

- Faire und objektive Beurteilungen aufgrund von Fakten
- Anerkennung guter Leistungen und vorhandener Potentiale
- Konstruktive Kritik mit Einbezug von Fördermassnahmen
- Konzentration auf Stärken und Fähigkeiten
- Bei Leistungsproblemen Vertrauen in die Chancen einer Verbesserung signalisieren
- Auf schwierige oder erschwerende Umstände hinweisen
- Nicht die Person, sondern die Sache beurteilen

Wichtiger Merkpunkt für die Praxis

Es setzt sich sicher immer mehr die wohl berechtigte Meinung durch, dass eine die Stärken und Talente fördernde Fokussierung wesentlich motivierender und letztlich auch effektiver ist als Beurteilungen und Fördermassnahmen, welche Schwächen und fehlende Skills mit grossem Aufwand und ungewissem Erfolgsausgang beheben wollen.

Muster eines Mitarbeiterbeurteilungsbogens (Kurzform)	
Personalien	
Datum:	Stellenbezeichnung:
Name MitarbeiterIn:	
Abteilung:	Eintrittsdatum:
Vorgesetzter:	
Telefon intern:	E-Mail:
Beurteilungsanlass und Name Beurteiler:	
Alter und Dauer Betriebszugehörigkeit:	
Eintrittsdatum, Funktion und Stellung bei Eintritt:	
Grundausbildung und evtl. Fachausbildung:	
Funktion und Stellung:	
Kommentar und Bemerkungen:	

Beurteilungsmassstab		
A	*sehr gut*	in Qualität, Leistung und Engagement weit über dem Durchschnitt
B	*gut*	in Leistung und Qualität
C	*zufriedenstellend*	entspricht den Anforderungen
D	*ungenügend*	in zu vielen wichtigen Punkten deutlich unter den Erwartungen

Aufgaben gemäss Stellenbeschreibung
Hauptaufgaben
Nebenaufgaben
Eventuelle Verantwortung und Kompetenzen

Arbeitsausführung					
Beurteilungspunkt	**A**	**B**	**C**	**D**	**Kommentar in Stichworten**
Detailtreue und Sorgfalt					
Problemlösungsfähigkeiten					
Arbeitstechnik/Effizienz					
Zielausrichtung					
Genauigkeit/Korrektheit					
Total Arbeitsausführung					
Gesamthafte Beurteilung mit Beispielen, Fakten und Meinungen aus Sicht des Beurteilenden und Beurteilten					

Arbeitsresultat					
Beurteilungspunkt	**A**	**B**	**C**	**D**	**Kommentar in Stichworten**
Arbeitsvolumen					
Qualitätsstandard					
Belastbarkeit					
Innovationsanteil					
Kundenorientierung					
Total Arbeitsresultat					
Gesamthafte Beurteilung mit Beispielen, Fakten und Meinungen aus Sicht des Beurteilenden und Beurteilten					

Verhalten					
Beurteilungspunkt	**A**	**B**	**C**	**D**	**Kommentar in Stichworten**
Teamintegration					
Kommunikationsfähigkeiten					
Hilfsbereitschaft					
Kritikfähigkeit					
Umsetzungsstärke					
Total Verhalten					
Gesamthafte Beurteilung mit Beispielen, Fakten und Meinungen aus Sicht des Beurteilenden und Beurteilten					

Führungsfähigkeiten					
Beurteilungspunkt	**A**	**B**	**C**	**D**	**Kommentar in Stichworten**
Kommunikationsfähigkeiten					
Motivationsfähigkeiten					
Planung und Organisation					
Innovationskraft					
Zielorientierung					
Total Führungsfähigkeiten					
Gesamthafte Beurteilung mit Beispielen, Fakten und Meinungen aus Sicht des Beurteilenden und Beurteilten					

Gesamtbeurteilung	
☐ hervorragend	Mehrheitlich A, ohne C und D
☐ sehr gut	Mehrheitlich A, wenig C und keine D
☐ gut	A und C mit höchstens einem D
☐ zufriedenstellend	A- bis D-Beurteilung gemischt
☐ genügend	B- bis D-Beurteilung gemischt
☐ teilweise ungenügend	Mehrheitlich C und D-Beurteilungen
☐ weit unter den Anforderungen	Nur C und mehrheitlich D-Beurteilungen

Bemerkungen zur Gesamtbeurteilung

Fördermassnahmen in Stichworten

Bestätigungen und Unterschriften

Diese Mitarbeiterbeurteilung wurde mit dem Mitarbeiter/der Mitarbeiterin

o besprochen o nicht besprochen, weil ....

Der Mitarbeiter/die Mitarbeiterin bestätigt, dass das Beurteilungsgespräch stattgefunden hat und er/sie über alle wesentlichen Aspekte genügend informiert wurde.

Der Mitarbeiter/die Mitarbeiterin wünscht eine Besprechung mit

☐ dem nächsthöheren Vorgesetzten ☐ der Personalabteilung

Unterschrift Vorgesetzter: Unterschrift MitarbeiterIn:

Vorgesetztenbeurteilung durch Mitarbeiter

Der nachfolgende Fragebogen gibt die Möglichkeit, sich von Ihren Mitarbeitern beurteilen zu lassen. Vorgesetztenbeurteilungen sind im deutschsprachigen Raum eher seltener anzutreffen, werden aber tendenziell seit einiger Zeit doch häufiger vorgenommen. Mit diesem Fragebogen können Sie motivationsbremsende Defizite ermitteln, und so Ihr Führungsverhalten optimieren.

Muster eines Vorgesetzten-Beurteilungsbogen

Ich werde von meinem Vorgesetzten regelmässig gut, verständlich und gründlich informiert.

1	2	3	4	5	6

Mein Vorgesetzter gewährt mir den Freiraum, das Vertrauen und die Instrumente, um selbständig arbeiten zu können.

1	2	3	4	5	6

Mein Vorgesetzter anerkennt mein Wissen und meine Fähigkeiten und ich kann mich meinen Fähigkeiten und Neigungen gemäss entfalten.

1	2	3	4	5	6

Mein Vorgesetzter verteilt die anfallende Arbeit unter den Mitarbeitern gerecht und gleichmässig.

1	2	3	4	5	6

Mein Vorgesetzter übergibt mir auch Verantwortung und gewährt mir Kompetenzen und Handlungs- und Entscheidungsspielraum.

1	2	3	4	5	6

Mein Vorgesetzter teilt mir regelmässig mit, mit welchen Leistungen und welchem Verhalten er wie zufrieden oder nicht zufrieden ist.

1	2	3	4	5	6

Ich weiss, nach welchen Kriterien und Massstäben ich beurteilt werde und welche Prioritäten weshalb gesetzt werden.

1	2	3	4	5	6

Mein Vorgesetzter gewährt mir den notwendigen Freiraum, das Vertrauen und die Instrumente, um selbständig arbeiten zu können.

1	2	3	4	5	6

Über die Ziele bin ich mir im klaren, ich verstehe sie, bin der Erreichung gewachsen und fühle mich von ihnen herausgefordert.

1	2	3	4	5	6

Neue Ideen und Verbesserungsvorschläge werden von meinem Vorgesetzten jederzeit mit Interesse angehört und aufgenommen.

1	2	3	4	5	6

Habe ich das Bedürfnis nach einem Gespräch, nimmt sich mein Vorgesetzter stets Zeit, hört mir zu und hilft mir wann immer möglich.

1	2	3	4	5	6

Ich fühle mich von meinem Vorgesetzten bei der Erreichung meiner Ziele auf konstruktive und respektvolle Weise unterstützt.

1	2	3	4	5	6

Mein Vorgesetzter lässt persönliche und sachliche Kritik zu und setzt sich mit ihr auseinander.

1	2	3	4	5	6

Mein Vorgesetzter setzt sich stets für die Arbeitsbedingungen und Arbeitshilfsmittel ein, die die Zielerreichung und Arbeit erleichtern.

1	2	3	4	5	6

Mein Vorgesetzter beteiligt mich an Entscheidungen, die meinen Arbeitsbereich betreffen und/oder ist an meiner Meinung interessiert.

1	2	3	4	5	6

Ich kann auch mit persönlichen Problemen zu meinem Vorgesetzten gehen und er geht auch auf private Anliegen und Fragen ein.

1	2	3	4	5	6

Mein Vorgesetzter vertritt meine Anliegen und Belange auch nach oben, sofern diese von beiden als relevant betrachtet werden.

1	2	3	4	5	6

Ich fühle mich von meinem Vorgesetzten in meiner Weiterentwicklung gefördert und in meinen beruflichen Zielerreichungen unterstützt.

1	2	3	4	5	6

Mein Vorgesetzter versteht es, mich für die Ziele und Aufgaben zu begeistern und trägt aktiv zu meiner Arbeitszufriedenheit und Motivation bei.

1	2	3	4	5	6

Mein Vorgesetzter beurteilt Leistungen und Verhalten von mir gerecht und objektiv und bevorzugt niemanden.

1	2	3	4	5	6

Es gelingt mir, zu meinem Vorgesetzten ein solides Vertrauensverhältnis zu entwickeln und zu pflegen.

1	2	3	4	5	6

Mein Vorgesetzter ist jemand, der mir auch Rückendeckung gegen oben geben kann, wenn ich diese einmal benötige.

1	2	3	4	5	6

Mein Vorgesetzter ist bereit seine Meinung zu ändern, wenn ich entsprechend gute und überzeugende Argumente habe.

1	2	3	4	5	6

Mein Vorgesetzter bemüht sich jederzeit, die unternehmerischen Zusammenhänge und Hintergründe meiner Arbeit aufzuzeigen.

1	2	3	4	5	6

In Konfliktsituationen reagiert mein Vorgesetzter angemessen und trägt konstruktiv zur Konfliktlösung bei.

1	2	3	4	5	6

Mein Vorgesetzter behandelt jedermann unabhängig von seinem Status, seiner Qualifikation und seinem Alter gleich und bevorzugt niemanden .

1	2	3	4	5	6

Für meine fachlichen Fragen nimmt sich mein Vorgesetzter die notwendige Zeit und geht immer gebührend darauf ein.

1	2	3	4	5	6

Mein Vorgesetzter ist auch bereit, einmal "selbst Hand anzulegen", wenn eine hektische oder stressbelastende Phase dies erfordert.

1	2	3	4	5	6

Ich fühle mich von meinem Vorgesetzten fachlich und menschlich respektiert und ernstgenommen.

1	2	3	4	5	6

Motivations-Checkup

Im Rahmen von Mitarbeiterbeurteilungen ist es ebenfalls von Interesse, die Motivatoren im Allgemeinen und die motivationsfördernden und -hemmenden Punkte systematisch zu erfassen, um sich jeweils ein konkretes Bild machen und die beidseitigen Erwartungen und Möglichkeiten realistisch einschätzen zu können.

Als Grundlage zur ganzheitlichen Eruierung der Arbeitszufriedenheit und Motivation dient der nachfolgende "Mitarbeiter-Motivations-Checkup", der eine systematische und umfassende Bestandesaufnahme ermöglicht.

Beachten Sie beim Einsatz dieses Checkups folgendes:

- Die Punkte können individuell angepasst und erweitert werden.
- Formulieren Sie die Fragen aber einfach, kurz und klar.
- Geben Sie mit Beispielen allenfalls Hilfestellung oder besprechen Sie den Bogen mit Ihrem Mitarbeiter persönlich.
- Die Auswertung ergibt besonders im Abteilungsvergleich interessante Hinweise.
- Bringen Sie eventuell auch Ihre ganz persönlichen Bedürfnisse und Erwartungen, zum Beispiel das für Sie wichtige Team- oder das Ihrem Führungsverständnis angepasste Verhalten zur Sprache.
- Sind Sie Mitarbeitern, die im schriftlichen Ausdruck Mühe bekunden behilflich, da solche Schwächen das Resultat sonst negativ beeinflussen.

Mustervorlage Mitarbeiter-Motivations-Checkup
Name Mitarbeiter:
Abteilung:
Funktion:
Position:
Arbeitspensum:
Vorgesetzter:
Eintritt am:
Welches sind die drei wichtigsten Ziele Ihrer Arbeit?
1.
2.
3.
Welches sind Ihre drei Haupttätigkeiten und Hauptaufgaben?
1.
2.
3.
Welche Ihrer drei Hauptstärken können Sie bei welchen dieser Ziele und Aufgaben zu Ihrer vollen Zufriedenheit einsetzen?
1.
2.
3.
Kommentar:
In welchen Bereichen möchten Sie sich im Hinblick auf Ihre persönlichen Interessen und die Zielprioritäten und Aufgabenschwerpunkte in unserem Unternehmen kurz- und mittelfristig weiterbilden und –entwickeln? ____________________ ____________________ ____________________ ____________________ ____________________

Welche Hauptmotive, bzw. Wertvorstellungen bedeuten Ihnen bei Ihrer Arbeit bei uns am **meisten**:
❑ Erfolg ❑ Persönliche Weiterentwicklung ❑ Kreativität ❑ Leistungswille ❑ Gemeinschaft/Teamgeist ❑ Geld & Karriere Andere: ____________________ ____________________ ____________________
Wie bezeichnen und erleben Sie den Führungsstil in unserem Unternehmen und in welchen Punkten entspricht er Ihren Erwartungen und Bedürfnissen am **meisten**?
❑ partnerschaftlich ❑ bürokratisch ❑ autoritär ❑ stark leistungsorientiert ❑ teamorientiert ❑ gemischt ❑ anderer Stil, nämlich Ihre Erwartungen und Bedürfnisse: ____________________ ____________________
Welche drei für Sie besonders wichtigen Änderungen oder Verbesserungen würden **wesentlich** zur Steigerung der Zufriedenheit und Motivation beitragen
1.
2.
3.
Kommentar:
In welchen drei Bereichen stimmen *Ihre Stärken, Talente und Fähigkeiten* mit Ihren momentanen Tätigkeiten und Aufgaben am **meisten** überein?
1.
2.
3.
Kommentar:

In welchen drei Bereichen stimmen *Ihre Stärken, Talente und Fähigkeiten* mit Ihren momentanen Tätigkeiten/Aufgaben am **wenigsten** überein?
1.
2.
3.
Kommentar:

Welche drei weiteren Positionen oder Funktionen in unserem Unternehmen würden Sie am **meisten** interessieren?
1.
2.
3.
Kommentar:

Wie bezeichnen und erleben Sie die Motivation, Zufriedenheit und Möglichkeiten zur Entfaltung und Entwicklung bei uns insgesamt
❑ ausserordentlich gut ❑ zufriedenstellend ❑ sehr gut ❑ verbesserungsfähig ❑ gut ❑ in einigen Punkten ungenügend Mehr dazu: __________ __________ __________

Beschreiben Sie in einigen Stichworten oder drei bis vier Sätzen eine Traumstelle in einem "Traumumfeld" Ihres Unternehmens.

Ergebnisbogen zum Mitarbeiter-Motivations-Checkup
Name Mitarbeiter:
Abteilung:
Funktion:
Position:
Arbeitspensum:
Vorgesetzter:
Wie steht es um die Motivierbarkeit des Mitarbeiters generell?
❑ sehr gut ❑ gut ❑ mittel ❑ Vorbehalte ❑ ungenügend
Kommentare:
Wie steht es um die Motivierbarkeit des Mitarbeiters betr. Kernaufgaben?
❑ sehr gut ❑ gut ❑ mittel ❑ Vorbehalte ❑ ungenügend
Kommentare:
Wie ist das Leistungsniveau und das Engagement zu bezeichnen?
❑ sehr gut ❑ gut ❑ mittel ❑ Vorbehalte ❑ ungenügend
Kommentare:
Sind Erwartungen/Selbstbild realistisch und Potential entsprechend?
❑ sehr gut ❑ gut ❑ mittel ❑ Vorbehalte ❑ ungenügend
Kommentare:
Wie ausgeprägt sind Lernwille, Ambitionen und Zielorientierung?
❑ sehr gut ❑ gut ❑ mittel ❑ Vorbehalte ❑ ungenügend
Kommentare:
Wie passt der Mitarbeiter zur Unternehmenskultur und zum Team?
❑ sehr gut ❑ gut ❑ mittel ❑ Vorbehalte ❑ ungenügend
Kommentare:

Gehalt und Incentives

Materielle Motivation ist nicht die beste und sie ist nicht nachhaltig. Dies haben verschiedene Untersuchungen bewiesen und auch Mitarbeiterbefragungen zeigen dies immer wieder von neuem.

Wir widmen diesem Thema dennoch ein Kapitel, weil Saläre und Incentives in der Praxis nach wie vor stark eingesetzt werden und eine faire, transparente und objektive Handhabung monetärer Massnahmen in Verbindung mit immateriellen Angeboten durchaus eine Wirkung erzielen kann, die es zu nutzen gilt.

Welche Motivationswirkung haben Geld und Lohn?

Grundsätzlich sind materielle Anreize durchaus ein Instrument zur Motivation. Allerdings ist mittlerweile nachgewiesen, dass es bei weitem nicht das wichtigste ist, wenig Nachhaltigkeit hat und als alleiniges Motivationsinstrument nicht eingesetzt werden sollte. Im Verbund mit nicht monetären Anreizen und einer Unternehmenskultur, die Sinngebung, Entfaltungsmöglichkeiten und einen respektbasierenden und partnerschaftlichen Führungsstil ins Zentrum der Bemühungen stellt, wirken monetäre Anreize verstärkend.

Wirkungsebenen materieller Anreize

So wie die maslowsche Bedürfnispyramide die Bedürfnishierarchien aufzeigt, kann man dies auch mit den Wirkungsebenen von Geld, Lohn und materiellen Anreizen überhaupt darstellen. Geld ist als solches stark von den individuellen Grundwerten von Menschen und Mitarbeitern abhängig, wie dies bei der Bedeutung von Karriere oder Erfolg auch der Fall ist.

Materielle Motivatoren sind nicht dauerhaft

Der Harvard-Professor Alfie Kohn hat nachgewiesen, dass es keine einzige Studie weltweit gibt, die eine dauerhafte Leistungssteigerung durch monetäre Anreizsysteme nachgewiesen hätte, wobei die Betonung auf *"dauerhaft"* liegt. Natürlich kann man mit Geld kurzfristige Motivationsschübe erzeugen, – mit den entsprechenden kontraproduktiven Langfrist-Konsequenzen: permanente Erhöhung der Reizniveaus, Unzufriedenheit als Verwöhnungsfolge, Belohnungssucht und das Kooperationsklima leidet. Ganz entscheidend ist dabei die grosse Gefahr, dass die Bindung an die Aufgaben und Ziele durch die Bindung an das Geld ersetzt wird.

Materielle Motivatoren können sogar kontraproduktiv sein

Darüber hinaus weist Kohn einen Effekt nach, der in der Arbeitswelt der Zukunft immer wichtiger werden wird: "Je mehr Menschen über Belohnungen nachdenken, desto mehr bevorzugen sie leichte, kurzfristig lösbare und tendenziell quantitative Aufgaben. Kreativität und Qualität bleiben auf der Strecke.". Hohe Gehälter sind zudem nicht selten die Ursache für eine negative Personal-Selektion: Leistungsschwache Mitarbeiter und Führungskräfte verbleiben im Unternehmen, weil sie für ihre Leistung nirgendwo sonst soviel verdienen.

Nur im Zusammenspiel ist materielle Motivation wirksam

Lohn, Provisionen und Fringe Benefits zeigen dem Mitarbeitenden faktisch und genau bezifferbar, wieviel seine Leistung und Arbeitskraft dem Arbeitgeber wert ist und wie hoch er diese einschätzt. So betrachtet kann man materiellen Anreizen eine indirekte Motivationswirkung zuschreiben. Ferner verstärkt materielle Motivation bei generell guter bis sehr guter Motivationssituation die generelle Zufriedenheit und das Bewusstsein der Akzeptanz. Fehlen jedoch entscheidende andere Werte, sinkt auch der materielle Motivationswert parallel. Ein konkretes Beispiel: Attraktive Provisionen und ein hohes Gehalt verlieren an Wirkung, wenn das Arbeitsklima schlecht ist, keine Weiterentwicklungsmöglichkeiten bestehen und die Arbeit keine Herausforderungen bietet.

Materielle Motivation und Qualität der Mitarbeiterleistung

Allerdings gilt auch bei der materiellen Motivation, dass Mitarbeiter individuell je nach Persönlichkeit und Grundwerten bei Geld und Lohn ebenso unterschiedlich motivierbar sind.

Wichtig ist in diesem Zusammenhang auch: Wer aus innerem Antrieb heraus sich an interessanten Herausforderungen und der Nutzung seiner Talente und Fähigkeiten motiviert, ist wohl der engagiertere, leistungsfähigere und wohl oft auch qualifiziertere Mitarbeiter als jener, der seinen Lohnbeleg und die Provisionsabrechnung als Motivationsgrundlage sieht. Zudem dürften sich primär materiell motivierte Mitarbeiter nicht in dem Masse binden lassen, wie dies bei stärker immateriell motivierten der Fall sein wird.

Motivation kann man nicht kaufen

Dr. Reinhard K. Sprenger, Autor des Bestsellers "Mythos Motivation" ist Unternehmensberater für Personalentwicklung und Managementtraining. Er berät nationale und internationale Unternehmen und ist Autor zahlreicher Publikationen und Lehrbeauftragter an mehreren Universitäten. Er ist bekannt dafür, durch provokante Thesen zum Denken anzuregen und die Motivations-Diskussion anzutreiben. Seine pointierte aber in vielerlei Hinsicht wohl zutreffende Meinung:

"Geld ist wichtig. Es ist das Resultat der eigenen besten Kräfte und symbolisiert die Wertschätzung der Tauschpartner. Eine ganz andere Frage ist, ob man Motivation "kaufen" kann. Vor dem Hintergrund meiner Praxiserfahrung bin ich von einer negativen Beziehung zwischen extrinsischen Anreizen und intrinsisch motivierter Leistung überzeugt: Die Motivierung zerstört die Motivation. – (Anmerkung des Autors: Damit meint nach meiner Interpretation Dr. K. Sprenger, dass zu sehr gesteuerte, organisierte, gelenkte Motivation diese untergräbt und ihre Glaubwürdigkeit und damit Wirkung negativ beeinträchtigt) – *und unter der Flagge der "leistungsorientierten Bezahlung" wird lediglich an Symptomen kuriert. Die "Reparaturintelligenz" inszeniert hier den aktionistischen Schein, um das eigentliche Problem nicht lösen zu müssen: passive und inkonsequente Führung".*

Zusammenfassend kann man eine leistungsgerechte Bezahlung durchaus als Fundament für eine hohe Einsatzbereitschaft bezeichnen. Doch als Motivationsturbo taugt sie indes nur bedingt, da der sinngebende und anerkennende Faktor fehlt, die Wirkung kurzfristig ist und eine nicht immer zu befriedigende Erwartungshaltung erzeugt wird. Bezahlung kann nur im Zusammenspiel mit anderen Faktoren seine Wirkung erzielen.

Wichtiger Merkpunkt für die Praxis

Materielle Motivationen sind wenig wirksam und nur bedingt nachhaltig. Doch kombiniert mit anderen immateriellen Faktoren haben Lohn, Incentives, Fringe Benefits und Belohnungsform zusammen wohl durchaus eine verstärkende, bestätigende und beweisende Wirkung und Funktion.

Generelle Möglichkeiten

Zur Förderung und Stärkung der Mitarbeitermotivation können verschiedene Instrumente, Boni und Erfolgsvergütungen genutzt werden. Besonders für Kaderleute werden zum bestehenden Gehalt oft variable, leistungsbezogene Lohnkomponenten hinzugenommen, welche z.B. direkt mit dem Unternehmenserfolg oder der individuellen Leistung der Kaderperson verknüpft sind.

Ein weiteres mögliches, variables Entlöhnungsmodul enthält Bezüge, welche infolge einmaliger, nicht vorgesehener hervorragender Leistungen ausbezahlt werden. Als recht verbreitete Komponente enthält das Modul Fringe Benefits all diejenigen Einkommenselemente, welche nicht in Form von Geld und unabhängig vom Unternehmenserfolg oder der individuellen Leistung vom Arbeitgeber freiwillig erbracht werden.

Kriterien einer leistungsorientierten Vergütung

Alle Mitarbeitenden sind bis zu einem gewissen Grad – je nach Unternehmenskultur und Führungspolitik – Mitunternehmerinnen und Mitunternehmer. Die Beteiligung an Chance und Risiko schlägt sich demzufolge immer stärker in einem variablen Anteil nieder, wobei grundsätzlich am Ergebnis des gesamten Unternehmens partizipiert wird. Je nach Grad der Beeinflussbarkeit der Ziele und der erreichten Ergebnisse wird die Beteiligung am Gesamtunternehmen, an einer Organisationseinheit oder an einem Team unterschiedlich gross ausfallen.

Im Gegensatz zur leistungsabhängigen Steuerung der Löhne gelangt bei Boni und Incentives ein voll variables Element, das jeweils einmaligen Charakter hat, zur Auszahlung. Die Höhe der Ausschüttung – insbesondere bei Ergebnisbeteiligungssystemen – basiert im Gegensatz zum leistungsabhängigen Salär auf einer genauen Berechnungsgrundlage.

Wie kann materielle Motivation verstärkt werden?

Materielle Motivation kann bei Berücksichtigung einiger Regeln und Erfahrungsgrundsätze auf einfache Art in ihrer Wirkung verstärkt werden:

- Lohnerhöhungen, Prämien und dergleichen sollten gerecht, transparent und nachvollziehbar sein.
- Gewohnheitsmässig ausbezahlte, "automatisierte" Geldleistungen verlieren ihre Wirkung schnell und demotivieren aber bei deren Ausbleiben umso stärker.
- Überraschend und unerwartet ausgerichtete und persönlich überreichte materielle Motivation wirkt stärker.
- Prämienpools, welche individuelle Leistungen angemessen berücksichtigen aber auch die Teamleistung honorieren, können im Zusammenspiel mit anderen immateriellen Elementen erfolgreich sein.
- Geldwerte können auch auf spielerische und emotionale Weise entrichtet werden und wirken stärker (Team-Wettbewerbe, Sachwerte mit Symbolgehalt, originelle Reisen oder Freizeit-Veranstaltungen usw.).
- In einem symbolischen, mit besonderer Würdigung verbundenen Umfeld wirkt eine einmalige Leistung stärker (Beispiel: Lohnerhöhung mit individuellem Anerkennungsbrief nach vorangegangem Würdigungsgespräch ausser Hause).
- Leistungsprämien müssen unter Nutzung von Engagement, Fähigkeiten und Beharrlichkeit eindeutig beeinflussbar sein und gegen unten ein "Auffangnetz" haben.

Wichtiger Merkpunkt für die Praxis

Leistungsbasierende Bonussysteme können zur Belohnungssucht führen und zur Folge haben, dass das Reizniveau immer höher angesetzt werden muss, um die erwartete Leistung zu bewirken. Reduzierte oder ganz ausbleibende Bonusauszahlungen bewirken dann schnell Frustration und werden damit in höchstem Grade kontraproduktiv.

Aus Sicht neuerer Kenntnisse im Bereich der Motivation sollten bei der Einführung einer erfolgs- und leistungsorientierten Vergütung und bei Gehaltsfestsetzungen und -veränderungen Überlegungen der nachfolgenden Übersicht miteinbezogen werden:

Kriterien für Gehaltsentscheidungen

Bei Lohnanpassungen, Lohngesprächen und dem Festlegen einer Lohnpolitik können folgende Kriterien herangezogen werden, um motivierende Wirkungen zu erzielen.

- Differenzierung nach Leistung unter Einbeziehung aller Mitarbeiter
- Motivationswirkung ab einer gewissen Höhe (mindestens 10%)
- Kurzer zeitlicher Abstand zwischen Leistung und Vergütung
- Einfluss von Mitarbeitern auf prämierte Bemessungsgrundlage
- System sollte transparent, nachvollziehbar und verständlich sein
- Bei erfolgsbasierenden Massnahmen objektive Messbarkeit
- Berücksichtigung immaterieller Motivatoren wie Verantwortung
- Individuelle Anpassungsmöglichkeiten wie das Cafeteria-System
- Transparenz der Erhöhungs- und Festlegungsentscheide
- Nachvollziehbarkeit der Lohnveränderungsentscheide
- Verständlichkeit der Erhöhungs- und Festlegungsentscheide
- Vorgehen und Prinzipien bei jährlichen Lohngesprächen
- Gewisse Mitberücksichtigung der Dauer der Betriebszugehörigkeit
- Gewisse Mitberücksichtigung sozialer Gegebenheiten (Kinderzahl)
- Gewisse Mitberücksichtigung der hierarchischen Stellung
- Offene und ehrliche Begründungen bei wirtschaftlichen Engpässen
- Bei wirtschaftlichen Problemen Gleichbehandlung Kader-/MA-Löhne
- Keine exorbitanten, nicht nachvollziehbaren Top-Management-Löhne

Ein leistungsorientiertes Salärsystem sollte allerdings nicht die alleinige Bemessungsgrundlage sein. Der Lebensstil, der Stellenwert von Arbeit und Freizeit und die Arbeitsmethoden und -modelle haben sich grundlegend verändert. Deshalb ist es von Vorteil, Mitarbeitern zusätzlich eine Reihe von immateriellen Leistungen zu gewähren, welche die Qualität der Arbeitsplätze und die Befriedigung bei der Arbeit insgesamt erhöhen.

Wertorientierte Leistungslöhne bei Führungskräften

Wertorientierte Leistungslöhne honorieren Führungskräfte für die langfristige Wertschöpfung. Im Vergleich zu herkömmlichen Bonussystemen haben wertorientierte Lohnsysteme einige klare Vorteile, zum Beispiel eine grössere Motivationswirkung, da Mehrjahresziele dem Bonussystem mehr Hebel- und Motivationswirkung vermitteln. Hinzu kommt ein erhöhtes Kostenbewusstsein auch bei Investitionen: Der Einbezug der Kapitalkosten führt zum effizienteren Einsatz der Investitionsmittel. Nicht zuletzt ist auch die langfristige Ausrichtung ein nicht zu unterschätzender Vorteil, da zum Beispiel Bonusbanken zu langfristigem Denken und geringerem Risiko führen.

Transparente Kriterien für die Gehaltsbestimmung

Sowohl bei der Festlegung von Gehältern wie auch bei Lohngesprächen und Lohnerhöhungen ist es wichtig, die Kriterien und Leistungsdefinitionen transparent, gerecht, einheitlich und nachvollziehbar zu kommunizieren und zu handhaben. Werden Löhne willkürlich angesetzt oder erhöht, kann dies erhebliche Demotivationen zur Folge haben. Schriftliche Lohnreglemente, deren Einhaltung von der Personalabteilung überprüft werden, können ein Mittel sein, diese Transparenz und Einheitlichkeit sicherzustellen.

Die nachfolgende Tafel zeigt Kriterien für die Festlegung von Lohnsystemen und Löhnen auf.

Kriterien für die Festlegung von Lohnsystemen und Löhnen

Lohnsystemen liegen in der Praxis eine ganze Reihe von möglichen Kriterien zugrunde, die aber unterschiedlich gewichtet werden. Es können dies zum Beispiel sein:

Generelle Anforderungen an Arbeit und Stelle

- Arbeitsplatzbewertung
- Fähigkeiten, Know-how
- Branchenerfahrung
- Softskills

Erbrachte Leistungen

- Zeit-, Prämien- oder Akkordlohn
- Pensumlohn
- Qualitative Vorgaben
- Quantitative Vorgaben
- Leistungs- und Erfolgsanteile

Sozialstatus

- Ausbildungsniveau
- Familienstand
- Dauer der Betriebszugehörigkeit
- hierarchische Stellung im Betrieb

Spezielle Konstellationen

- Sonderfunktionen
- Lohn in früheren Jahren
- Gründungsmitglied usw.

Hierarchische Stellung

- Separate Entlöhnung je nach Verantwortung
- besondere Bedingungen, z.B. Doppelfunktionen
- individuell definierte Leistungsvariablen

Erfolgsvergütungen

Es existieren zahlreiche Formen von Erfolgsvergütungen, die je nach Messbarkeit, Mitarbeiter, Abteilung und Zielsetzungen variieren und auf Vorgaben der Geschäftsleitung basieren. Werden Sie aufgrund transparenter, nachvollziehbarer, objektiver und fairer Beurteilungskriterien eingesetzt, haben sie eine durchaus motivatorische Wirkung. Es sind dies zum Beispiel:

Aktienoptionen

Führungskräfte und ihre Mitarbeiter erhalten das Recht, Aktien ihres Unternehmens zu einem vorher festgelegten sogenannten Bezugspreis zu erwerben. Liegt der aktuelle Kurs über dem Bezugspreis, können sie die Differenz als Gewinn einstreichen, indem sie die Aktien wieder verkaufen. Die Optionen dürfen nur ausgeübt werden, wenn das Unternehmen bestimmte Ziele erreicht, etwa einen über längere Zeit steigenden Aktienkurs.

Arbeitgeber-Darlehen

Wenn Unternehmen Mitarbeitern in finanzieller Form unter die Arme greifen, muss dies nicht immer in Form von Bargeld geschehen. Beim Arbeitgeber-Darlehen ist sogar das Gegenteil der Fall: Das Unternehmen gewährt seinen Mitarbeitern Kredite, für die weit weniger Zinsen fällig werden als bei Bankkrediten – ideal beispielsweise für die Anschaffung von Immobilien. Die Zinsersparnis braucht nicht als geldwerter Vorteil versteuert zu werden.

Bonus

Teil der variablen Vergütung, die über das Grundgehalt hinaus bezahlt wird. Der Bonus kann eine einmalige, freiwillige Leistung des Unternehmens sein ("Nasenprämie"), er kann aber auch als garantierte Zahlung den Mitarbeiter für das Erfüllen einer Zielvereinbarung belohnen. Ein typischer Bonustermin ist das Jahresende.

Cafeteria-System

Wie in der Firmenkantine nimmt man sich vom Incentive-Buffet das, was einem am besten schmeckt. Einige wenige Unternehmen bieten ihren Mitarbeitern an, sich ihre Benefits selbst zusammenzustellen. Je nach Lebenssituation fühlt sich der eine mehr durch einen subventionierten Parkplatz, der andere durch einen kostenlosen Bügeldienst oder Kindergartenplatz motiviert.

Gratifikation

Ob ein Firmenjubiläum, ein besonders erfolgreiches Geschäftsjahr oder der über dem Plan liegende Jahresabschluss: Für Gratifikationen gibt es zahlreiche Anlässe und Bemessungsgrundlagen.

Lunchchecks

Der Arbeitgeber wandelt einen Teil des Bruttogehalts in einen Essenszuschuss um und spart so Lohnnebenkosten; der Arbeitnehmer zahlt den von der Finanzverwaltung festgelegten Sachbezugswert aus seinem versteuerten Einkommen und erhält dafür zum Beispiel Restaurantschecks, deren Kaufkraft den steuerlichen Nachteil mehr als wettmachen. Ein solcher Weg ist vor allem bei Gehaltserhöhungen zu überlegen, wenn die Steuerprogression ins Gewicht fällt. Solche Schecks können in Restaurants oder Lebensmittelgeschäften eingelöst werden.

Freiwillige Leistungen/Nebenleistungen

Der individuelle Arbeitsvertrag und die Tarifverträge beschreiben die Entgeltleistungen, auf die der Arbeitnehmer einen Anspruch hat. Darüber hinaus gibt es Leistungen, die der Arbeitgeber aus freien Stücken gewährt, zum Beispiel das 14. Monatsgehalt. Diese freiwilligen Leistungen sind nicht zwingend mit den Komponenten der variablen Vergütung identisch: So können Unternehmen und Mitarbeiter für ein Arbeitsergebnis einen Bonus aushandeln (variabel), der aber gezahlt werden muss, wenn die Zielvereinbarung erfüllt wird.

Gewinnbeteiligung

Wie der Name schon sagt: Arbeitnehmer werden am Unternehmensgewinn beteiligt. In der Regel wird eine individuelle Zielvereinbarung getroffen, die besagt, welche Ziele der Mitarbeiter erreichen muss, um in den Genuss eines gewissen Betrags oder einer prozentualen Beteiligung am Erfolg zu kommen. Ist ein Prozentsatz verabredet, so hat das zwar den Vorteil, dass verstärkte Anstrengungen den Anteil erhöhen können. Der Nachteil ist aber, dass kein einplanbarer Betrag vereinbart ist - unter Umständen fällt das Extra nicht so gross wie erhofft aus.

Jahresgesamtvergütung

Da der Anteil an variablen Gehaltsbestandteilen immer mehr zunimmt, ist die Jahresgesamtvergütung mittlerweile die entscheidende Hausnummer, wenn es darum geht, sein Gehalt mit anderen zu vergleichen. Neben dem Jahresgrundgehalt fliessen alle leistungsbezogenen Gelder wie Boni, Prämien, Provisionen oder Gewinnbeteiligungen ein.

Jobticket

Hier handelt es sich um einen Beitrag zum öffentlichen Verkehr. Dieses Extra ist zwar zu versteuern, aber wenn man die Monatskarten selber löst, kommt oft ein ordentlicher Betrag zusammen, der vom Arbeitnehmer in der Steuererklärung abgesetzt werden kann.

Long Term Incentives

"Langfristige Anreizsysteme" haben den Zweck, die Entgeltfindung für alle Beteiligten so transparent wie möglich zu machen und gleichzeitig die Interessen von Unternehmen und Mitarbeitern in Einklang zu bringen: Beide wollen Wert schaffen – in der Bilanz wie auf dem privaten Bankkonto. Das übliche Mittel sind Aktienoptionen, die die Mitarbeiter an der Steigerung des Börsenwerts ihres Unternehmens teilhaben lassen.

On top

Das Jahresgrundgehalt ist so kalkuliert, dass es den Mitarbeiter für seine Leistung zunächst einmal angemessen honoriert. Boni oder Prämien gibt es als Belohnung zusätzlich. Vergütungsexperten rechnen zwar nicht damit, dass sich das in nächster Zeit radikal ändert, aber man sieht zumindest den Trend, dass Gehaltserhöhungen nicht mehr über die Fixgehälter, sondern über die variable Vergütung verteilt werden.

Prämien

Bei über den Vorgaben liegenden ausserordentlichen Leistungen quantitativer und qualitativer Art werden Prämien als einmalige materielle Anerkennung ausbezahlt, die von der Personalabteilung und vom direkten Vorgesetzten gemeinsam festgelegt und jeweils zum Jahresende abgegolten werden. Dafür besteht meistens ein von der Geschäftsleitung vorgegebenes Budget.

Portable Benefits

Darunter versteht man "mitnehmbare Zuwendungen." Früher – und vielfach auch heute noch – kamen Mitarbeiter erst dann in den Genuss von zusätzlichen Sozialleistungen wie Betriebsrenten, wenn sie dem Arbeitgeber fünf, zehn und noch mehr Jahre treu waren. Kündigten sie vorher, verfielen die bis dahin für sie eingezahlten Beiträge. Da das Jobhopping aber mittlerweile gesellschaftsfähig ist, garantieren immer mehr Unternehmen ihren Mitarbeitern die Unverfallbarkeit dieser Ansprüche und zahlen in Anlageformen ein, die die Leute bei einem Arbeitsplatzwechsel mitnehmen und dort weiterführen können.

Provisionen

Gestaffeltes Provisionssystem, welches aber immer Bestandteil eines Fixums sein muss und vor allem in verkaufs- und absatzorientierten Tätigkeiten und Abteilungen zum Einsatz kommt.

Stille Beteiligung

Bei kleineren Unternehmen, bei denen Aktienbeteiligungen als Extras nicht in Frage kommen, können verdienten Mitarbeitern jeweils auch

Beteiligungen am Unternehmen eingeräumt werden. Gemäss der Geschäftsentwicklung nehmen Arbeitnehmer so am Erfolg oder Verlust teil. Als stille Teilhaber dürfen sie den Jahresabschluss einsehen, haben aber keinen Einfluss auf Geschäftsführung.

Tantiemen

Gewinnbeteiligungen, die insbesondere Vorstandsmitglieder, Geschäftsführer oder leitende Angestellte auf Grund besonderer persönlicher Verdienste erhalten. Tantiemen zählen zu den variablen Vergütungsbestandteilen und müssen versteuert werden. Ihre Höhe orientiert sich in der Regel am Unternehmenserfolg, deshalb werden sie am Ende des Geschäftsjahres verteilt.

Umsatzbeteiligung

Dies sind von Fall zu Fall neu zu definierende, auf Produkten basierende und in Abteilungen erzielte Gesamtumsätze nach Anteilen.

Variable Vergütung

Die Höhe bestimmter Vergütungsbestandteile wie Bonus, Provision und Tantieme ist nicht im Arbeitsvertrag oder in Tarifverträgen festgeschrieben, sondern bemisst sich nach veränderlichen Grössen, etwa Gewinn des Unternehmens oder individuelle Leistung des Mitarbeiters. Die Gesamtheit der variablen Vergütungsbestandteile und sonstigen Leistungen wird Fringe Benefits genannt.

Fringe Benefits

Durch Sachleistungen charakterisierte freiwillige Zulagen, die eine Firma ihren Mitarbeitenden zukommen lassen kann. Weihnachts- und Feriengeld sind allgemein üblich und werden meist schon fest mit in das Gehalt eingerechnet. Doch es gibt noch viel mehr solcher zusätzlichen Leistungen. Fringe Benefits dienen zur Bindung der Begünstigten ans Unternehmen. Über eine Erhöhung der Arbeitszufriedenheit des Personals kann so dessen Leistungsbereitschaft gefördert und eine Leistungssteigerung erreicht werden. Gerade bezüglich der Leistungsmotivationswirkung haben Fringe Benefits allerdings nicht nur positive Effekte. So werden diese Zusatzleistungen im Laufe der Zeit als selbstverständlich angesehen, verlieren ihre Wirkung und führen oft zu Konkurrenzneid. Zudem ist die Demotivationswirkung davon nicht Profitierender ebenfalls zu bedenken.

Die nachfolgenden Tabellen zeigen eine Übersicht möglicher Fringe Benefit-Leistungen und eine Zusammenfassung direkt und indirekt gehaltswirksamer Entlohnungsformen.

Check it **Mögliche Fringe Benefits**	wird eingesetzt	prüfen	ungeeignet
Abschlussprämien			
Aktien			
Arbeitgeberbeiträge			
Dienstwagen			
Zinsgünstige Darlehen			
Übernahme von Handykosten			
Gratifikationen			
Job-Ticket / Fahrgeldzuschuss			
Kreditkarten ohne Jahresgebühr			
Umzugskosten			
Personalrabatt			
Vermögensbildung			
Gratisparkplätze			
Steuer- und Rechtsberatung			
Essensvergünstigungen			
Bildungsurlaub			
Sprachaufenthalte			
Vaterschaftsurlaub			
Direktversicherung			
Einkaufsvergünstigungen mit Partnerfirmen			

Direkt und indirekt gehaltswirksame Entlohnungsformen
Direkt gehaltswirksame Entlohnungsformen
Festgehalt und Leistungsanteil als Erfolgsprämie
Leistungsgehalt mit Garantieanteil
Reine leistungsorientierte Entlohnung ohne Festgehalt
Reine leistungsorientierte Entlohnung mit Sockelgehalt
Progressive Leistungsentlohnung (Staffelprämien nach Zielwerten)
Indirekt gehaltswirksame Entlohnungsformen
Betriebliche Altersvorsorge
Über gesetzliche Vorschriften hinausgehende Vorsorgeleistungen
Unfallversicherung
Aus -und Weiterbildung (intern/extern)
Dienstwagen auch zur privaten Nutzung
Handy auch zur privaten Nutzung
Mitarbeiterdarlehen
Personalrabatt
Beteiligung am Unternehmensgewinn
Unternehmensbeteiligung
Sonstige freiwillige soziale Leistungen (Geburtsgeld etc.)

Total Reward Programme

Wie sich das Grundverständnis von Vergütung gewandelt hat, zeigen sogenannte Total Reward-Programme, welche neben materiellen Aspekten auch Personalentwicklungs-Massnahmen und weitere immaterielle Aspekte einbeziehen. Wurde Vergütung früher mit Gehalt gleich gesetzt, so umfasst der Begriff heute weit mehr: Fixes und variables Gehalt, betriebliche Nebenleistungen und persönliche Entwicklungsmöglichkeiten sind heute in einem attraktiven Gesamtvergütungspaket berücksichtigt. Ein zeitgemässes "Total Reward"- oder Gesamtvergütungssystem ist komplex.

Entsprechend anspruchsvoll ist die Aufgabe, ein solches System zu entwickeln:

- Wie muss das Total Reward-System gestaltet sein, um die Umsetzung der Unternehmensstrategie zu fördern?
- In welche Vergütungselemente sollte und kann ein Unternehmen investieren?
- Wie kann das heutige Vergütungsbudget besser eingesetzt werden, um sowohl Wertschätzung als auch Bestleistung der Mitarbeiter zu fördern?
- Wie stellt man sicher, dass das Programm sowohl auf individuelle Mitarbeiterbedürfnisse wie auch auf die Unternehmenskultur ausgerichtet ist?

Diese und weitere Fragen sollten bei der Gestaltung eines effektiven Gesamtvergütungssystems beachtet und auf Grundlage sorgfältiger Kosten-Nutzen-Analysen geklärt werden. Mitarbeiterbefragungen, externe Benchmarkdaten und interne Berechnungsmodelle bieten hier aussagekräftige Entscheidungshilfen.

Motivationsfaktor Personalentwicklung

Die Förderung von Mitarbeitern in Fach- und Sozialkompetenzen kann ein entscheidender Motivationsfaktor sein. Damit signalisiert der Arbeitgeber Vertrauen in die Fähigkeiten und Talente des Mitarbeiters, glaubt an seine Zukunft und hilft ihm bei der Weiterentwicklung seiner Persönlichkeit als Ganzes mit Lerneffekten, die oft weit über das Berufliche hinausgehen.

Dabei sind die Planung von Personalentwicklungsmassnahmen, die Ausrichtung auf Bedürfnisse, die Wahl der Lernmethoden und des Lernklimas und die Sicherstellung des Transfers des Gelernten in die Praxis von entscheidender Bedeutung.

Personalentwicklung ist ein wichtiger Motivator

Warren Bennis, eine Kapazität auf dem Feld der Unternehmensführung sagt sehr klar und treffend: "Es gehört heute zu den schwierigsten Führungsaufgaben, Mitarbeiter im immer schnelleren Wandel zu motivieren und für ihre Arbeit zu begeistern. Menschen möchten vor allem ihre Wissbegier, ihre Neugier, also ihr Bedürfnis zu lernen, befriedigen. Menschen wollen gefördert werden, wachsen und bedeutende Entwicklungschancen nutzen können". Was kann eindrücklicher zeigen, welch hohen Stellenwert die Weiterbildung und Förderung von Mitarbeitern im Unternehmen haben muss? Auf den folgenden Seiten gehen wir mit Erläuterungen zur Evaluierung und Anwendung von Weiterbildungsmassnahmen auf dieses Thema ein.

Wie stark sind Motivation und Ambitionen?

Ein ganz wichtiger Aspekt, der oft über Erfolg und Misserfolg entscheidet, ist auch bei Personalentwicklungsmassnahmen die grundsätzliche Motivierbarkeit und das Lerninteresse. Ein junger Webmaster, der voller Ehrgeiz und Enthusiasmus topmotiviert an seine Aufgabe geht, wird mit einem einfachen Zweitages-Workshop mehr erreichen und PE-Massnahmen wirkungsvoller nutzen als eine Führungskraft mit innerer Kündigung während eines mehrmonatigen Führungstrainings.

Generelles Verhalten, Initiative und Einsatz, Antriebsstärke, Qualitätsbewusstsein, Weiterbildungsinteresse, Qualifikationsresultate und Leistungsniveau sind einige Hinweise, wie es um die Motivation eines Arbeitnehmers steht.

Wichtiger Merkpunkt für die Praxis

Man kann die kompromisslose Meinung vertreten, dass bei nicht motivierbaren Mitarbeitern mit geringer Leistungsbereitschaft überhaupt keine Aus- und Weiterbildungsmassnahmen ergriffen werden sollten. Wenn Leistungsbereitschaft und Lernmotivation fehlen, ist das Scheitern jeglicher Massnahmen in den meisten Fällen vorprogrammiert.

Die nachfolgende Übersichtstafel zeigt auf einen Blick die Vielfalt der zur Verfügung stehenden Personalentwicklungsinstrumente in der betrieblichen Praxis.

Übersicht von Personalentwicklungs-Instrumenten

Mitarbeitereinführung und –auswahl

- Einführungsprogramme für neue Mitarbeiter
- Beurteilungssysteme
- Strukturierte Auswahlverfahren
- Anforderungsprofile
- Potenzialanalysen

Informations- und Kommunikationsstrukturen

- Zielvereinbarungsgespräche
- Mitarbeiterbeurteilung
- Mitarbeitergespräche
- Qualifikationsgespräche
- Verhaltenstrainings
- Mentoring und Coaching
- Erfahrungsaustausch-Gruppen

Kader und Führungskräfte-Förderung

- Führungskräfteentwicklung
- Führungskräftezirkel
- Führungspositionen auf Zeit
- Förderkreise und Förderprogramme
- Laufbahn-, Karriereplanung
- Führungskräftequalifizierung on/off-the-job
- Kader-Nachwuchsförderung

Weitere Instrumente und Methoden

- Vorträge, Tagungen und Referate
- Training-on-the-Job
- Förderprogramme
- Innovationsförderung
- Jobenrichment und –enlargement, Job Rotation
- Team- und Projektgruppenarbeiten
- Seminare
- Kurse und Workshops
- E-Learning wie Online-Lehrgänge
- Multiple Choice und andere Lernsoftware
- Fernunterricht
- Rollenspiele
- Bücher und Fachzeitschriften für das Selbststudium

Wie steht es um die zeitliche und örtliche Flexibilität?

Je nach Massnahme können das private Umfeld, die Mobilität oder die örtliche Flexibilität eine Rolle spielen, wenn es zum Beispiel um ein halbjähriges Auslandpraktikum bei einer ausländischen Niederlassung geht.

Individueller Lernmix zur Motivationssteigerung

Der Einsatz mehrerer Lernmethoden und didaktischer Instrumente steigert in den meisten Fällen den Lernerfolg erheblich. So kann ein autodidaktisches Studium mit Fachbüchern und einer guten Lernsoftware kombiniert mit einem Workshop-Training und einer online erfolgenden Erfolgskontrolle mit Diskussionsforen zur Vertiefung des Stoffes – um ein konkretes Beispiel der Möglichkeiten aufzuzeigen – eine sehr effektive und vor allem auch spannende und motivierende Form des Lernens und des Sich-Weiterbildens sein.

Fallbeispiel: Kombiniertes Lernen

Ausgangslage

Herr Markus R. ist Exportleiter der Firma International AG und sollte in kurzer Zeit seine Englischkenntnisse verbessern. Dafür stellt er in Zusammenarbeit mit der Personalabteilung ein Programm zusammen.

Massnahmen

Ein Intensivkurs in Businessenglisch in einer Kleingruppe mit Betonung auf Verhandlungs-Englisch ist eine Massnahme. Eine weitere ist ein Sprachtrainer, der Markus R. als Sprach-Coach bei vier wichtigen Verhandlungen begleitet und unterstützt. In einem Online-Training via Internet erweitert er zeit- und ortsunabhängig seinen Wortschatz und tauscht in einem Chatraum Erfahrungen mit Lernenden aus. Da er ein sehr disziplinierter Autodidakt ist, verbessert er sein Englisch durch einen CD-ROM-Kurs und Bücher, womit er das Lernen auch in seine Freizeit einbindet. Über den Fortschritt informiert er die Personalabteilung protokollartig via E-Mail, wo die Informationen und Lernerfahrungen in eine Aus- und Weiterbildungsdatenbank einfliessen.

Klares und konkretes Lernziel

Ein Lern- und Weiterbildungsziel sollte schriftlich in qualitativer und quantitativer Form festgehalten werden und allen Beteiligten (Vorgesetzter, Ausbildender, Teilnehmer, HR-Abteilung) klar und gegenwärtig sein. Dabei sollten es nicht schwammige Absichtserklärungen, sondern konkrete, messbare und erlebbare Zielsetzungen sein.

Welches sind die beruflichen Zielsetzungen?

Diese Frage ist natürlich von entscheidender Bedeutung. Sie gibt Aufschluss über den Stellenwert einer allfälligen Kadernachwuchs-Förderung, über die zu investierenden Kosten und die Kongruenz von Zielen des Mitarbeiters in Abstimmung mit Abteilung und Unternehmenszielen. Qualifikationen, Motivation und Identifikation des Mitarbeitenden mit dem Unternehmen spielen hier eine Rolle.

Welcher Lerntyp ist der Weiterzubildende?

Hier sind persönliche Präferenzen zu berücksichtigen. Wichtig ist dabei, dass Mitarbeitende über die Schwächen und Stärken genau informiert werden, über alle Möglichkeiten Bescheid wissen und diese auch aus der Praxis heraus realistisch beurteilen können. Schon einfache Beobachtungen im Arbeitsalltag können aufschlussreich sein, um welchen Lerntyp es sich jeweils handelt.

Hauptstossrichtungen der Bildungsmethoden

Die Wahl der Bildungsmethode hat einen erheblichen Einfluss auf die Effizienz und Motivation betrieblicher Bildungsmassnahmen. Je nach Bildungsziel, Teilnehmerschaft sowie fachlichen und personellen Ressourcen entscheidet man sich für die geeignetste Methode.

Die Einzel- und Gruppenbildung

Die Einzelbildung hat den klaren Vorteil, dass man sich am individuellen Lerntempo und an den spezifischen Bedürfnissen und persönlichen Lernzielen des betreffenden Mitarbeiters orientieren kann. Gerade unter Zeitdruck oder im Falle einer wichtigen Schlüsselposition kann dieser Weg der richtige sein. Das Einzellernen ist sehr oft eine gute Ergänzung zu anderen bestehenden Massnahmen oder kann in Kombination mit solchen von Beginn an geplant werden.

Das Gruppenlernen zeichnet sich dadurch aus, dass ein Erfahrungs- und Wissensaustausch stattfindet, die Lernmotivation in einer Gruppe normalerweise förderlich ist und diese Methode wesentlich niedrigere Kosten verursacht. Weitere Vorteile können sein:

- Einfachere Beobachtung des Lernverhaltens
- Vergleich von Zielerreichung und Akzeptanz
- Gleichzeitige Entwicklung von Sozialkompetenzen
- Ein gewisser Gruppendruck und verstärkte Zielorientierung

Bildung am oder ausserhalb des Arbeitsplatzes

Die Frage, ob eine Weiterbildung am (Training-on-the-job) oder ausserhalb des Arbeitsplatzes (Training-off-the-job) vorgenommen wird, ist eine Grundsatzentscheidung. In der Praxis wird die Bildung am Arbeitsplatz gewöhnlich bevorzugt, da die Verknüpfung von praktischen und "live" anfallenden Tätigkeiten mit dem Training und dem darauf aufbauenden Wissen und neuen Fertigkeiten den Praxistransfer und damit die Lernmotivation stark fördert.

Ablauf von Bildungsaktivitäten am Arbeitsplatz

Bei Aktivitäten und Unterweisungen am Arbeitsplatz empfiehlt sich ein systematisches und strukturiertes Vorgehen, damit der Trainingseffekt nicht aus den Augen verloren wird. Dabei hat sich die Systematik der folgenden Vorgehensweise bewährt:

1. Formulierung des *Lernziels* und des Trainingsinhaltes
2. *Vorbereitung* mit Aufgaben, Arbeitshilfsmitteln und Situationen
3. *Vorführung* des Trainierenden am evtl. aktuellen Praxisbeispiel
4. *Nachmachen* und Erstanwendung des Lernenden
5. *Besprechung und Erörterung* von zu verbessernden Punkten
6. Sofort folgende und spätere ähnliche Übungsaufgaben

Geht es aber um die Vermittlung grosser Mengen neuen Wissens oder werden grundsätzliche Verhaltensweisen trainiert, hat die Bildung ausserhalb des Arbeitsplatzes klare Vorzüge, welche gerade im raschen technologischen und wirtschaftlichen Wandel in die Überlegungen einzubeziehen sind. Die nachfolgende tabellarische Übersicht zeigt die konkreten Vor- und Nachteile:

Vor- und Nachteile *on-* und *off-the-Job*	
+ Vorteile am Arbeitsplatz	**+ Vorteile ausserhalb Arbeitsplatz**
Rückkoppelung mit Tätigkeiten	Mehr Wissen mit höherer Konzentration
Erfolgserlebnisse und Motivation	Bessere Gruppendynamik u. Interaktion
Tiefere Kosten	Klarere Strukturvermittlung
Anpassung Lerntempo und -ziele	Anwendung mehrer Lernmethoden
- Nachteile am Arbeitsplatz	**- Nachteile ausserhalb Arbeitsplatz**
Wissensaustausch fehlt	Ausfall produktiver Arbeitszeit
Begrenzte Veränderungs-Bildung	Eher Labor- und Theoriesituationen
Geringere Konzentration	Fehlende Erfolgserlebnisse

Untenstehend zeigt eine grobschematische Zuordnung – was jedoch nicht immer exakt und ausschliesslich möglich ist – die möglichen Bildungsmassnahmen am und ausserhalb des Arbeitsplatzes. Auch hier ist es wiederum wichtig, sich der Kombinierbarkeit der verschiedenen Methoden bewusst zu sein.

Methoden-Zuordnung zu *on-* und *off-the-Job* PE-Massnahmen	
Am Arbeitsplatz, on-the-job	**Ausserhalb Arbeitsplatz, off-the-job**
Einführungsprogramme und Training	Diverse Moderationsmethoden
Projektgruppenvorbereitung	Rollen- und Planspiele
Followup-Aktivitäten	Fernunterricht und Autodidaktik
Fertigkeiten-Training (Software)	Erfahrungs- und Wissensaustausch
Arbeitsinstrumentgebundenes	Verhaltens- und Videotrainings
Job Rotation und Job Enlargements	Diskussionen und Fallbeispiele
Nachfolger-Arbeitseinführung	Qualitätszirkel und Förderkreise
Trainee-Programme	Gruppenarbeiten

Die nachfolgende Tabelle zeigt die wichtigsten Schritte einer individuellen PE-Bestandesaufnahme im Überblick. Das dann folgende Merkblatt eignet sich zur Steigerung der Lerneffizienz als Abgabe an Lernende und Studierende.

Schritte einer individuellen PE-Bestandesaufnahme	
Diese Bereiche können beim Bedarfs –und Sondierungsgespräch angewendet werden sowie bei Planung und Konzeption als Ausgangslage und Kompass für eine zielorientierte Planung und Realisierung von Massnahmen einbezogen werden. Damit wird eine ganzheitliche Sicht der Dinge ermöglicht.	
Laufbahnziele und berufliche Erfolge	Welches ist die Grundlage dieser Ziele, was liegt im Persönlichkeitsbereich und was im Unternehmensumfeld und welche Erfolge waren besonders prägend.
Idealvorstellung von Tätigkeiten und Berufsziel	Welche Kerntätigkeiten sind wesentlich, wie viel davon ist schon erreicht und was fehlt weshalb zur Erreichung der Idealvorstellung.
Aspekte der Worklife-Balance	Welchen Stellenwert soll der Job kurz-, mittel- und langfristig einnehmen. Wie werden die familiäre Situation, die eigene Persönlichkeitsentwicklung und die privaten Pläne ins Lebensmanagement als Ganzes einbezogen.
Stärken und Schwächen in Selbst- und Fremdbild	Wie sieht das Selbst- und Fremdbild aus und welche Stärken und Schwächen sind ganzheitlich und im Hinblick auf das Berufsziel von Bedeutung.
Glaubenssätze und Leitwerte	Welche entscheidenden Werte und Motivatoren sind die Triebfeder des Denkens und Handelns: Erfolg, Erfüllung, Materielles, Kreativität.
Fähigkeiten, Fertigkeiten und Talente	Welche werden als besonders ausgeprägt und relevant erachtet – und welche können gefestigt und ausgebaut werden. Wichtig sind hier auch Talente und Neigungen.
Stärken und Defizite in den Sozialkompetenzen	Sozialkompetenzen gewinnen mehr und mehr an Bedeutung. Hier ist wieder eine Eigen- und eine Fremdbeurteilung von Vorteil und die Frage, inwieweit diese bei den Massnahmen einbezogen werden sollten.

Merkblatt für erfolgreiches und effizientes Lernen	
Dieses Merkblatt enthält die neuesten Erkenntnise aus der Lernforschung und eignet sich zur Abgabe an Lernende und Studierende in Ihrem Betrieb.	
Lernumgebung	Emotionen und Wohlbefinden haben Einfluss auf den Lernerfolg. Lernen in guter Stimmung mit angenehmem Licht, einladenden Farben und stimmungsvollen Räumen hat Einfluss auf den Lernerfolg.
Arten der Wissensaufnahme	Permanent gleiches Wissen auf die gleiche Weise einhämmern ist ineffizient. Verschiedene Methoden wie Lesen, Hören, Lernsoftware, Diskussionen, Videoreportagen, praktisches Handling sind ergiebiger und "gehirngerechter".
Beispiele statt Theorien	Theorie ist auch für das Gehirn grau und langweilig. Fallbeispiele, Geschichten, Bezüge zu persönlichen Erfahrungen und zu Erlebtem machen die Wissensaufnahme einfacher und erfolgreicher.
Keine Angst vor Fehlern	Keine Angst vor Fehlern, diese als (notwendigen) Teil des Lernprozesses akzeptieren und sie als Fortschrittskontrollhilfe bewusst einbeziehen. Achtung: Fehlerangst kann blockieren!
Praxisnähe und Zusammenhänge	Was persönlichen Bezug zu eigenen Erfahrungen, Kenntnissen, Vorlieben, Aufgaben und Talenten hat, wird eher aufgenommen als trockene, theoretische Details. Die Verbindung des Lernstoffes mit eigenen Erfahrungen und Arbeitssituationen verbessert die Behaltensquote und das Verständnis wesentlich.
Wiederholung	Die Werbung weiss es, der Lernende muss es ihr gleich tun. Was systematisch wiederholt wird - je nach Stoff drei bis fünf Mal - wird vom Gehirn besser aufgenommen und besser behalten.
Pausen und Fitness	Jede Stunde eine Pause - möglichst an frischer Luft und in anderer Umgebung - ist wichtig. Pausen sollten besonders beim Wechsel zwischen den Themen des Lernstoffs gemacht werden. Genug Schlaf ist ebenso wichtig, da sich Elerntes im Schlaf vertieft und ausreichend Schlaf eine wichtige Voraussetzung für Konzentration ist.
Aktivieren des Lernstoffes	Was aktiv verarbeitet wird, wird vom Gehirn wesentlich besser verstanden und behalten. Lernstoff sollte also umgesetzt, angewendet, diskutiert, erprobt und in der Praxis zum Beispiel mit Beobachtungen und Erfahrungen erforscht, vertieft und in Beziehung gebracht werden.
Dauer und Häufigkeit	Kurze aber häufige Lerneinheiten sind besser als stundenlanges Lernen und "Durchnächtigen" ohne oder mit zu wenig Pausen und Unterbrechungen.

Laufbahnplanung

Die Laufbahnplanung kann auch als individuelle Entwicklungsplanung für Mitarbeitende betrachtet werden und bezieht sich auf die berufliche Weiterentwicklung und die damit verbundenen Zielsetzungen sowohl des Mitarbeitenden wie auch des Unternehmens bzw. des betreffenden Vorgesetzten. Eine solche Laufbahnplanung muss nicht unbedingt eine hierarchiemässige "Karriereleiter-Entwicklung" sein, sondern kann auf eine Kompetenzerweiterung innerhalb der bestehenden Position, auf eine Projektleitungsaufgabe oder auf einen Auslandsaufenthalt mit einer besonderen Herausforderung ausgerichtet sein.

Grundsätzlich legt eine Laufbahnberatung fest, welche Positionen und Aufgaben Mitarbeitende im Laufe ihrer beruflichen Entwicklung im Betrieb voraussichtlich einnehmen könnten und welche Entwicklungsmassnahmen dafür notwendig sind. Grundlage dazu ist der Mitarbeitende mit seinen Fähigkeiten und Entwicklungsbedürfnissen.

Laufbahnberatung und Entwicklungsperspektiven

Eine persönliche Laufbahnberatung und –planung ist ein hervorragendes Motivationsmittel. Erkennt ein Mitarbeitender konkrete Aufstiegs- und Weiterentwicklungsmöglichkeiten, steigert dies die Arbeitsqualität, eröffnet Zukunftsperspektiven und zeigt ihm damit auch Wertschätzung, dass seine Entwicklung im Unternehmen einen hohen Stellenwert hat. Ein besonderer Vorteil der Laufbahnberatung ist ihre Flexibilität: Es kann sowohl auf die persönliche Situation, die Bedürfnisse, die individuellen Fähigkeiten und Stärken des Mitarbeiters eingegangen werden, wie auch auf die betrieblichen Anforderungen und aktuellen Gegebenheiten. Unterscheiden kann man:

Entwicklungsperspektiven mit Karriereplanung

Eine der weiteren zentralen Faktoren der Mitarbeitermotivation ist das Aufzeigen von Entwicklungsperspektiven. Diese bilden erstrebenswerte Ziele, motivieren für die Weiterbildung, befriedigen auch statusbewusstere Mitarbeiter und haben eine Signalwirkung auf alle anderen Angestellten eines Unternehmens. Zudem sind Entwicklungsperspektiven für das Unternehmen auch ein wichtiges Instrument der Mitarbeiterbindung.

Fachlaufbahn in Fachkarrieremodell

Eine Weiterentwicklung mit oder ohne Führungsaufgaben, bei der eine Fachaufgabe oder eine Expertenposition im Mittelpunkt steht. Fachkarrieren werden immer mehr praktiziert und akzeptiert, da nicht alle Mitarbeiter eine Führungslaufbahn einschlagen wollen oder können. Zudem geht mit den Jahren in Linienlaufbahnen wertvolles Fachwissen verloren, während Fachkarrieren die Chance bieten, für die Kernkompetenzen von Unternehmen wichtiges Know-how zu sichern. Fachlaufbahnen sind besonders auch für ältere Mitarbeiter attraktive Entwicklungsperspektiven und in der Karriereplanung berechenbarer. Wichtig ist, dass Fachlaufbahnen einen den Liniekarrieren gleichwertigen Status erhalten und auch salärmässig diesen gleichgestellt sind.

Wichtiger Merkpunkt für die Praxis

Fachlaufbahnen werden immer mehr als eine alternative Karriereform akzeptiert und auch angestrebt. Deren Bedeutung nimmt parallel mit dem steigenden Wert des Wissens zu. Wichtig ist dabei, deren Image, Status und Gleichwertigkeit bei Mitarbeitern und im Unternehmen mit traditionellen Führungspositionen zu kommunizieren und zu betonen.

Projektlaufbahn

Eine temporäre Massnahme mit zeitlich begrenzten Expertenaufgaben in einem bestimmten Fachgebiet. Solche Projektlaufbahnen können den persönlichen Interessen und denen des Unternehmens gleichermassen entgegenkommen, da sie sehr ziel- und praxisorientiert sind und hervorragende Entwicklungsmöglichkeiten bieten können.

Führungslaufbahn

Eine karriere- und hierarchieorientierte Führungslaufbahn, die in verschiedenen Stufen erfolgen kann. Die Folge einer Laufbahnplanung können neue Tätigkeitsfelder, andere Positionen, Verantwortlichkeiten oder eine Job Rotation auf gleicher hierarchischer Ebene sein. Diese Art der Planung sollte zeitlich absehbar sein und keine falschen, unrealistischen Karriereerwartungen wecken. Es sind vor allem Hochschulabsolventen und Studienabgänger, die oft von den Unternehmen Entwicklungsperspektiven in Form einer Laufbahnberatung erwarten oder verlangen. Laufbahnpläne können besonders bei Kaderleuten motivierend wirken und neue Perspektiven aufzeigen.

Fallbeispiel: Systematische Laufbahnplanung

Ausgangslage
Die Contrus AG ist ein mittelgrosser Betrieb, der mit hochkomplexen technischen Produkten stark auf eine gute Mitarbeiterbindung angewiesen ist. Aber genau hier besteht seit längerem das Problem, dass immer mehr hochqualifizierte Mitarbeiter in Schlüsselpositionen das Unternehmen verlassen und so wertvolles Know-how verloren geht.

Analyse des Problems
Systematische Befragung und Auswertung von Austrittsgesprächen, Mitarbeitergespräche und -befragungen zeigen immer mehr, dass es vielen Mitarbeitern an Perspektiven, Weiterentwicklungschancen und konkreten Vorstellungen ihrer Laufbahn im Unternehmen mangelt.

Massnahmen
Ein Vertreter der Geschäftsleitung, die Personalleiterin, vier Kaderleute und ein externer Berater bilden eine Projektgruppe mit der Aufgabe, ein attraktives und konkretes Laufbahnmodell zu entwickeln. Grossen Wert legt man auf die Gleichstellung von Führungslaufbahnen und Fachlaufbahnen. Dabei ergreift man folgende Massnahmen:

- Mitarbeiterbeurteilungen mit Schwerpunkt Laufbahnberatung
- Spezielle Förder- und Weiterentwicklungsgespräche
- Konsequente interne Stellenausschreibungen
- Systematische Laufbahnberatung und Karriereplanung
- Eine systematische Nachfolgeplanung
- Systematisches Eruieren von Mitarbeiterpotenzialen
- Eruieren von wertschöpfungsrelevanten Schlüsselpositionen

Eine zentrale Bedeutung haben die Förder- und Weiterentwicklungsgespräche. Hier sind immer HR-Spezialisten und externe Berater dabei mit vorgängig erstellten Situationsanalysen und genauesten Anforderungen von Vakanzen und neu geschaffenen Stellen. Bei Schlüsselpositionen werden dabei systematische mittel- und langfristige Laufbahnmodelle und –ziele entwickelt. Vor Verabschiedung des Modells wird dieses mit einer Gruppe von Mitarbeitern erörtert und erst dann mit einer abschliessenden Informationsveranstaltung verabschiedet.

Resultat

Schon nach einem halben Jahr ist ein Rückgang der Kündigungen festzustellen. Vor allem bei Mitarbeitern in Schlüsselpositionen steigt aber auch die Motivation und Identifikation mit Aufgaben und Unternehmen stark an, was sich in Aussagen wie "Jetzt habe ich hier eine konkrete Zukunft" und "Das tut gut, jetzt sehe ich, dass der Betrieb mich braucht und mich für interessante Aufgaben behalten möchte".

Lernklima und Lernmotivation

Bei eigentlichen Weiterbildungsaktivitäten sind einige für die Motivation besondere Aspekte zu beachten. Eine trockene, von Neid und Misstrauen geprägte Lernatmosphäre macht den besten Dozenten und den spannendsten Lerninhalt zunichte. Ein Lernklima des Vertrauens, der Motivation und der Neugierde für das kommende Wissen und Lernen hingegen schafft eine ausgezeichnete Voraussetzung für eine erfolgreiche Wissensaufnahme in entspannter und positiver Atmosphäre. Wie dies in der Praxis erreicht werden kann, erfahren Sie nachfolgend mit einigen erfolgserprobten Methoden.

Mehr im Web

Informationen und Links zur Lernmotivation:
www.medizin-lernplaner.de/Lerntechnik/lerntechnik2.html

Das Vertrauen der Teilnehmer gewinnen

Der erste Eindruck entscheidet - dies gilt auch für einen Dozenten oder Referenten, der sein Seminar eröffnet und beginnt, bereits in den ersten 10 Minuten. Dies gelingt, indem man sich als Trainer und Mensch humorvoll oder emotional sympathisch vorstellt. Beispiele, welche die Kompetenz beweisen sowie das Vermitteln von Wertschätzung und Respekt sind Möglichkeiten. Auch die Befähigung, sich in die Lage der Teilnehmer zu versetzen, kann Vertrauen und Verbindung schaffen wie zum Beispiel "Auch ich war einmal wie Sie heute in der Situation, schnell viel Neues über XYT lernen zu müssen. Unsicherheit und Zweifel plagten mich dann, ob..."

Spannung und Neugierde wecken

Die Abwechslung, die Überraschung, die Konzentration auf die Bedürfnisse der Zuhörer und das Erkennen von verschiedenen Lerntypen sind wichtige Mittel. Auch der Humor - im besten Fall eine spannende "aus dem Leben oder aus dem Betriebsalltag gegriffene Geschichte " - kann Wunder bewirken. Metaphern, bildhafte Vergleiche und Beispiele sind sehr gute Mittel, die Aufmerksamkeit der Zuhörer zu gewinnen. Auch eine provokative Frage an die Teilnehmer oder eine sehr überraschende Information im Stile von "Wussten Sie, dass..." bewirkt Spannung und Aufmerksamkeit. Vor allem der Zehn-Minuten-Rhythmus für Abwechslung und Aktivitäten sorgt als Faustregel dafür, dass keine Langeweile aufkommt und Spannung aufrechterhalten wird.

Orientierung und einen Rahmen bieten

Damit erreicht man, dass die Marschroute sowie Sinn und Zweck einer Lernveranstaltung mit aller Klarheit bewusst sind und bleiben. Dies können konkret sein: aktuelle Ereignisse und Hintergründe als Anlass der Weiterbildungsveranstaltung, faktenorientierte Ziele und Gründe, konkrete Fertigkeiten und Erkenntnisse für die Praxisumsetzung und eine zuweilen aufgezeigte Lernstruktur oder ein Lernweg, und die Information, in welcher Phase man sich befindet, welche Themen absolviert wurden und welche im Laufe des Seminars noch zu bearbeiten sind.

Partnerinterview: Die Vorstellungsrunde

Wer kennt sie nicht, die obligaten "Vorstellungsrunden" zur Eröffnung eines Seminars. Doch sie haben durchaus ihre Berechtigung, da sie wesentlich zu einer Vertrauensatmosphäre beitragen und das Eis schmelzen lassen. Es kann zum Beispiel die Interviewform zwischen zwei Personen angewandt werden oder die persönliche Vorstellung kann mit Zielen und Erwartungen an den Kurs verknüpft werden, die auf einer Karte formuliert an der Pinwand angebracht werden.

Der persönliche und individuelle Nutzen

Lernmotivation entsteht in starkem Ausmasse auch dadurch, dass Teilnehmer und Lernende ihren persönlichen Nutzen erkennen, den ihnen eine Lernveranstaltung stiftet. Dieser kann beispielsweise bei der Vorstellungsrunde via Kartenattachment an der Pinwand eruiert werden, abschliessend mit der Aufforderung einer konkreten Formulierung an die Teilnehmer erfragt werden und zusätzlich vom Dozenten mit konkreten Fallbeispielen früherer Teilnehmer auf glaubwürdige Art und Weise mit Fakten bewiesen und belegt werden.

Mehr im Web

Informationen und Tipps zum erfolgreichen und motivierenden Lernen: www.lernen-heute.de

Der Lerntransfer in die Praxis

Gerade in der betrieblichen Praxis ist Wissensvermittlung erst dann erfolgreich und wirklich motivierend, wenn sie zu Verhaltensänderungen führt und im Berufsalltag sowie in Arbeitssituationen auch wirklich angewendet wird. Forschungen und Untersuchungen zeigen folgendes klar: Ob Gelerntes in der Realität zur Anwendung kommt steht in einem nachweisbaren Zusammenhang damit, wie das Gelernte erworben wurde.

Theorie im Teilnehmer-Praxisumfeld vermitteln

Diese Voraussetzung ist äusserst wichtig und hängt auch stark mit einem klaren Lernziel und einer sorgfältig selektierten Teilnehmerschaft zusammen. Zahlreiche Forschungen und Untersuchungen beweisen, dass eine arbeitsplatz- und realitätsnahe Wissensvermittlung den Lerntransfer stark beeinflusst. Wird also ein Seminar zur Kommunikation organisiert und sind die Branche, das Produkt, die Kundensituationen, Fallbeispiele und Aufgabenstellungen aus der eigenen Betriebspraxis enthalten, fällt vermitteltes Wissen auf viel fruchtbareren Boden. Die thematisch präzise Wahl eines Seminars, die Vorbereitung mit solchen Beispielen, die Selektion des Dozenten und aktuelle Fragestellungen aus den Tätigkeitsbereichen der Teilnehmer sind konkrete Möglichkeiten, dies sicherzustellen.

Lernende mit kreativen Eigenerarbeitungen aktivieren

Passiv konsumiertes Wissen ist nicht dazu angetan, Veränderungen zu bewirken. Wird ein Stoff aber selber erarbeitet, werden eigene Beispiele entwickelt oder Situationen kreiert, beeinflusst dies den Erfolg nachhaltig. Ein dafür sehr geeignetes Mittel ist die Kleingruppenarbeit, in der Inhalte selber erarbeitet und mit realitätsnahen Aufgaben verknüpft werden.

Gelerntes in Gruppe austauschen und diskutieren lassen

Das Berichten eigener Erfahrungen oder Lösungsvorschläge, das In-Fragestellen bisheriger Praktiken, Entscheidungsfindungen für aktuelle Probleme, der Austausch von Erfahrungen, das Diskutieren neuer Ansätze – dies sind konkrete Möglichkeiten, Gelerntes und Wissen in der Gruppe aktiv zu verarbeiten. Man bezeichnet diese Formen des Lernens auch als kooperative Lernmethoden.

Kleingruppenarbeiten als bewährte Methode

Es sind insbesondere Kleingruppen, die diesen aktiven Wissensaustausch möglich machen. Dabei ist die Art der Aufgabenstellung wichtig, damit möglichst verschiedenartige Erkenntnisse auch wirklich aktiv erarbeitet werden können und Neuigkeitswert haben. Die ideale Gruppengrösse liegt bei ungefähr fünf Teilnehmern. Unterschiedliche Aufgabenstellungen und eine gute Beobachtung, regelmässiges Coachen der Gruppen und eine anschliessende Präsentation durch ein Gruppenmitglied sind empfehlenswert.

Besonders wichtig ist bei Kleingruppenarbeiten, dass die Aufgabe nur durch eine koordinierte Zusammenarbeit aller Teilnehmenden sinnvoll gelöst werden kann. Das trifft zum Beispiel zu, wenn die Teilnehmenden über unterschiedliches Wissen verfügen, das zur Erfüllung der Aufgabe integriert werden muss. Dies verhindert, dass nur einige an der Aufgabe beteiligt sind. Gruppen sind Einzelpersonen bei der Bearbeitung von Lernaufgaben überlegen, wenn es darum geht, Ideen zu sammeln, unterschiedliche Aspekte eines Themas aufzugreifen, mehrere Lösungswege und -möglichkeiten für ein Problem zu finden sowie Thesen und Vorschläge miteinander zu vergleichen.

Fallbeispiel: Erfolgskontrolle mit Transferprogramm

Ausgangslage

Die Santora AG betreibt eine aktive Personalentwicklung. Allerdings mangelt es an der konsequenten und nachhaltigen Umsetzung im Betriebsalltag, was beim Kader zu Motivationsproblemen führt.

Massnahmen

Durch verschiedene Analysen und Gespräche kommt man zum Schluss, die Erfolgskontrolle von Weiterbildungsaktivitäten mit einem umfassenden Transferprogramm zu kombinieren.

Erfolgskontrolle mit massgeschneidertem Transferprogramm

Die Erfolgskontrolle wird durch ein umfassendes Transferprogramm sichergestellt, für welches die jeweiligen Vorgesetzten verantwortlich sind. Das aus sechs Massnahmen bestehende Paket umfasst – hier am Beispiel eines Powerpoint-Lehrganges demonstriert –folgende Schritte:

1. Während zwei Monaten werden insgesamt vier kunden- und betriebsrelevante Powerpoint-Präsentationen erarbeitet, die dann effektiv zum Einsatz kommen und beurteilt werden.
2. In wöchentlichen Kurzpräsentationen werden die Powerpoint-Arbeiten in Workshops demonstriert, die von einem IT-Zuständigen und vom Marketingleiter moderiert werden.
3. Einmal pro Woche ist ein IT-Zuständiger im Rahmen eines Trainings-on-the-Job voll verfügbar und anwesend, wenn es um die Erstellung von Powerpoint-Präsentationen geht.

4. Eine Folgeveranstaltung mit dem Powerpoint-Lehrgangs-Anbieter vertieft die Kenntnisse und beantwortet Fragen aus der Praxis.

5. Die Präsentations-Arbeiten werden im Intranet publiziert und eine der Arbeiten dann von allen Mitarbeitenden im Rahmen eines Wettbewerbs zur "Präsentation des Jahres" auserkoren - mit dem Hauptgewinn eines Städtefluges nach Rom im Wert von CHF/Euro 600.-

6. Der Jahresbericht der Geschäftsleitung wird dann in einem Workshop mittels Powerpoint mit fiktiven Daten erstellt und dieser dann als Abschlussarbeit symbolisch "überreicht".

Resultat
Mit diesen auf mehreren Ebenen und zur Umsetzung motiverenden Massnahmen mit viel aktiver Unterstützungsarbeit gelingt es, die Umsetzung in die Betriebspraxis zu systematisieren, Erfolgserlebnisse zu schaffen und somit generell die Motivation für PE-Massnahmen zu stärken.

Mehr im Web

Eine sehr interessante Artikelsammlung zum Thema Personalentwicklung: www.nzz.ch/ki/index.html

Motivationsschulung für Führungskräfte

Die nachfolgende Übersicht gibt Ihnen Anregungen für Trainingsmassnahmen und Schulungsaktivitäten für Führungskräfte, die im Motivationsbereich besonders sinnvoll und nutzenstiftend sind. Dabei kann es sich um unterschiedliche Lernformen und Massnahmen handeln wie:

- Fachseminare und Workshops
- Fachliteratur und Zeitschriften
- Interne oder externe Referate und Veranstaltungen
- Einladung von Coaches und Supervisors
- Erfahrungsaustausch-Gruppen und Themen-Meetings
- Autodidaktische Internet-Recherchen und Fachforen-Beitritte

Wichtiger Merkpunkt für die Praxis

Seien Sie sich der Grenzen der Lernbarkeit von motivierender Mitarbeiterführung bewusst. Die zentral wichtigen Faktoren wie das Menschenbild, die positive Grundhaltung, die Kommunikationsfähigkeiten oder die Gabe, mit Begeisterung "den Funken zum Sprühen zu bringen", sind nicht oder nur bedingt lernbar und Bestandteil eines Persönlichkeitsprofils.

Mitarbeiterführung und Mitarbeiterkommunikation

Das Seminarangebot und das Angebot an Fachliteratur ist riesig mit dem Vorteil, sehr viele spezialisierte Themenbereiche zur Auswahl zu haben, wie z.B. Delegation, Kommunikation, Teamentwicklung, Krisenverhalten, Umgang mit schwierigen Mitarbeitern. Die Suche in Datenbanken im Internet führt schnell zu gewünschten Resultaten und Anbietern.

Erhöhung der Sozialkompetenzen

Erst die adäquate Wahrnehmung von eigenen Fähigkeiten und Defiziten ermöglicht den Aufbau und Einsatz kompetenter Verhaltensmuster, sogenannter Skills in sozialen Situationen. Beispiele für Sozialkompetenz: die Fähigkeit, Nein zu sagen, Forderungen zu stellen, Kontakte zu knüpfen, schwierige Gespräche zu beginnen und zu beenden, positive oder negative Gefühle offen zu äussern.

Führungs- und Arbeitspsychologie

Als Führungskraft ist man Steuermann, Regisseur, Manager, Tonangeber, Strukturierungshilfe, Ideen- und Impulsgeber, Moderator, Zuhörer, Gesprächspartner, Streitschlichter und Vertrauensperson. Im Führungsalltag erwarten Sie immer wieder schwierige Situationen im Umgang mit Passivität und fehlender Motivation, bei Reibereien und Meinungsverschiedenheiten der Mitarbeiter, bei Leistungsdefiziten und Problemverhalten.

Kontinuität und Praxistransfer

Gerade bei Kaderschulungen zum Thema Motivation ist die Kontinuität ein wichtiger Aspekt, da Motivation eine Daueraufgabe ist, die auch von verschiedenen Seiten her angegangen werden sollte (Psychologie, Kommunikation, Führungsstile usw.) Dabei ist es wichtig, Bestandesaufnahmen zu machen, die Bedürfnisse abzuklären und Schulungen und Kurse auf die Unternehmenskultur und Prioritäten bestehender Aktivitäten auszurichten.

Ebenso wichtig ist der Transfer in die Praxis, wie das vorangegangene Fallbeispiel demonstriert. Einige neue Erkenntnisse zum Thema Motivationspsychologie zu gewinnen und dann den Seminarordner zuschlagen, ist eine wenig sinnvolle Investition. Empfehlenswerter ist der konsequente Schulterschluss mit der Praxis. Drei Beispiele sollen dies veranschaulichen:

- Schulungsprogramme können zum Beispiel parallel mit der Einführung neuer Motivationsmassnahmen angegangen werden. Beispiel: Einführung von Zielvereinbarungen.
- Vor Durchführung von Lohngesprächen wird ein Seminar besucht, welches die Motivationsbedeutung materieller Massnahmen nach neuesten Erkenntnissen ins richtige Licht rückt.
- Man hat festgestellt, dass viele Vorgesetzte in der Konfliktbewältigung Probleme haben und unsicher sind. Ein entsprechender Workshop wird so angesetzt, dass darin genau die betrieblich aktuellen, konkreten Probleme behandelt werden.

Die nachfolgende Übersicht gibt verschiedene Anregungen zu Weiterbildungs-, Buch-, Beratungs- und Referatthemen und internen Aktivitäten und Veranstaltungen.

Check it **Weiterbildungs-Themen für Führungskräfte zur Mitarbeitermotivation**	sehr interessant	näher beurteilen	weniger geeignet
Buch-, Beratungs-, Referat- und Seminarthemen			
Grundlagen der Führungspsychologie			
Mitarbeiter richtig einschätzen und adäquat führen			
Emotionale Kompetenz im Führungsalltag			
Die eigene Führungspersönlichkeit reflektieren			
Persönliche und formale Führungsmittel			
Zielvereinbarung und Delegation			
Kritische Führungssituationen u. schwierige Mitarbeiter			
Mitarbeiterkommunikation und Feedbackoptimierung			
Konflikte erkennen, lösen und vermeiden			
Motivationsrelevante Sozialkompetenzen			
Genereller Überblick über die Arbeitspsychologie			
Erfolgreiche Teamentwicklung und Teamführung			
Talente erkennen, fördern und nutzen			
Fachinformations-Dokumentation in der HR-Abteilung			
Interne Aktivitäten und Veranstaltungen			
ERFA-Gruppe für Kaderleute einrichten			
Tages-Retraite: Wie arbeiten wir besser zusammen?			
Einladung eines Coaches oder Supervisors			
Themenreihe für Meetings zur Motivation			
Fachzeitschriften-Abos zur Zirkulation			

Grundsätze und Erkenntnisse der Motivationsforschung

Diese Themen sind für eine eher theoretische Auseinandersetzung mit dem Thema Motivation geeignet und behandeln dann die gesamte Bandbreite von Motivationsfragen. Wichtig ist bei der Wahl solcher Angebote eine gewisse Ausrichtung auf die Bedürfnisse der Mitarbeiterführung und betriebliche Anforderungen sowie eine pragmatische Sichtweise, die gewisse Umsetzungen und praktische Schlussfolgerungen ermöglicht.

Mitarbeiter zur Selbstmotivation anspornen

Nebst Personalentwicklungsmassnahmen sollte Motivation an sich permanent ein Thema sein und Mitarbeiter dafür sensibilisiert werden. Dazu gehört auch, die Möglichkeiten der Selbstmotivation zu erkennen und Mitarbeiter dabei zu unterstützen.

Wichtiger Merkpunkt für die Praxis

Mitarbeiter zur Selbstmotivation anhalten und sie für die Thematik zu sensibilisieren, ist eine permanente Verpflichtung in der Personalentwicklung und Führungsarbeit. Einerseits sollte dabei eine gewisse Eigenverantwortung erreicht werden, dass Motivation von beiden Seiten Bemühungen erfordert und andererseits die Zusammenhänge der Wirksamkeit sichergestellt werden.

Die nachfolgenden Merkblätter können als eine konkrete Hilfe Mitarbeitern zum Verständnis, als Handlungsanleitung und zum Selbst-Check abgegeben werden.

Merkblatt zum Verständnis der Selbstmotivation

Die Grundlagen: Das Motivationsfundament muss stimmen
Viele Menschen und Mitarbeiter träumen ein Leben lang von Glück und beruflichem Erfolg und sind auch bereit, dafür hart zu arbeiten. Doch das Problem ist oft, dass sie sich den Erfolg innerlich gar nicht zutrauen oder infolge zu vieler Hürden gar nicht für möglich halten. Doch Disziplin und Willensstärke sind zu einem grossen Teil das Ergebnis erlernter Denk- und Gefühlsgewohnheiten. Und alles, was man erlernt hat, lässt sich auch umtrainieren. Nur wer von der richtigen Basis startet und ein starkes Fundament hat, auf dem Ziele und Leitbilder Halt haben, erreicht sein Ziel. Mit positivem Denken allein ist es allerdings nicht getan. Menschen brauchen genauso den Druck, die Anspannung und den positiven Stress, um erfolgreich zu sein.

Das konstruktive Selbstbild: Unser Selbstbild steuert unser Verhalten
Das permanente Bedürfnis unserem bewussten oder unbewussten Selbstbild zu entsprechen, bestimmt unser Verhalten. Wesentlich für ein konstruktives Selbstbild ist der Aufbau von Selbstvertrauen, der Glaube an seine Fähigkeiten und Stärken und die Zuversicht an die Zielerreichung. Wer sich vertrauen möchte, muss sich permanent bewusst sein und bewusst machen, warum er stolz auf sich und seine Leistungen sein kann. Führen Sie ein Erfolgstagebuch, feiern Sie Erfolge mit sich selber und mit Teamkolleginnen und -kollegen und belohnen Sie sich dafür. Wichtig ist dabei auch, dass Misserfolge nicht als Scheitern oder Unfähigkeit betrachtet werden, sondern lediglich als Signale und Feedback, dass andere Wege oder eine andere Lösung gefunden werden sollten.

Die Vision ist der Schlüssel: Das Warum hinter Zielen
Erst das Erkennen des Sinnes hinter unseren Zielen und das Wissen, wofür unser Herz schlägt, gibt uns die Kraft und das Durchhaltevermögen, die Ergebnisse zu erzielen, die wir uns wünschen. Interessant ist dabei: 80% unserer Motivation entspringen unserer zentralen Lebensvision, nur 20 % dem eigentlichen Tun. Setzen Sie alles daran, Ihren Lebenstraum zu entwickeln und zu konkretisieren. Erst wenn Sie wissen, wofür Sie leben, was Sie in Ihrem tiefsten Inneren wirklich begeistert, erreichen Sie Ziele und besitzen eine nachhaltige und andauernde Motivation mit entsprechendem Einsatz. Dabei ist es wichtig, grosse und langfristige Ziele in Teilziele zu zerlegen, da deren Erreichbarkeit damit einfacher und motivierender wird.

Die richtigen Ziele setzen: Klare Ziele sichern Lebensqualität
Beruflich und privat zufriedene und erfüllte Menschen sind kein Zufallsprodukt sondern das Ergebnis einer systematischen, schriftlichen Zielplanung in allen Lebensbereichen. Für die Wirksamkeit und Integration von Zielen gibt es eine sogenannte SMART-Regel, die wichtige Zielkriterien enthält. Es sind dies:

S = Spezifische Ziele sind messbare Vorgaben für Ihr Handeln
M =Mit Etappenschritten das Gesamtziel in Teilziele aufteilen
A = Auswirkungen auf andere Lebensbereiche berücksichtigen
R = Richtig formulierte Ziele sind positiv, aktiv und in der Ich-Form
T = Termingebunden: Wünschen und Ziele mit verpflichtenden Terminen

Was treibt mich wirklich an: die Analyse der individuellen Motivatoren
Was motiviert Sie wirklich? Welches sind Ihre Lebensgrundsätze, Ihre wichtigsten Anforderungen und Erwartungen an das Leben? Wer Besonderes leisten will, muss wissen, was ihn motiviert. Mit der Kenntnis der Hauptmotivatoren können Sie sich Ihr Umfeld so gestalten, dass Ihre persönlichen Hauptmotive möglichst oft angesprochen werden, wie z.B. *Herausforderung* (Wie stark werden Sie durch Schwierigkeiten oder Zweifel anderer motiviert?), *Kreativität* (Wie stark lassen Sie sich durch Erkennen und Entwickeln von Neuem motivieren?), *Anerkennung* (Wie wichtig ist Ihnen das Lob anderer?) oder *Sinnhaftigkeit der Aufgabe* (Wie wichtig ist Ihnen der übergeordnete Sinn hinter Ihrem Tun?).

Stimmungsmanagement: Sie sind für Ihre Stimmung verantwortlich
So, wie Sie Ihren Tagesablauf festlegen und Ihre Termine managen, so können Sie auch Ihre Stimmung selber aktiv beeinflussen. Denn der Einzige, der für Ihre Stimmung verantwortlich ist, sind Sie selbst. Allein schon unsere Körperhaltung und Mimik, unser Gang und unsere Stimme verraten unsere Stimmung. Wer bedrückt und unglücklich ist, läuft auch meist mit gesenktem Kopf herum, spricht leise. Umgekehrt können Sie durch eine optimistische Körperhaltung Ihre Stimmung verbessern. Genauso wie unser Körper sind auch unser vorherrschendes Denken und die uns leitenden Gedanken ein Indikator unserer Stimmung. Welche Gedanken dominieren Sie während des Tages: Warum muss das immer mir passieren? Oder fragen Sie sich auch bei weniger tollen Ereignissen: Welche Konsequenzen und Chancen ergeben sich daraus für mich, was kann ich daraus lernen? Dazu gehört auch unsere Wahrnehmung, die auf konstruktive Eindrücke und Ereignisse konzentriert und nicht auf Negatives gerichtet werden sollte.

Visualisierungstraining: Bilder sind die Sprache des Unterbewusstseins
Ein harmonisches Zusammenspiel von sprachlichem und bildhaftem Denken produziert menschliche Höchstleistungen. Spitzenleister können sich die Zukunft genauso klar vorstellen wie andere ihre Vergangenheit reproduzieren. Eine solche Mentaldisziplin beherrschen oft erfolgreiche Sportler, die ihren sportlichen Erfolg "voraussehen" und in Gedanken mehrmals durcherleben können. Beschäftigung mit mentalem Training ist daher kein Zeitvertrieb, sondern kann Sie auf Ihrem Weg zu dauerhafter Selbstmotivation und persönlichem Erfolg sehr weit nach vorne bringen.

Auf einen Blick: Strategien der Eigenmotivation

Motivation ist sowohl eine Aufgabe des Unternehmens wie auch des Mitarbeiters – also von Ihnen. Mit diesen einfachen und prägnanten Mitteln des Selbstmanagements möchten wir Ihnen nachfolgend eine konkrete Anleitung und Hilfe in die Hand geben.

Regel 1: Formuliere deine persönlichen und beruflichen Ziele

Dadurch verschaffst du dir einen Überblick über deine Wünsche und fokussierst Deine Kräfte und Energien. Ziele sind ein sinngebender und richtungsweisender "Lebenskompass". Du erlebst die Freiheit, deinen Handlungsrahmen selbst zu wählen. Du wirst dir bewusst, dass es in vielen Situationen Alternativen gibt und neue Entscheidungen getroffen werden können. Formuliere deine Ziele in folgenden Kategorien: *positiv, konkret, schriftlich* und *erreichbar.*

Regel 2: Vermeide Demotivation

Höre nicht auf die Stimmen und negativen Einstellungen anderer und deiner eigenen inneren Stimmen. Demotivierende Faktoren sind zum Beispiel Versagensangst, Unsicherheit oder Unbekanntes. Oft trifft dies nicht zu oder es betrifft gar nicht dich, sondern Neid, Missgunst und Frustrationen anderer.

Regel 3: Lerne deine Stärken kennen und nutzen

Jeder weiss aus eigener Erfahrung: Dinge, die man gerne tut, gelingen besser. Es ist also wichtig für dich zu wissen, was du besonders gerne machst. Womit verbringst du freiwillig freie Zeit? Das ist meist ein guter Indikator, um Vorlieben festzustellen. Willst du deine Stärken richtig einsetzen, musst du auch lernen, Aufgaben und Fähigkeiten möglichst gut miteinander zu verbinden. Wichtige Faktoren dabei sind: gute Erfolgsaussichten, eigene Einflussnahme, realistische Selbsteinschätzung und erlebbare Konsequenzen.

Regel 4: Suche die Herausforderung!

Probleme aber auch Misserfolge können fordern. Ohne besondere Anforderungen kannst du aber niemandem beweisen, dass Aussergewöhnliches in dir steckt. Suche dir also bewusst Herausforderungen (beruflich, persönlich, privat, in der Ausbildung), die dich an deine Grenzen führen. So begibst du dich in einen Bereich, in dem Entwicklung möglich ist. Das motiviert.

Noch kürzer und prägnanter: Motivation in fünf Minuten:

Siehe dir an, was du schon geleistet hast!
Baue deine Stärken aus!
Nimm dir kleine Dinge vor und setze die sofort um!
Stecke dir Ziele und behalte diese fest im Auge!

Mit den besten Wünschen zur Selbstmotivation:

Ihre Personalabteilung

Check it **Selbst-Check:** **Wie steht es um Ihre Eigenmotivation**	trifft völlig zu	trifft teilweise zu	fehlt, handeln
Ich kenne meine Leitmotive und Glaubenssätze			
Ich habe sowohl berufliche als auch private Ziele			
Ich verfüge über eine positive und konstruktive Grundhaltung gegenüber Menschen und Arbeit			
Zu meiner beruflichen Laufbahn und Zukunft habe ich klare oder mindestens grobe Vorstellungen			
Ich stelle mich gerne Herausforderungen			
Rückschläge betrachte ich nicht als Versagen, sondern als Zeichen, es nochmals anders, besser zu versuchen			
Meine beruflichen, persönlichen und familiären Ziele und Lebenshaltungen stimmen grösstenteils überein			
Vor Veränderungen habe ich keine Angst			
Ich verstehe, dass Motivation von innen *und* von aussen kommen muss			
Ich lasse mich von anderen nicht negativ beeinflussen			
Ich kann mir Ziele bildhaft, anspornend, konkret und erstrebenswert vorstellen			
Ich verstehe, dass status- und geldbasierende Anreize keine wirklich echte oder alleinige Motivation sind			
Ich weiss, dass das, wofür mein Herz schlägt und ich mich begeistere, das Motivierendste ist			
Ich kenne meine Stärken, Fähigkeiten und Talente und kann sie bei meiner Arbeit einsetzen			
Ich kann mir ab und zu "auf die Schultern klopfen", innehalten und mich belohnen			
Ich weiss, was mich stört oder demotiviert und ändere dann meine Einstellung oder beseitige den Störfaktor			
In der Arbeit bringe ich auch meine Persönlichkeit ein			

Das Selbstvertrauen als wichtige Voraussetzung

Spricht man von Selbstmotivation und Motivierbarkeit von Mitarbeitern, muss man sich der Grundvoraussetzung des Selbstvertrauens und Selbstwertes von Mitarbeitern bewusst sein. Wiederum ist dies schon bei der Personalgewinnung ein wichtiges Beurteilungskriterium. Zudem wird das Selbstvertrauen schon im Elternhaus und später in der Schule gebildet und geformt.

Dennoch können Unternehmen und Führungskräfte entscheidende Beiträge leisten, um das Selbstvertrauen ihrer Mitarbeiter zu fördern und zu stärken. Letztlich ist es das Selbstvertrauen, welches Spitzenleistungen, Risiko- und Experimentierfreude und Mut zur Kritik – um nur einige wenige Beispiele zu nennen – ermöglicht. Selbstvertrauen findet an mehreren Orten des Unternehmens statt:

Wichtiger Merkpunkt für die Praxis

Es sind oft gerade die sensiblen und selbstkritischen Mitarbeiter, die zu hoher Identifikation bereit sind. Gelingt es, deren Selbstvertrauen zu fördern und zu stärken, sind es daher diese Mitarbeiter, die absolute Spitzenleistungen erbringen und mit hoher Motivation ungeahnte Potentiale entwickeln können.

Die Person des Mitarbeitenden

Selbstvertrauen ist wie schon erwähnt tief in der Persönlichkeit verankert. Veränderungsbereitschaft und Eigeninitiative ermöglichen aber eine Eigenstärkung des Selbstvertrauens. Partner in Beruf und Privatleben müssen hier mitarbeiten und das Unternehmen schon bei der Mitarbeitergewinnung dem Selbstvertrauen den notwendigen Stellenwert einräumen.

Führungskräfte und Führungspersönlichkeiten

Fähige Führungskräfte haben ein positives Menschenbild, fördern Mitarbeiter ganzheitlich und verstehen es, diese selbstvertrauens-fördernd für Ziele zu begeistern – und zwar für persönliche und berufliche. Anerkennung und Lob kommt grosse Bedeutung zu.

Unternehmenskultur

Eine auf Respekt und Menschenbejahung basierende Unternehmenskultur bietet hervorragende Rahmenbedingungen zur Förderung und Stärkung des Selbstvertrauens.

Menschen ins Zentrum stellende Unternehmenskulturen (nicht nur in Leitbildern sondern in der gelebten Praxis) ,

- sind streng bei der Selektion ihrer Führungskräfte
- legen Wert auf Kommunikation und Mitarbeitergespräche
- pflegen ritualähnliche und symbolhafte Events
- praktizieren Karrieremodelle und Laufbahnberatung
- machen Motivation zur permanenten "Chefsache"
- bieten konsequent Entfaltungs- und Freiräume
- haben eine grosse Fehlertoleranz und Risikobereitschaft
- beziehen Mitarbeiter konsequent in Gestaltungsprozess ein

Fallbeispiel: Stärkung des Selbstvertrauens

Ausgangslage

Norbert M. ist ein sehr sensibler Mitarbeiter mit einem schwachen Selbstwertgefühl. Dies erkennt auch sein Vorgesetzter und möchte ihm zu mehr Selbstvertrauen verhelfen. Er beobachtet Herr Norbert M. während ein bis zwei Wochen besonders genau.

Massnahmen zur Stärkung des Selbstvertrauens

Der Vorgesetzte gibt dem Mitarbeiter die folgenden sechs Wochen vermehrt vor allem Aufgaben, die er besonders gut löst und die klare Erfolgserlebnisse haben, nämlich technischen Support für wichtige Grosskunden. Der Vorgesetzte gibt ihm Feedback und zeigt Kundenkorrespondenz, wo seine Hilfe und Kompetenz gelobt werden. Kundenkorrespondenz-Beispiele kommen an das Anschlagbrett und in der Hauszeitung informiert ein Interview über Norbert K. und seine Supporterfahrungen. In Meetings ermutigt er den Mitarbeiter, indem er Meinungen von ihm lobt und als besonders kompetent qualifziert, was das Ansehen im Team verstärkt. Der Vorgesetzte führt mehrere Gespräche und gibt Norbert M. die Gelegenheit, in einer kleinen Projektgruppe sein exzellentes Wissen weiterzugeben.

Norbert M. gewinnt zusehends an Selbstvertrauen. Er ist stolz auf sein Talent, kann dies in der Gruppe zeigen und beweisen und erfährt vom Vorgesetzten immer wieder mit Fakten, wie wertvoll sein Wissen ist.

Die nachfolgende Übersicht zeigt die Systematik und diverse Ebenen, auf denen das Selbstvertrauen von Mitarbeitern gefördert und gestärkt werden kann.

Einflussmöglichkeiten zur Förderung des Selbstvertrauens

Nachfolgend zeigen die verschiedenen Ebenen konkrete Stossrichtungen und Möglichkeiten, fördernd und positiv auf das Selbstvertrauen von Mitabeitern einzuwirken.

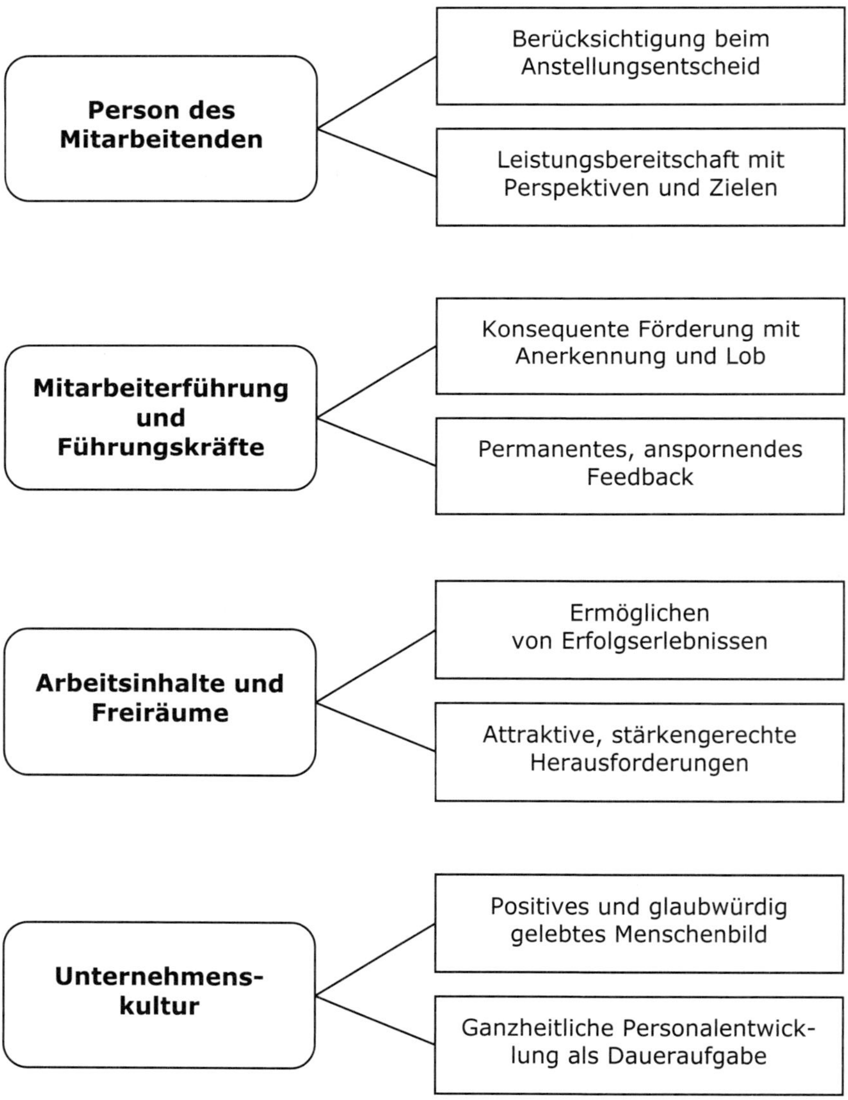

Motivierende Mitarbeiterführung

Die hier folgenden Anregungen sind auf der persönlichen Ebene für das Verhalten und die Kommunikation von Führungskräften gedacht. Denn auch hier sind es letztlich nicht Führungsmodelle und Motivationsphilosophien allein, die eine Umsetzung in die Tat bewirken, sondern praktikable Ideen und Anregungen, für Kommunikation und Verhalten im Führungsalltag.

Das motivierende Führungsverhalten

Praxisrelevante und motivierende Führungsgrundsätze haben eine wichtige Leitfunktion für Auswahl und Beurteilung von Führungskräften einerseits und sind andererseits ein zentrales Element einer mitarbeiterzentrierten Unternehmenskultur. Führungsgrundsätze und Führungsphilosophien füllen ganze Bücher und Bibliotheken und sind von vielen Faktoren abhängig. Wir stellen nachfolgend diejenigen vor, die unseres Erachtens die einflussreichsten und praxisrelevantesten sind und im Führungsalltag auch konkret umgesetzt und praktiziert werden können.

Die Kunst der Motivation beherrschende Führungskräfte sind in der Regel jene, die mit Vertrauen auf erfahrene Mitarbeiter setzen und Verantwortung abgeben können. Auch Fairness wird hochgehalten, etwa wenn sie bereit sind, weniger leistungsfähigen Mitarbeitern unter die Arme zu greifen. Die Aufgaben und Ziele des Unternehmens werden als Herausforderung betrachtet und auch persönliche Grenzen werden akzeptiert – bei ihren Mitarbeitern und bei sich selbst. Erfolgreich motivierende Vorgesetzte richten ihr unternehmerisches Handeln auch an ethischen Prinzipien aus; sie setzen sich dafür ein, dass ihr Unternehmen auch gesellschaftliche Verantwortung übernimmt und ethische Werte glaubwürdig vertritt.

Des weiteren zeichnen sich Führungskräfte, die motiviert sind und motivieren können, oft durch folgende Merkmale aus:

- Sie sind begeisterungsfähig und setzen weniger auf Zahlenziele
- Sie sind hervorragende Kommunikatoren, die Ziele und Visionen anspornend und klar rüberbringen können
- Sie lassen Raum für die Entwicklung der Mitarbeiter und sind keine Machtmenschen, die primär Autorität einsetzen.
- Sie lassen sich von neuen Ideen inspirieren und setzen weniger auf internen Wettbewerb und übermässige Kontrolle
- Sie fördern die Mitarbeiter-Qualifikation aus einem menschenzentrierten Interesse und Respekt heraus und sehen in Fehlern die Chancen und nicht primär das Versagen
- Sie sind mutig, stehen auch gegen oben hinter ihren Mitarbeitern, gehen neue Wege und nehmen auch Risiken auf sich
- Sie gestalten das Arbeitsumfeld ansprechend, lassen Individualität zu und respektieren unterschiedliche Wertvorstellungen.

Führung ist die Realisierung von Visionen und Zielen

Die anschaulichste Definition vom Wert der Visionen lieferte wohl Saint Exupéry *"Wer ein Schiff bauen will, sollte seinen Leuten nicht Hammer und Nägel geben, sondern in ihnen die Sehnsucht nach dem weiten, endlosen Meer wecken".* Das Vermitteln von Visionen, die über das Bankkonto hinausgehen und das Aufzeigen von Perspektiven, die mehr bedeuten als nur die nächste Stufe der Karriereleiter sind ganz entscheidend für das Verständnis der Motivation. Mitarbeitende, die Führungsaufgaben haben, ganz gleich auf welcher Ebene, sind im Idealfall Verfechter der Unternehmensvision mit einer überdurchschnittlichen Bereitschaft zu Engagement und Leistung. Sie verstehen es, Ziele und Visionen Wirklichkeit werden zu lassen.

Teamarbeit und Kooperation

Erfolgreiche Führungskräfte zeichnen sich oft dadurch aus, dass ihre Mitarbeiter in einem klar definierten Rahmen arbeiten und sie die Möglichkeiten und die Unterstützung erhalten, die sie zum Erfolg benötigen. Diese Führungskräfte stehen den Mitarbeitern mehr beratend als kontrollierend zur Seite. Sie erkennen Leistungen des Teams und des Einzelnen an und beseitigen Hindernisse, die hierbei im Wege stehen könnten.

Kommunikation als Schlüssel zum Motivationserfolg

Vorstellungen und Ziele müssen deutlich gemacht werden und überzeugend und differenziert kommuniziert werden. Über Fortschritte und Ergebnisse sowie über Erfolg und Misserfolg muss systematisch und transparent informiert werden. Mangel an Kommunikation ist ein Mangel an Führungsfähigkeit. Wirksame Kommunikation ist immer ein Schlüssel zum Erfolg.

Verantwortung und Zielerreichung

Jeder Mitarbeiter hat in einem modernen und mitarbeiterorientiert geführten Unternehmen Anspruch auf einen klar festgelegten Aufgabenbereich, innerhalb dessen er eigenverantwortlich entscheidet und handelt. Delegierte Aufgaben und Befugnisse müssen dabei aufeinander abgestimmt sein, um eigenverantwortliches Handeln zu ermöglichen. Weitergabe von Verantwortung macht Erfolgskontrolle durch die Vorgesetzten nötig, was sich in konstruktiver, sachlicher Kritik und motivierender und partnerschaftlicher Zielformulierung äussern muss.

Einsatz und Förderung der Mitarbeiter

Arbeitsplätze sind so zu besetzen, dass die ausgewählten Mitarbeiter für die jeweiligen Aufgaben fachlich und persönlich geeignet und optimal qualifiziert sind. Die Einarbeitung neuer Mitarbeiter muss sorgfältig erfolgen, und die Fähigkeiten jedes einzelnen sollen gezielt gefördert werden. Eine gute Integration aller Mitarbeiter ist dabei von grosser Bedeutung und eine Aufgabe, die Linienvorgesetzte und die Personalabteilung gemeinsam erfüllen müssen. Jeder Vorgesetzte hat – wiederum in Zusammenarbeit mit der Personalabteilung – durch interne oder externe Weiterbildungsmassnahmen für die fachliche und persönliche Entwicklung seiner Mitarbeiter zu sorgen, um diese systematisch an schwierige Aufgaben heranzuführen.

Wichtiger Merkpunkt für die Praxis

Eine das Selbstvertrauen bezüglich Leistung und Persönlichkeit stärkende Betreuung mit regelmässigem anerkennendem Feedback und anspornenden mit der Möglichkeit von Erfolgserlebnissen verbundenen Teilzielen ist für eine gute und nachhaltige Motivation von grösster Bedeutung.

Offenheit in der Beurteilung

Es sollte stets ein erklärtes Ziel des Unternehmens und seiner Führungskräfte sein, Mitarbeiter gezielt zu fördern. Fördern bedeutet, positive Anlagen, persönliche Präferenzen und individuelle Stärken von Mitarbeitenden zu erkennen und im Sinne des Unternehmens und in Übereinstimmung mit dessen Zielen und Erfordernissen zur Entfaltung zu bringen. Mitarbeitergespräche über Leistung und über konkrete Ziele in der weiteren beruflichen Entwicklung sollten daher mehrmals jährlich erfolgen. Das Gespräch soll zur Weiterbildung motivieren und kann gleichzeitig Grundlage für eine faire Entlohnung und Qualifikation sein.

Die Identifikation mit dem Unternehmen

Die mitarbeiterzentrierte Unternehmenskultur als gemeinsam geteilte und gelebte Werte und Einstellungen erzeugt ein wichtiges Zugehörigkeitsgefühl der Mitarbeiter zum Unternehmen, seiner Mission und seinen Menschen. Die Identifikation mit dem Unternehmen und damit mit seiner Rolle in der Gesellschaft, seinem Ruf, seiner Leistungserbringung, dem Status der Branche und mehr ist nicht zu unterschätzen. Diese Identifikation wird sehr stark durch die Übereinstimmung der persönlichen Werte mit den Unternehmenswerten geprägt. Je grösser die Unterschiede sind, desto tiefer ist die Identifikation. So ist eine gute Identifikation zum Beispiel dann gegeben, wenn ein technologiebegeisterter Mitarbeiter Wert auf einen hohen Branchenstatus legt, sehr innovativ ist und permanente Veränderungen als Herausforderung betrachtet und zum Beispiel in der Mobilfunkbranche arbeitet.

Deshalb sollte diesem Aspekt bereits bei der Auswahl von Mitarbeitern im Hinblick auf die Werteübereinstimmung entsprechende Beachtung geschenkt werden

Zielvereinbarung und Mitarbeiterbeurteilung

Zielvereinbarungen und Zielvereinbarungsgespräche sind ein modernes und wichtiges Führungs- und Beurteilungsinstrument. Die Zielvereinbarung orientiert sich an quantitativ und qualitativ vereinbarten Zielen, während die merkmalsorientierte Vorgehensweise bestimmte Leistungs- und Verhaltenskriterien heranzieht.

Die Zielvereinbarung bezieht Mitarbeitende aktiv in das Unternehmensgeschehen ein und beteiligt sie direkt am Zielfindungsprozess. Der Mitarbeiter bekommt so Frei- und Gestaltungsräume, um die Ziele des Unternehmens mit umzusetzen, was eine starke Motivationswirkung und Identifikation mit dem Unternehmen zur Folge hat.

Führung ist die Kunst der Motivation

Wenn unzufriedene Mitarbeiter kündigen, wollen sie nicht unbedingt das Unternehmen verlassen, sondern in erster Linie ihren direkten Vorgesetzten, ist das Resultat einer vom Gallup-Institut durchgeführten Studie. Dies zeigt, wie gross der Einfluss der Führungsarbeit auf die Mitarbeitermotivation ist.

Mitarbeitende zu Leistung, Zielerreichung und Begeisterung für die Arbeit zu motivieren, ist eine der wichtigsten Führungsaufgaben. Mitarbeitende, die mit innerer Überzeugung, emotionalem Engagement, einer Portion Begeisterungsvermögen ihre Leistung erbringen, führen diese in besserer Qualität, mit mehr Kreativität, in höherem Tempo und mit weniger Kontrollbedarf aus.

Hauptvoraussetzung sind dabei ein positives und auf Respekt und Achtung basierendes Menschenbild sowie eine überdurchschnittliche Kommunikations- und Sozialkompetenz. Erfolgreiche Führungskräfte verstehen es besonders gut, Mitarbeitende unter Respektierung ihrer Persönlichkeit für ihre Leistung stets ehrlich und überzeugend zu loben und anzuerkennen. Es sind mehrere Führungsqualifikationen erforderlich, um Mitarbeiter verantwortungsvoll und motivierend zu führen: überzeugende Fachkompetenz, ausgereifte Sozialkompetenz und Vorbildwirkung gepaart mit Überzeugungskraft.

Den nachfolgenden Merkpunkt können Sie übrigens auch als Zusammenfassung dieses Kapitels betrachten – wenn Sie sich davon eine Aussage zum Thema Führung und Motivation merken sollten, ist es wohl diese, welche die wesentlichen Aspekte auf einen Nenner bringt:

Wichtiger Merkpunkt für die Praxis

Eine zur Motivation wirklich fähige Führungskraft greift nicht zur "Motivations-Trickkiste" mit Anreizen, Stimuli, Boni und dergleichen. Sie forscht nach den Grundwerten des Mitarbeiters, ist an seinen Stärken und Talenten interessiert und respektiert dessen Persönlichkeit und besondere Fähigkeiten. Darauf aufbauend gestaltet sie die Arbeit so, dass sich mit spannenden Herausforderungen, gemeinsam vereinbarten Zielen und sich an Stärken orientierenden Aufgaben Mitarbeiter in ihrer ganzen Persönlichkeit weiterentwickeln können – in ihrem eigenen Interesse, dem der Führungskraft und demjenigen des Unternehmens.

Eruieren von Motivationsproblemen

Sind Motivationsprobleme vorhanden, entstehen Spannungen und Konflikte, so ist es wichtig, diese schnell und offen anzugehen. Dabei ist zu beachten, dass nicht nur Aktivitäten und Massnahmen, sondern auch die Suche nach möglichen Demotivatoren notwendig ist. Ferner kann es sich um problematische Mitglieder eines Teams, Fehler der Teamleitung oder sachbezogene Störungen handeln, wie fehlendes Verständnis für den Sinn eines Zieles oder das Fehlen von Erfolgserlebnissen.

Die nachfolgende Übersicht hilft, Alarmsignale von Demotivationen und Unzufriedenheit zu erkennen und die dann folgende mögliche Gründe für Motivationsprobleme in Teams aufzuspüren.

Check it **Alarmsignale von Demotivation und/oder innerer Kündigung**	keine Zeichen	teilweise vorhanden	oft zu beobachten
Dienst nach Vorschrift und Pflichtenheft			
Ein Minimum an Überstunden oder gar keine			
Abgrenzung gegenüber Team und Arbeitskollegen			
Plötzliche Passivität und Interesselosigkeit			
Schlagartige Produktivitätssenkung			
Keine Vorschläge und Kritik mehr			
Abschätzige und ironische Äusserungen			
Nachlassende Kommunikation			
Nachlassende Hilfsbereitschaft			
Fernbleiben von betrieblichen Anlässen			
Anstieg von Absenzen			
Häufigeres Zuspätkommen			
Generell negative(re) Verhaltensweisen			
Keine Teilnahme mehr an Meetings			
Ausdehnung der Mittagspausen			
Zunehmend negative Äusserungen über Arbeitgeber			
Passivität gegenüber Kunden- und Lieferantenanliegen			
Positive Persönlichkeitsmerkmale treten in den Hintergrund			
Verkrampftes und freudloses Verhalten bei Arbeit und Team			

Check it **Katalog möglicher Motivationsprobleme in Teams**	prüfen, ist möglich	nicht auszuschliessen	unwahrscheinlich
Das gesamte Team offen auf das Problem ansprechen			
Persönliches Gespräch mit einzelnem "Problem"-Teammitglied			
Vertraute Person als neutralen Beobachter hinzuziehen			
Prüfen, ob Informations- oder Kommunikationsprobleme			
Ist das Problem eher in der Sache oder in Personen zu sehen			
Überprüfung Einstellungen/Charaktere von Teammitgliedern			
Bestehen Probleme der Zusammenarbeit			
Wird das Team zu stark von einer Person dominiert?			
Ist das Ziel unklar - glaubt man nicht an dessen Erreichung			
Können sich gewisse Personen nicht genug einbringen			
Es herrscht Konkurrenzdenken und Missgunst vor			
Entscheidungen werden nicht gemeinsam getroffen			
Es bestehen Probleme/Konflikte ausserhalb des Teams			
Es hat sich ein Zweiklassen-Team mit Privilegien gebildet			
Es herrscht zu wenig Offenheit und Kritikmöglichkeit			
Es fehlt an Anerkennung und Feedback zum Fortschritt			
Es mangelt an Spass und dem Wir-Gefühl im Team			
Es mangelt an Disziplin und Ernsthaftigkeit			
Das Team wird belächelt und hat Statusprobleme			
Destruktive und negative Personen wirken als Miesmacher			

Voraussetzungen für motivierende Führung

Ausgerechnet die wertvollsten Persönlichkeitseigenschaften, worauf ein leistungsfähiges Unternehmen zum Erhalt und Ausbau seiner Kernkompetenzen am meisten angewiesen ist, nämlich Initiative, Motivation und eine gesunde Portion Selbstvertrauen, wird von vielen Führungspersönlichkeiten, Führungsstilen und Unternehmenskulturen missachtet oder gar unterdrückt.

Die wichtigste Voraussetzung, die eine Führungspersönlichkeit mitbringen muss, damit sie eine Motivationsleistung erbringen und die Vorbildfunktion wahrnehmen kann, ist emotionale Kompetenz. Den Goodwill von Mitarbeitern kann man nur erreichen, wenn man als Führungskraft selber emotional gefestigt ist. Nur wenn ein Vorgesetzter in seinen Mitarbeitern fähige, leistungswillige Menschen sieht - also über ein auf Respekt basierendes Menschenbild verfügt - und dementsprechend behandelt, kann er diese ebenso achten und fördern. Ein emotional unausgeglichener und zu menschenbejahender Kommunikation unfähiger Vorgesetzter stösst dagegen seine Mitarbeiter ab und büsst an jeglicher Vorbildfunktion ein. Erfolgreich zu sein, setzt aber den vollen Einsatz aller Kräfte voraus, d. h. Erfolg kann eine Führungskraft nur haben, wenn sie positive Emotionen vorlebt und einsetzt. Auch die emotionale Kompetenz kann geschult werden.

Emotionales Wachstum erreicht man einerseits durch den Abbau von emotionalen Unzulänglichkeiten, wie z.B. Ungeduld, Misstrauen oder Überheblichkeit. Und auf der anderen Seite müssen positive emotionale Eigenschaften ausgebaut und gepflegt werden. Eine mit Intelligenz gepaarte motivierende Emotionalität verfügt über Eigenschaften wie

- Selbstreflexion
- Loyalität und Vertrauen
- Toleranz und Ehrlichkeit
- Einsichtsfähigkeit
- Selbstbeherrschung / Selbstkontrolle
- Einfühlungsvermögen
- Konflikt- und Veränderungsbereitschaft
- Kommunikationsfähigkeit

Daniel Golemann, Autor des vielbeachteten Buches "Emotionale Intelligenz", macht klare Aussagen: *"Nicht nur unsere Rationalität, der sprichwörtlich "kühle Kopf", bürgt für beruflichen wie privaten Erfolg, mindestens ebenso wichtig sind die emotionalen Fähigkeiten. Ohne ein intaktes Gefühlsleben taugt der beste Intellekt nichts, denn beide Systeme, das emotionale und das rationale, stehen in beständiger, hoch-*

komplexer Wechselwirkung, deren Erforschung neue spannende Perspektiven für uns alle bietet".

Wichtige Aspekte im Bereich der Sozialkompetenzen

Sozialkompetenz ist eine zentrale Qualifikation und Voraussetzung für Führungskräfte, die befähigt sind, Mitarbeiter zu motivieren. Eine sozial kompetente Führungskraft zeichnet sich gerade dadurch aus, dass sie fähig ist, Beziehungen zu Mitarbeitern aufzubauen, sie wertzuschätzen und ihr Potential zu fördern. In Bezug auf die Motivation sind die wichtigsten Kriterien von Sozialkompetenz die folgenden:

Eine *ausgeglichene Persönlichkeit*
im Umgang mit anderen Menschen. Das heisst, dass eine Führungskraft ihre persönlichen Stärken und Schwächen kennen, sie akzeptieren und Stärken auch bewusst einsetzen sollte.

Glaubwürdigkeit
ist wichtig, damit das Verhalten als Vorgesetzter vom Mitarbeiter auch richtig eingeschätzt wird, damit es nicht zu zwischenmenschlichen Missverständnissen kommt und damit durch Verlässlichkeit eine Vertrauensbasis geschaffen werden kann.

Auch das *Vorbildverhalten*
einer Führungskraft ist wesentlich, da es authentisch wirkt und Mitarbeiter Führungskräfte unbewusst oft nach dem konkreten Verhalten beurteilen.

Verantwortungsbewusstsein
heisst in machen Situationen auch, sich immer klar darüber zu sein, dass eine Führungskraft persönlich für das Wohl des Unternehmens aber auch des einzelnen Mitarbeiters einstehen muss.

Menschenkenntnis, Sensibilität, soziale Kompetenz
sind mehr als nur Schlagworte. Wer Menschen führt, muss sich mit ihrer Persönlichkeit beschäftigen. Eine moderne Führungskraft ist und kann kein Therapeut sein - aber ein Coach, der mit einer respektierenden Grundhaltung gegenüber Menschen die Ziele von Unternehmen und Mitarbeitern zu vereinbaren weiss.

Mehr im Web

Selbttests, Definitionen und Artikel zu Motivation und Mitarbeiterführung: www.erfolgs-werkstatt.de/

Wichtiger Merkpunkt für die Praxis

Wenn Sie mit möglichst wenigen Massnahmen in kurzer Zeit möglichst viel bewirken möchten, konzentrieren Sie sich 1. auf das konkrete Aussprechen von *Feedback und Anerkennung*, 2. sinngebende und herausfordernde *Tätigkeiten und Ziele* und 3. auf eine *Stärken und Talente* des MA berücksichtigende Arbeit.

Coaching als Motivationsinstrument par excellence

Grundhaltung im Coaching

Für ein erfolgreiches Coaching ist die Grundhaltung einer Führungskraft von grosser Bedeutung. Dies gilt für nahezu alle in diesem Buch zur Sprache kommenden Massnahmen und Motivationsfaktoren. Sie muss sich ihres ethischen Verständnisses bewusst sein, da dies massgeblich die Qualität der Gespräche bestimmt.

Jeder Mensch hat aufgrund individueller Fähigkeiten seine ganz besondere Aufgabe. Ein Coach muss wissen, dass jeder Mensch mit konstruktiven Anlagen zur Welt kommt, die ihn befähigen zu wachsen und sich als Person zu verwirklichen. In der Art und dem Wesen des Menschen findet sich seine Aufgabe und damit sein Potential, seine Chancen.

In der Praxis bedeutet das: Der Coach weiss um die Entwicklungsmöglichkeiten jedes Menschen und respektiert diesen in seiner Eigenart. Dieses positive Menschenbild und ein ausgeprägtes Einfühlungsvermögen mit starken Motivationsfähigkeiten sind für einen Coach zentral und letztlich stärker zu gewichten als Ausbildungsaktivitäten.

Ein nach den Grundsätzen des Coachings führender Vorgesetzter darf keine Entscheidungen "abnehmen" oder ihm anvertraute Personen aus der Verantwortung für ihr Handeln entlassen. Es gibt Menschen, die sich einen Coach als eine Art Guru oder gar Therapeuten suchen. Dieser soll ihnen dann sagen, was richtig oder falsch, gut oder schlecht sei und wie sie sich verhalten sollen. Genau diese Erwartung ist aber verfehlt und ist nicht die Aufgabe eines Coaches.

Was zeichnet Coaching aus?

Coaching wird oft einfach und treffend als ein Prozess bezeichnet, bei dem die Führungskraft Mitarbeitenden hilft, zu lernen, wie diese Aufgaben und Probleme selber lösen können.

Es gibt einige griffige Merkmale des Coachings, die diese populäre Methode sehr exakt charakterisieren und definieren. Coaching

- zielt auf dauerhafte Verbesserung der Arbeitsresultate ab,
- ist "Fordern und Fördern" und nicht "Liebsein und Verwöhnen",
- ist Hilfe bei der Umsetzung einer Problemlösung, also im Kern Hilfe zur Selbsthilfe,
- will einen Prozess des Noch-Besser-Werden-Wollens auslösen.

Grundlage ist eine partnerschaftliche Beziehung zwischen Vorgesetztem und Mitarbeitendem.

Mehr im Web

Online-Tests, News, Checklisten und mehr zu Coaching und Führung: www.resource-people.de

Die Wir- und Teamhaltung

Eine zu sehr ich-bezogene Haltung büsst stark an Motivationswirkung ein. Sie schliesst Mitarbeiter am Erfolg aus, degradiert sie zu Statisten und lässt sie am Erfolg somit nicht teilhaben, was für eine Führungskraft nahezu eine Todsünde ist. Das Besondere ist dabei nicht nur, dass jeder Einzelne den Erfolg mitgeniessen kann und darf, sondern dass der Teamzusammenhalt bewusst gestärkt und gelebt wird, was sich wiederum auf das Teamklima und das Leistungsniveau positiv auswirkt. Daher ist die Wir-Haltung, die die Führungskraft und das Team als Ganzes miteinbezieht, von entscheidender Bedeutung. Diese Wir-Haltung sollte dabei konsequent und überall kommuniziert werden, vom Bericht an die Geschäftsleitung, über einen Projektabschluss über Statements auf Meetings und bei Referaten bis zu Anerkennungen im Team in besonders ausgeprägtem Ausmasse.

Kritisches Hinterfragen zu Mitarbeiterbeziehungen

Bei gewissen Mitarbeitern kann bei gestörten Beziehungen ein Rückzugsverhalten einsetzen, wenn der Glaube an Fähigkeiten und Kompetenz fehlt. Dies verunmöglicht den Aufbau einer motivierenden Beziehung und Zusammenarbeit. Einige Prüffragen können hier vorbeugen helfen:

- Welche Mitarbeiter fallen mir spontan als kompetent ein?
- Zu welchen MA kann ich etwas zum Kompetenzprofil aussagen?
- Bei welchen zögere ich, welche fallen mir aufs erste nicht ein?
- Wem übertrage ich regelmässig zusätzliche/ neue Aufgaben?
- Bei wem tue ich dies nur manchmal, selten oder nie?
- Mit wem bin ich über die Weiterentwicklung seiner Kompetenzen im Gespräch, mit wem nicht?
- Gehe ich auf Querdenker zu oder weiche ich ihnen aus?

Das positive Menschenbild als wichtigste Grundlage

In diesem Buch sprechen wir an mehreren Stellen von der Glaubwürdigkeit der Kommunikation und getroffener Motivationsmassnahmen. Diese Grundhaltung ist von vielleicht grösster Bedeutung überhaupt, da nur sie diese Glaubwürdigkeit ermöglicht. Nur wer erkennt und sich auch so verhält, dass Menschen im Allgemeinen immer über besondere Fähigkeiten verfügen, ihre Persönlichkeit grundsätzlich entfalten und weiterentwickeln möchten und daran interessiert sind, für den Unternehmenserfolg ihren Beitrag zu leisten, ist auf Dauer eine wirklich motivierende Führungskraft.

Toleranz anderen Motivationsprofilen gegenüber

Besonders negative und Beziehungen vergiftende Auswirkungen hat gemäss Motivationsforscher Steven Reiss das fehlende Verständnis von Führungskräften für unterschiedliche Motivationsprofile anderer Mitarbeiter. Diese von ihm als "Self-hugging" bezeichnete Haltung beruht auf der automatischen Vorannahme, dass man seine Werte oft als die vernünftigsten betrachtet und diese daher auch für andere gelten. Konkret heisst dies, dass leistungsbewusste Führungskräfte verstehen müssen, dass diese Motive bei anderen Mitarbeitern nicht dermassen stark oder nur in schwacher Ausprägung vorhanden sind.

Förderung der persönlichen Beziehung

Mitarbeitende nur als Produktivkräfte zu sehen und zu behandeln, erzeugt Kälte und verhindert emotionales Engagement. Eine warme, und von Humor, Achtung und Wertschätzung geprägte Beziehung auf Vertrauensbasis als stärkstes Bindeglied trägt wesentlich zur Motivation bei.

Konsequente Persönlichkeitsförderung

Der Philosoph Karl Jaspers vertrat wohl völlig zu Recht die Meinung, dass Menschen das sind, was sie sind durch eine Sache oder Aufgabe, die sie ganz zu ihrer eigenen machen können. Ein zentraler Faktor ist nebst der konsequenten Anerkennung die Persönlichkeitsförderung. Ein Vorgesetzter, der seine Mitarbeiter fördert,

- zeigt Vertrauen in deren Fähigkeiten, fördert das Selbstvertrauen
- beweist das Interesse an einer langfristigen Zusammenarbeit
- zeigt, dass der Mitarbeiter nicht nur für das Unternehmen oder seinen Vorgesetzten, sondern ebenso für sich und seine persönliche Weiterentwicklung arbeitet.

Dabei ist wiederum auf individuelle Gegebenheiten zu achten wie Talente, Stärken, Wertvorstellungen und Lebensziele des Mitarbeitenden. Die nachfolgende Übersicht zeigt konkrete Möglichkeiten der Mitarbeiterförderung auf.

Check it **Möglichkeiten der Persönlichkeitsförderung**	mache ich schon	einführen, ist gut	weniger geeignet
Projektteilnahme ermöglichen, die MA-Stärken erfordern			
Rollen in Teams, die besonders zur Persönlichkeit passen			
Konsequente Mitsprache bei Weiterbildungsmassnahmen			
Ziele so gestalten, dass sie Erfolgserlebnisse ermöglichen			
Oft und interessiert um Meinung und Kritik bitten			
Aufgaben geben, die intensiven Lernprozess ermöglichen			
Klare und messbare Teilverantwortungen übergeben			
Aufgaben zu individuellen Wertvorstellungen passend geben			
Ziele und Aufgaben, die kongruent sind mit privaten Dingen			
Bei Mitarbeiterbeurteilung Fähigkeiten und Talente schildern			
Konsequenzen aus guter Idee einen Monat später aufzeigen			
Besonders auf Kongruenz von Talenten und Aufgaben achten			
Art der Kommunikation nach Präferenzen wählen			
Anerkennung, dort aussprechen wo Stolz und Talent stark sind			
Feedbacks von Kunden mit Würdigung weiterleiten			
Verantwortung übergeben, die individuelle Stärken fördert			
Bei Aufgaben und Zielen auch Persönlichkeits-Nutzen nennen			
Art der Herausforderungen und Aufgabenfelder variieren			
Aufgaben mit viel Gestaltungsmöglichkeit und Einflussnahme			
Individuelle Laufbahnberatung mit langfristigen Perspektiven			

Demotivatoren: Sind die Motivationshemmnisse bekannt?

In Unternehmen wird oft danach gefragt, wie die Mitarbeiter besser motiviert werden können, was im Aussendienst zu einem Motivationsschub führe und welche Anlässe und Einrichtungen die Motivation insgesamt stärken könnten. Zu oft wird dabei ausser Acht gelassen, dass es bei der Führungsarbeit oft auch um das Beheben von Faktoren geht, die demotivieren, also die Demotivation. Die perfektesten und ausgeklügeltsten Zielvereinbarungssysteme sind wert- und wirkungslos, wenn sie von arroganten und zynischen Führungskräften realisiert werden. Typische Demotivatoren von Führungskräften können sein:

- Fehlende oder mangelnde Glaubwürdigkeit
- Manipulative, mangelhafte oder fehlende Information
- Persönliche Grundwerte egoistisch zur Maxime erheben
- Übertriebene Perfektion von allen erwarten und fordern
- Betonen und Zurschaustellung hierarchischer Privilegien

Dies sind nur einige Beispiele möglicher Demotivatoren. Die Art von Demotivatoren und ihre Wirkung sind von Persönlichkeiten, Sozialkompetenzen des Kaders, Unternehmenskulturen, Menschenbildern von Vorgesetzten und vielem mehr abhängig.

Die Fähigkeit zur Selbstkritik

Eine fähige Führungskraft mit überdurchschnittlichen Sozialkompetenzen ist in besonderer Weise zur Selbstkritik fähig. Sie hinterfragt ihr Verhalten permanent, reflektiert ihre Art und Weise der Kommunikation, die Motivationsauswirkungen des täglichen Verhaltens und die Bereitschaft, Fehler zu korrigieren oder sich für Fehlverhalten mit Courage zu entschuldigen.

Wichtiger Merkpunkt für die Praxis

Führungskräfte mit schwachen oder ungenügenden Sozialkompetenzen können nur deshalb sämtliche weiteren Motivationsbemühungen zunichte machen und gar einer ganzen noch so menschenbejahenden Unternehmenskultur irreparablen Schaden zufügen.

Konkrete Fragen und Reflektionen zur Überprüfung des Führungsverhaltens im Führungsalltag zeigt die nachfolgende Übersicht.

Check it **Selbstkritische Fragen zur Überprüfung motivierender Führungsarbeit im Alltag**	mache ich schon	häufiger machen	mache ich gar nicht
War mein Lob gestern wirklich anspornend und konkret?			
Habe ich mich bei dieser Kritik fair verhalten?			
Kenne ich die Stärken meiner Mitarbeiter, gehe ich darauf ein?			
Hätte ich diesen Fehler nicht konstruktiver kritisieren können?			
Wann habe ich das letzte Mal ein Talent wertgeschätzt?			
Weiss mein Team, was ich von ihm halte und wie ich es schätze?			
Gebe ich meinen Mitarbeitern den notwendigen Freiraum?			
Wissen sie und zeige ich ihnen, dass ich Vertrauen habe?			
Weiss ich von meinen MA wie man mich als Chef sieht?			
Kenne ich die individuellen Grundwerte meiner Mitarbeiter?			
Behandle ich alle Mitarbeiter des Teams gleich fair?			
Stehe ich für Fehler meiner Mitarbeiter immer und überall ein?			
Beziehe ich Talente und Stärken so oft wie möglich ein?			
Gebe und frage ich oft genug nach Feedback?			
Wie angstfrei und ungehemmt können meine MA Kritik üben?			
Fördere ich das Selbstvertrauen oft und klar genug?			
Pflege ich das Wir-Gefühl des Teams konsequent genug?			
Wann habe ich das letzte Mal im Team einen Erfolg gefeiert?			
Wann fragte ich das letzte Mal nach Gesundheit und Privatem?			
Wann hatte ich das letzte Mal eine offene Teamaussprache?			

Die 10 Regeln glaubwürdiger und wirksamer Anerkennung

Fähige und glaubwürdige Führungskräfte mit einem positiven und respektbasierenden Menschenbild verstehen es besonders gut, ehrliche, motivierende und respektierende Anerkennung auszusprechen.

Doch ein "Schulterklopfen" zwischen Tür und Angel mit einem saloppen "Das haben Sie wieder mal gut gemacht" wird nicht unbedingt eine berauschende Wirkung zeigen. Es gilt, einige Regeln und Verhaltensarten zu berücksichtigen:

1. Anerkennungsgespräche immer persönlich führen
Delegieren Sie es nie an einen Mitarbeiter, nach dem Motto: "Sagen Sie dann Frau Meierhans, dass sie heute wirklich gute Arbeit geleistet hat." Echtes Lob muss persönlich erfolgen.

2. Sich Zeit nehmen und einen Ort wählen
Sprechen Sie Ihr Lob nicht zwischen Tür und Angel aus, sondern vereinbaren Sie einen Termin in Ihrem Büro oder gar in einem Café ausserhalb des Betriebes. Das hat zwei Vorteile: Sie messen dem Lob damit eine hohe Bedeutung bei und andere Mitarbeiter können nicht mithören: Neid und Missgunst schliesst man so aus.

3. Adäquat und angemessen loben
Nur alle Schaltjahre einmal zu loben, wenn ein Mitarbeiter eine absolut herausragende Top-Leistung gezeigt hat, wäre genauso falsch, wie ihm bei jeder Kleinigkeit auf die Schulter zu klopfen. Loben Sie, wenn ein Mitarbeiter mehr als die Leistung gezeigt hat, die von ihm erwartet wird und eine besonders wertvolle, förderwürdige Fähigkeit bewiesen hat.

4. Spezifische und persönlichkeitsbezogene Anerkennung
Beziehen Sie Ihr Lob genau auf die Leistung, für die der Mitarbeiter es verdient hat und sprechen Sie konkrete Merkmale an wie Innovationsgabe, Termintreue, Überzeugungskraft oder Teamgeist. Bestätigen Sie ihn, indem Sie bestimmte Eigenschaften des Mitarbeiters für den Erfolg verantwortlich machen: hohe Qualitätsansprüche, Genauigkeit, Verantwortungsbewusstsein. Es ist legitim, dabei jene Qualifikationen besonders hervorzuheben, die für Ziele und Aufgaben auch künftig von Bedeutung sind und gefördert werden sollten.

5. Gesamtzusammenhang und betrieblicher Kontext
Machen Sie dem Mitarbeiter klar, dass seine Innovation auf die Ziele der Abteilung oder des Unternehmens einen wichtigen Einfluss haben, wie Kosteneinsparungen oder ein exzellenter Kundenservice die Marktführerschaft stärkt und auszubauen erlaubt. Damit erkennt der Mitarbeiter, dass und welchen Teilbeitrag er zum gesamten Unternehmens-

erfolg leistet. Diese Gewissheit und Erkenntnis stärken das Selbstwertgefühl und den Stolz auf die erbrachte Leistung zusätzlich.

6. Aufrichtige und ehrliche Anerkennung
Anerkennung wahllos und nach dem Giesskannenprinzip auszuschütten, ist kontraproduktiv. Mitarbeiter haben ein sehr feines Sensorium dafür, wie ehrlich und aufrichtig Lob gemeint ist. Je konkreter, spontaner, emotionaler und respektzollender Lob ausgesprochen wird, desto eher ist die Aufrichtigkeit zu erkennen.

7. Anerkennung nicht mit Kritik verbinden
Das Lob relativierende Kritik vernichtet die Wirkung des Lobes, da so die Zuckerbrot-Peitsche-Absicht sofort erkannt wird und viel eher die Kritik als das Lob als eigentlicher Anlass des Gespräches vermutet wird. Also Negatives und Einschränkendes beiseite lassen und ohne "Schon gut, aber..." Anerkennung aussprechen, die voll und nur als solche gemeint ist.

8. Anerkennung nicht in Gegenwart Dritter aussprechen
Anerkennung sollte nur unter vier Augen ausgesprochen werden. Schnell einmal können andere Mitarbeiter sich zurückgesetzt fühlen oder die beglückten Kolleginnen und Kollegen als Streber und Karrieristen abtun. Eine Gruppe oder ein Team darf als Ganzes gelobt werden, aber immer nur unter konsequentem Einbezug aller.

9. Nicht nur Spitzenleistungen und Stars loben
Sicher verdienen es Spitzenleistungen, herausragende Erfolge oder für das Unternehmen besonders wertvolle Leistungen, entsprechend anerkannt und gelobt zu werden. Doch auch Lösungsansätze, Teilerfolge und Detailfortschritte zu loben ist wichtig, da so das Selbstvertrauen gestärkt und signalisiert wird, dass man von einem erfolgreichen und guten Abschluss überzeugt ist.

10. Zielkonform und relevantbezogen loben
Anerkennung sollte sich im Grossen und Ganzen konsequenterweise auf vereinbarte Ziele für das Unternehmen und das Team relevante Leistungen konzentrieren, was die Ziel- und Relevanzfokussierung verstärkt.

Wichtiger Merkpunkt für die Praxis

Lob und Anerkennung organisiert und im Stile gewisser Ratgeber nach "*Agenda-Eintrag" einmal täglich zu loben,* beeinträchtigt die Glaubwürdigkeit und wird von Mitarbeitern schnell als unecht erkannt. Anerkennung muss daher aus einer respektbasierenden und aufrichtigen Grundhaltung heraus zuweilen eben auch absichtslos erfolgen.

Die Bedeutung der Wahlfreiheit

Freiheit und Selbstbestimmung gehören zu wichtigen Bedürfnissen und Erwartungen mündiger Menschen. Diktatorische, von oben einsam aufgezwungene Entscheide, die keine Optionen ermöglichen, stossen auf Widerstand und werden meistens völlig abgelehnt. Eine Führungskraft, die Wahlfreiheit zulässt und kommuniziert, vermittelt Freiheit, respektiert Bedürfnisse, praktiziert ein Mitspracherecht und beweist Vertrauen in das Urteilsvermögen des Mitarbeiters. Und: Wer selber wählt, steht nach seiner Wahl auch dahinter und geht ein Commitment ein. Solche Wahlfreiheiten können in der Unternehmenspraxis sein:

- Entscheid der Mitarbeit für das Projekt X oder das Projekt Y
- Kompetenz, Zielprioritäten selber festlegen zu können
- Befugnis, Massnahme A oder Masnahme B zu ergreifen
- Wahlfreiheit in Weiterbildungsmassnahme (Seminarthema)
- Termine für eine Präsentation selber bestimmen
- Projektmitglieder selber bestimmen können

Fallbeispiel: Anerkennung und Lob

Konkretes Lob und glaubwürdige Anerkennung

Herr Muster ist ein hervorragender Projektleiter - und dieses Feedback möchte sein Vorgesetzter nun einmal ganz klar und deutlich geben:

"Herr Muster, wir arbeiten nun über ein halbes Jahre zusammen. Ich habe Sie immer als qualifizierten und engagierten Mitarbeiter geschätzt, das gilt genauso für das vergangene Jahr. Die herausragendste Leistung ist Ihr Projekt XY, das Sie gestern professionell, schnell und mit grossem Engagement realisiert haben. Dabei haben Sie auch Führungsqualitäten bewiesen, da Sie alle Mitarbeiter für die Ziele begeistern konnten und in Kürze ein zupackendes "Winner-Team" zustandebrachten. Das ist eine Spitzenleistung, auf die Sie in jeder Beziehung stolz sein können! Sie können sicher sein, dass dies beim nächsten Fördergespräch höchst positive Konsequenzen haben wird.".

Check it **Lob und Anerkennung** Es gibt viele konkrete Möglichkeiten, Formen und Gelegenheiten, Lob und Anerkennung glaubwürdig und nachhaltig auszusprechen	mache ich schon	einführen, ist gut	weniger geeignet
Anerkennung ausserhalb Büroräume, z.B. in Café			
Ein spontanes E-Mail mit Dank für besonderen Einsatz			
Namens- und Leistungswürdigung in Memo oder Bericht			
Würdigung einer Sonderleistung in Mitarbeiterzeitschrift			
Mitarbeiter anrufen, in Büro einladen und Blumen übergeben			
Der Lohnabrechnung einen Anerkennungs-Brief beilegen			
Post-it mit lobender Anerkennung ab PC oder Konzept			
Einladung zu Abendessen mit Lebenspartner			
Anerkennungs-Brief an die ganze Familie mit Kinokarten			
Bei Mitarbeiterbeurteilung Fähigkeiten und Talente schildern			
Konsequenzen aus guter Idee einen Monat später aufzeigen			
In Protokollen oder Traktanden auf Leistungspunkt eingehen			
Buch mit persönlicher Widmung und einem Danke-schön-Lob			
Wert des Beitrages schildern und an Aushang-Brett danken			
Feedbacks von Kunden mit Würdigung weiterleiten			
Im Büro besuchen: "Wie froh ich bin, Sie bei mir zu haben"			
Am Geburtstag/Jubiläum: Lob und symbolisches Geschenk			
Top-Leistung seines Teams an mehreren Orten würdigen			
Bei Zielerreichung symbolische "Siegerehrung" mit Geschenk			
Dankeschön an Team am Anschlagbrett für Projektabschluss			

Die Macht der Begeisterung

Begeisterung steckt an, spricht die Gefühle an, bewirkt zuversichtliche und anpackende Stimmung und zeugt von äusserster Glaubwürdigkeit. Diese Fähigkeit ist ein wesentlicher Bestandteil der Sozialkompetenzen und zeichnet im Allgemeinen auch Pioniere und Unternehmensgründer aus: Tief verwurzelte Leistungsmotivation beruht nicht auf rationalen und materiellen Motiven, sondern kommt aus innerer Überzeugung und Begeisterung des Erschafften, Erreichten und Bewirkten. Augustinus, ein Gelehrter, meinte zu Recht: *"Du kannst in anderen nur entzünden, was in dir selber brennt".*

Wichtiger Merkpunkt für die Praxis

Begeisterungsfähigkeit ist die wohl ehrlichste und wirksamste Form glaubwürdigen Engagements und der Identifikation mit Zielen und Aufgaben. Sie wird von Mitarbeitern wohl oft als "emotionales Commitment" verstanden, für Ziele einzustehen. Zudem wird dabei automatisch auch das Teamklima und das Wir-Gefühl entscheidend gestärkt und gefördert.

Miteinbezug in Entscheidungen

Ein wesentlicher Motivationsfaktor ist das Vertrauen in die Fähigkeiten von Mitarbeitern, das Unternehmen mitzugestalten. Wesentlich ist dabei, Mitarbeiter in Entscheidungen einzubeziehen. Was gemeinsam entschieden wird, steigert nicht nur die Motivation, sondern auch die Qualität der Leistungserbringung, bei der Mitarbeiter eher hinter dem stehen, was sie mit eigenen Ideen und Initiativen mitbeeinflussen. Daneben entsteht auch ein ausgeprägtes Teamklima, weil gemeinsame Herausforderungen das Teamklima wesentlich stärken. Miteinbezug in Entscheidungen kann man erreichen durch:

- Ideen und Vorschläge zum zu entscheidenden Thema
- Übernahme von Teilverantwortungen
- Organisation der zu erledigenden Aufgaben
- Anpassung der Ziele
- Prioritätensetzungen
- Nutzung speziellen Fachwissens und besonderer Talente

Gekonnte Delegation und Aufgabenzuteilung

Eine entscheidende motivierende Wirkung kann die gezielte Übertragung einer Aufgabe erreichen:

- wenn das Prinzip der Eignung beachtet wird, die Aufgabe den Mitarbeiter also weder unter- noch überfordert,
- mit der Aufgabe an individuelle Bedürfnisse/ Interessen angeknüpft wird,
- mit der Delegation der Aufgabe auch die Verantwortung für die Aufgabe delegiert wird,
- der notwendige Unterstützungsbedarf bereits im Zusammenhang mit der Delegation der Aufgabe geklärt wird,
- sofern erforderlich, die Möglichkeit zu Feedback-Gesprächen zum Verlauf der Arbeit eingeräumt wird; evtl. gebunden an vereinbarte Zwischenschritte.

Talenterkennung und Talentförderung

Was man gut kann, tut man gerne und was man gerne tut, motiviert. So einfach - und bei diesem Beispiel deshalb nicht weniger zutreffend - kann Motivation auch betrachtet werden. Wo Mitarbeiter ihre Stärken und Talente entfalten und zeigen können, erbringen Sie überdurchschnittliche Leistungen, die anerkannt werden und Resultate sicht- und erlebbar machen. Es ist die Aufgabe von Führungskräften und Personalabteilungen, Talente zu erkennen und zu fördern und dann einen wesentlichen Beitrag zur Motivation von Mitarbeitern zu leisten, wenn auch Aufgaben und Tätigkeiten im Zentrum stehen, die die Talentnutzung gestatten.

Die Autoren Marcus Buckingham und Donald Clifton betonen in ihrem lesenswerten Buch "Entdecken Sie Ihre Stärken jetzt" die Bedeutung der Talentförderung. Sie vertreten die Meinung, dass der Hauptspielraum für das Wachstum jedes Menschen in seinen Stärken liegt. Somit sollte das Hauptaugenmerk auf die Förderung von Talenten und Schulung von Stärken gerichtet werden, so die Meinung der beiden Autoren. Gerade bei Stellenbesetzungen ist die Talenterkennung von herausragender Bedeutung.

Wichtiger Merkpunkt für die Praxis

Reinhard K. Sprenger, Autor mehrerer Bücher zum Thema Motivation, bringt die Bedeutung der Talenterkennung und -förderung wie folgt konzise auf den Punkt: *"Für das berufliche Lebensglück sind zwei Forderungen hilfreich. Die erste heisst: Lebe dein Talent. Und die zweite lautet: Gehe dahin, wo dein Talent auch gewollt ist".*

Talent-Leitmotive als Führungshilfe

Die Autoren Marcus Buckingham und Donald Clifton haben in ihrem oben genannten Buch auch Leitmotive herausgearbeitet, die bei der Mitarbeiterführung und Motivation eine grosse Hilfe darstellen, wenn es um optimale Stellenbesetzungen und die richtigen Aufgaben für die richtigen Mitarbeiter geht. Es sind dies

- *Der analytisch begabte Mitarbeiter,* der vor allem Aufgaben mit Zahlen und Fakten übernehmen sollte.
- *Der anpassungsfähige Mitarbeiter,* der bei kurzfristigen Aufgaben mit sofortigem Handlungsbedarf eingesetzt werden sollte.
- *Der "Arrangeuer"-Mitarbeiter,* der ein Maximum an Verantwortung unter Nutzung seines Wissens und Könnens bevorzugt.
- *Der Autorität besitzende Mitarbeiter,* der möglichst viel Handlungsspielraum benötigt, aber dessen Aktionsraum überwacht werden sollte.
- *Der behutsame und vorsichtige Mitarbeiter,* der in ein Team eingebunden werden und Aufgaben übernehmen sollte, die keine zu schnellen Entscheidungen und Handlungen erfordern.
- *Der disziplinierte und strukturierte Mitarbeiter,* der es liebt, in Teams und Organisationen Strukturen, Ordnung und Planung reinzubringen.
- *Der enthusiastische Mitarbeiter,* der am besten mit Aufgaben betraut wird, bei denen er seine Energie und seinen Elan am Arbeitsplatz und im Team ausleben und einbringen kann.

Fallbeispiel: Talentförderung – ernst genommen

Ausgangslage

Im Unternehmen der Solar AG stellt man immer deutlicher fest, dass Spitzenleistungen auf besonderen Talenten beruhen, sei es in der Innovation der Produktentwicklung oder in der Führung von Mitarbeitern. Doch man macht nichts dafür und überlässt dies alles dem Zufall. Dies soll sich nun ändern.

Massnahmen

In einem ersten Schritt wird im Rahmen eines Konzeptes ein Referent der Talentförderung eingeladen, um das Kader für das Thema zu sensibilisieren. Zudem besucht man eine Talentförderschule für hochbegabte Kinder. Die HR-Abteilung bekommt den Auftrag, bei der Personalgewinnung den Talentaspekt sofort konkret und systematisch – teilweise durch Tests unterstützt – zu gewichten.

An einer eintägigen Kader-Retraite wird über die talentiertesten Mitarbeiter gesprochen, d.h. wo diese bis heute welche Talente bewiesen haben und wie diese noch stärker genutzt werden können. Intensiv widmet man sich aber auch der Entdeckung von Talenten und macht dies zur Chefsache. Die Kernfrage lautet: Bei welchen Spitzenleistungen waren innerhalb des letzten Jahres welche Spitzentalente beteiligt? Dabei macht man bei 10 Mitarbeitern in acht Abteilungen erstaunliche Feststellungen. Mit diesen wird ein separates Förderprogramm entwickelt, bei welchem die Talentförderung im Zentrum steht. Dieses Förderprogramm wird von einem spezialisierten Coach begleitet. Auch bei der Personalentwicklung wird der Hebel angesetzt: Man kommt vom Giesskannenprinzip weg und fokussiert Mitarbeiter-Talente, die für die Kernkompetenzen des Unternehmens von besonderer Bedeutung sind. Jeder Abteilungsleiter hat einen Tag der offenen Tür, bei dem er über die für seine Abteilung wertvollsten Talente informiert und demonstriert, wie diese dem Unternehmen dienen. Beim Kadernachwuchs wird das Thema "Führungstalente in Kommunikation und Sozialkompetenzen" fokussiert und fliesst in spezielle Kadernachwuchs-Zirkel ein.

Talenterkennung und Talentförderung
Zudem wird Talenterkennung und Talentförderung unter der Regie des Human Resource Managements zum Jahres-Thema gewählt. Jedes Quartal referieren Wissenschaftler, Experten und Psychologen zum Thema. Interessierte Mitarbeiter können verschiedene Tests absolvieren. Ein Buch-, Zeitschriften- und Seminarprogramm zum Thema vertieft das Wissen für Interessierte. Bei einer "Talentschau nach aussen" werden junge Talente ausserhalb des Unternehmens in verschiedenen Bereichen besucht: Musik-, Sport- und Forschungstalente. Zu guter Letzt spendet das Unternehmen eine beträchtliche Summe an eine Talentschule für junge Musiker und informiert die Presse über das gesamte Programm und Massnahmenpaket. Ein Tag der offenen Tür für Aussenstehende rundet die Massnahmen ab und steht unter dem Motto "Für beste Leistungen die besten Talente".

Resultate
Talent wird plötzlich thematisiert, Führungskräfte sind sensiblisiert und beobachten wesentlich intensiver Talente, erforschen versteckte und fördern diese. Mitarbeiter entdecken mit Stolz neue Talente und Stärken und gar bei Bewerbungen melden sich plötzlich spezifisch talentierte und begabte Mitarbeiter und Experten.

Motivierendes Führungsverhalten

Motivierendes Führungsverhalten wird aber auch durch einen überdurchschnittlich kooperativen und partnerschaftlichen Führungsstil positiv beeinflusst und geprägt. Ein partnerschaftlicher Führungsstil vereint die *Vorbildwirkung* (Respektieren der Mitarbeiter, mit eigenem Verhalten und gutem Beispiel vorangehen), die *Coach-Rolle* (begleiten, beraten, betreuen, herausfordern), und die *Moderatorenfunktion* (verknüpfen, lenken, vermitteln, anregen) sozusagen in einer Person. Durch die Abgabe von Kompetenzen erreicht die Führungskraft auch eine Entlastung ihrer Person und fördert das Verantwortungsbewusstsein und das unternehmerische Denken der Mitarbeiter, was wiederum eine starke Motivationswirkung mit sich bringt.

Kritik üben, die motiviert und nicht verletzt

Kritik wird im Berufsalltag oft geübt, doch leider oft in Form beleidigender Attacken. Auf die Person des Mitarbeiters und deren Fähigkeiten abzielende Kritik ist eine der gefährlichsten Motivationskiller, da sie das Selbstvertrauen schwächt und seine Kompetenz in Frage stellt. Motivierende Kritik setzt einige wichtige Verhaltensweisen voraus:

Präzise und sachlich kritisieren

Pauschale Kritik wie "Sie haben bei dieser Sitzung versagt" bewirken nichts und lassen den Kritisierten mit Unsicherheiten und Fragezeichen zurück. Kritik muss sagen, was weshalb in welcher Situation nicht den Erwartungen entsprach. Die Basis einer Kritik muss Respekt und Glaube an die Kompetenz des Mitarbeiters sein und diese sollte auch kommuniziert werden: "Sie haben diese Verhandlung aus den vorher genannten Gründen leider nicht zum Erfolg geführt. Ich weiss aber, dass Sie Verhandlungen sonst sehr argumentationsstark, selbstsicher und mit viel Fachkompetenz führen".

Kritik darf nur der Sache, nie der Person gelten

Dies ist eine sehr wichtige Voraussetzung. Werden Fähigkeiten und Kompetenzen in Frage gestellt und die persönlichen Schwächen als Grund genannt, wirkt diese Form von Kritik verletzend und führt zur fatalen Meinung des Mitarbeiters, der Arbeit in diesem Fall ja sowieso nicht gewachsen zu sein.

Eine konstruktive Lösung anbieten

Eine Kritik sollte Vorschläge enthalten, wie ein Verhalten verbessert oder ein Problem gelöst werden kann. Ideal ist dabei, wenn sogar aktive Unterstützung angeboten wird. Diese signalisiert, dass die Führungskraft an die Fähigkeiten des Mitarbeiters glaubt und ist ein Coach-Verhalten, mit dem auf konstruktive Wiese "Hilfe zur Selbsthilfe" geboten wird.

Die Erwartung klar formulieren

Emotional intelligente Kritik ist nicht nur sachlich und konstruktiv, sondern hilft dem Kritisierten auch, zu wissen, wie es nun weitergeht.

Dazu gehören Informationen, auf welche Weise bei welcher Aufgabe bis wann eine Verbesserung erfolgt und wie diese gemeinsam erkannt, überprüft und besprochen werden kann.

Kritik unter vier Augen persönlich aussprechen

Memos oder E-Mails sind nicht der richtige Weg, Kritik zu üben, da sie eine unklare Wirkung hinterlassen und den Eindruck erzeugen, als fehle die Courage, Kritik beim Mitarbeiter offen anzubringen. Kritik muss unter vier Augen persönlich und direkt erfolgen.

Die Bedeutung der Sensibilität

Wer Kritik übt, sollte sich bewusst sein, welche Gefühle sie beim Kritisierten auslöst, was eine Frage der Empathie ist. So sollte Kritik gegenüber Mitarbeitern mit einem weniger ausgeprägten Selbstvertrauen schonender erfolgen als gegenüber einem Teamleader, der sich seiner Leistungsqualität in jeder Beziehung bewusst ist. Wenn eine Kritik verletzt, kann sie Groll, Verbitterung, Abwehr und Distanz erzeugen und bis zu passivem Widerstand führen.

Wichtiger Merkpunkt für die Praxis

Kritik als persönlicher Angriff oder mit der Infragestellung der Kompetenzen, hat eine verheerende Wirkung und ist in höchstem Grade demotivierend. Untersuchungen haben gezeigt, dass Mitarbeiter, die glauben, Misserfolge beruhen auf unveränderlichen Defiziten, die Hoffnung auf Verbesserung aufgeben und sich auf Minimalleistungen mit Versagensängsten ohne jegliche Risikobereitschaft zurückziehen. Führungskräfte, die solches gravierendes Fehlverhalten zeigen, müssen klar und deutlich darauf hingewiesen werden.

Auch für Kritisierte gibt es Verhaltensregeln

Mitarbeiter sollten dazu angehalten werden, Kritik nicht als persönlichen Angriff oder Unfähigkeit zu sehen, sondern als Zeichen und Chance, zu lernen und eine bestimmte Sache besser zu machen oder einen neuen, effizienteren Weg zur Problemlösung zu finden. Kritik ist kein Signal des Versagens und Misserfolges, sondern zeigt, dass man etwas zum eigenen Vorteil besser machen kann.

Auf einen Blick: Motivierend kritisieren
Als eine Zusammenfassung nachfolgend nochmals die wichtigsten Kommunikations- und Verhaltensregeln für motivierende Kritik:
1. Stets konkret, präzise und sachbezogen kritisieren
2. Konstruktive und sachbezogene Lösung finden
3. Erwartung und Verbesserungsziele formulieren
4. Kritik immer unter vier Augen persönlich aussprechen
5. Sich in die Gefühlslage des kritisierten Mitarbeiters versetzen
6. Nicht die Fähigkeiten ins Zentrum stellen, sondern die Sache
7. Zuversicht in die MA-Kompetenzen und mögliche Lösung zeigen

Die Formel für gekonnte Kritik in der Praxis

Es gibt in der Konfliktforschung eine einfache sogenannte X-Y-Z-Formel, die die Struktur einer Kritikäusserung aufzeigt:

X Das Problem, den Gegenstand der Kritik genau benennen
Y Die damit verbundenen Gefühle äussern und zeigen
Z Aufzeigen, was sich konstruktiv wie ändern liesse

Fallbeispiel: Konstruktives Kritikgespräch

Ausgangslage

Martin S., Vorgesetzter seines Teamleiters, missfällt das von seinem Assisten Kurt S. an die Geschäftsleitung gesandte Konzept, da es die Kompetenzen seiner Abteilung in ein falsches Licht rückt. Da er den Teamleiter aber als sensiblen Menschen kennt und er ihm dies sehr fair aber klar sagen möchte, führt er das Kritikgespräch ensprechend.

Kritikgespräch

"Herr Kurt S., Ihr Konzept an die GL war sehr gut formuliert und strukturiert. Ein Punkt hat mir allerdings nicht gefallen und ich möchte Sie offen darauf ansprechen. Ihre Begründung im Konzept an die Geschäftsleitung, uns würden die Ressourcen und Fachleute fehlen, hat mich enttäuscht und verärgert. Damit wurden die Kompetenzen unserer Abteilung in Sachen Engpasserkennung, Planung und Budgetierung in Frage gestellt. Inskünftig sollten wir dies in einer solchen Situation miteinander vorbesprechen und dabei sachliche und ausgewogene Gründe vorbringen, hinter denen wir beide stehen können".

Die Bedeutung der emotionalen Intelligenz

Führungskräfte, die es verstehen, mit ihren Gefühlen und deren anderer gut und adäquat umzugehen, verfügen über emotionale Intelligenz. Zahlreiche Studien belegen den grossen Einfluss emotionaler Intelligenz, wie dies David Goleman in seinem Buch "Emotionale Intelligenz" eindrücklich belegt.

- Selbstkontrolle
- Empathie
- Gefühlsäusserung

gehören zu den wichtigsten Merkmalen emotionaler Intelligenz.

Mehr im Web

Ausführliche und praxisnahe Informationen zur emotionalen Intelligenz: www.zeitzuleben.de

Check it **Motivationswirksame Sozialkompetenzen** Die nachfolgenden Punkte geben eine Übersicht und Selbstbeurteilungs-Möglichkeit der für die Motivation wesentlichen Komponenten der Sozialkompetenz	mache ich gut	kann ich verbessern	fehlt, muss ich noch an mir arbeiten
Ich kann gut ehrliche konkrete Anerkennung aussprechen			
Kritik kann ich ruhig, sachlich und fair äussern			
Kritik nehme ich ruhig, positiv und helfend entgegen			
Ich kann klar, aber ruhig und verständnisvoll nein sagen			
Ich kann mich angemessen entschuldigen			
Wenn angebracht, kann ich Schwächen eingestehen			
Ich kann deutlich, aber beherrscht Unzufriedenheit zeigen			
Ich kann Begeisterung wecken, zeigen und rüberbringen			
Widersprüche kann ich akzeptieren			
Auf Kritik gehe ich konstruktiv und dankbar ein			
Erfolge anderer kann ich spontan würdigen			
Ich kann meine Gefühle gut zeigen und die anderer erkennen			
Leistung ist selten eine Ich-Sache, sondern Teamverdienst			
Lob nehme ich uneingeschränkt entgegen			
Ich kann natürlich um einen Gefallen bitten			
Ich entschuldige mich nur, wenn dies angebracht ist			
Ich wirke durch Ausstrahlung nicht durch Autorität			
Ich lasse andere gerne an meinem Erfolg teilhaben			
Ich habe die Courage, zu Schwächen zu stehen			

Die Wirkung von Leitbildern

Der Bezug eines Mitarbeiters zum Unternehmen kann durch (möglichst gelebte) Grund- und Leitsätze gefördert werden. Grund- und Leitsätze sind Wegweiser und Orientierungshilfe im komplexen Gebilde eines Unternehmens, vergleichbar mit einer allgemein verbindlichen betrieblichen Verfassung. Wird ein neues Leitbild entwickelt, hat der Einbezug und die Mitgestaltung der Mitarbeiter von Beginn weg eine starke Identifikations- und Motivationswirkung.

Wichtiger Merkpunkt für die Praxis

Achtung: Verzichten Sie auf hochtrabende, floskelhafte und auswechselbare Leitbilder. Der starke Einbezug der Mitarbeiter, die Wiederspiegelung des eigenständigen Charakters des Unternehmens und wirklich gelebte und verbindliche Werte aus dem Leitbild sind äusserst wichtig. Ansonsten verkommt ein Leitbild zu einem nur zur Makulatur gehörenden Stück Papier.

Das Tolerieren von Fehlern ermutigt zu Innovationen

Bauen Sie eine gesunde Fehlerkultur auf. Keiner Ihrer Mitarbeiter sollte Angst haben, einen Fehler zuzugeben. Wenn diese Angst besteht, ist das Risiko sehr gross, dass Irrtümer oder Fehler nicht zugegeben, sondern vertuscht werden oder der schwarze Peter von einem zum anderen wandert. Seien Sie immer konstruktiv, auch bei Fehlern oder Missgeschicken. Suchen Sie nicht nach Schuldigen, sondern richten Sie Ihre Aufmerksamkeit nach vorne: Was können wir tun, um das Problem in den Griff zu bekommen? Wie können wir in Zukunft diesen Fehler verhindern? Was können wir alle aus diesem Fehler lernen? Bei einer solchen Fehlerkultur werden Ihre Mitarbeiter sehr viel eher bereit sein, Verantwortung für eine ungünstige Entscheidung zu übernehmen, Fehler zuzugeben und sich dann mit Feuereifer an einen neuen Lösungsweg machen.

Empowerment – mehr als nur ein Schlagwort

Empowerment heisst, die Eigenverantwortlichkeit der Mitarbeiter zu ermöglichen und zu fördern. Dies heisst für Führungskräfte, Verantwortung abzugeben, um Eigenverantwortung zu ermöglichen. Die Folge ist, dass Eigenverantwortung Leistungsbereitschaft hervorruft. Die Idee hinter dem Konzept des Empowerments ist, dass Mitarbeiter, die Verantwortung tragen, viel leistungsbereiter sind. Sie können in ihrem Wirkungsbereich selbst entscheiden, entwickeln eigene Ideen und Konzepte und können diese auch umsetzen.

Mitarbeiterinformationen

Fördern Sie die Mitarbeiterinformation als eine wichtige Ressource für die Transparenz der Unternehmenskultur. Mittel der Informationsweitergabe sind Mitarbeiterbesprechungen, das Intranet und Mailzugang, das schwarze Brett, Mitarbeiterzeitungen, anschauliche Informationstafeln über laufende Projekte und Pressespiegel. Motivation der Mitarbeiter wird auch durch das Firmenimage gefördert. Durch das Engagement nach innen (spezielle Fördermassnahmen für Mitarbeiter) und die Repräsentation nach aussen erfolgt die Bindung des Mitarbeiters an das Unternehmen in einer Weise, die auch sein privates Umfeld miteinbezieht.

Vertrauen ist besser, Kontrolle ist gut

Vertrauen ist ein arg strapazierter Begriff. Doch was ist Vertrauen? Vertrauen kann man als die Fähigkeit umschreiben, sich nur mit einem Minimum von Absicherung und Kontrolle auf jemanden zu verlassen. Nur wer Vertrauen gewährt – und zwar solches in die Person und ihre Fähigkeiten und ihren Leistungswillen – wird es gewinnen. Verlässlichkeit, Berechenbarkeit, Einhalten von Versprechen, Fairness, Loyalität, Fehlertoleranz, Ehrlichkeit und Glaubwürdigkeit sind wichtige Verhaltensweisen, um Vertrauen vorzuleben, zu beweisen und zu erhalten. Vertrauen entsteht vor allem durch Vorschuss und kaum durch die misstrauische Suche nach Sicherheit der Kontrollbesessenen. Gesucht wird eine Unternehmenskultur, die Vertrauen zu einem wichtigen Prinzip der menschen- und respektbasierenden Führung macht. Die Fähigkeit zu vertrauen basiert auf einem positiven Menschenbild und gelebter Sozialkompetenz. Wird dieses Vertrauen ehrlich entgegengebracht und im Führungsalltag immer wieder auch aktiv unter Beweis gestellt, ist es eine der wichtigsten Grundlagen motivierender Menschenführung.

Gehen Sie immer davon aus, dass jeder sein Bestes gibt

Basis sollte immer eine positive Einstellung gegenüber Mitarbeitern sein. Gehen Sie davon aus, dass jeder Ihrer Mitarbeiter sein Bestes gibt – zumindest das Beste, was ihm oder ihr in dieser Situation möglich ist. Wenn Ihnen das nicht ausreicht, können Sie gemeinsam überlegen, was dieser Mitarbeiter braucht, um bessere Leistungen zu erbringen – vielleicht neueres Arbeitsmaterial, eine Fortbildung, Anreize oder klarere Aufgabenstellungen. Arbeiten Sie zusammen daran, dass der Mitarbeiter mehr geben kann und unterstützen Sie Ihre Leute dabei, besser zu werden, ohne Druck auszuüben. Ein gutes Mittel, die Bestrebungen Ihrer Mitarbeiter zu verstärken, ist das Lob. Das Vertrauen und die Zuversicht in die Leistungsfähigkeit sollte auch regelmässig kommuniziert werden, da dies auch einen grossen Einfluss auf das Selbstvertrauen hat und Sicherheit in der Zielerreichung gibt.

Erfolg permanent erlebbar machen durch Feedback

Erfolg und gute Leistungen möchte man geniessen und erleben können und möglichst bestätigt und bewiesen haben. Über die verbale Wertschätzung und Anerkennung hinaus ist es aber wichtig, auch andere Formen des Erfolgsfeedbacks zu geben, die emotional und authentisch sind. Dies können konkret sein:

- Wertschätzung der Geschäftsleitung weitergeben
- Erfolge in Mitarbeiterzeitschrift publik machen
- Ein Kundenkompliment weiterleiten bzw. darüber informieren
- Mitarbeiter-Organisationstalent bei Projekt am Beispiel zeigen
- Gute Mitarbeiterbeurteilung anhand von Fakten und Beispielen
- Bei Ideen Beitrag zum Unternehmenserfolg veranschaulichen

Wichtiger Merkpunkt für die Praxis

Erfolg ist der Motivationsmotor schlechthin. Ziele, Aufgaben, Feedback, Herausforderungen sollten darauf ausgelegt sein, möglicht viele Erfolgserlebnisse zu ermöglichen. Dabei ist es eine zentrale Führungsaufgabe, auf Erfolg mit Feedback und Anerkennung zu reagieren und so das Vertrauen und die Sinngebung der Arbeit zusätzlich zu verstärken.

Sensibilität und Offenheit in der Beziehung

Untersuchungen und Tests haben bewiesen, dass die inhaltlichen Aspekte einer Beziehung gestört sind oder ganz an Wirkung verlieren, wenn die persönliche Beziehungsebene nicht funktioniert.

Ein konkretes Beispiel: Glaubt ein Mitarbeiter, dass sein Vorgesetzter ihn nicht wirklich respektiert und seine Leistung schätzt (auf der Beziehungsebene), dann verliert das Vereinbaren von Zielen (auf der Inhalts- und Sachebene), auch wenn noch so stark auf den Mitarbeiter eingegangen wird, an Glaubwürdigkeit und kann sogar zu Sabotage führen und kontraproduktiv werden. Es ist deshalb äusserst wichtig,

- die Beziehung immer wieder kritisch zu hinterfragen
- Motivationshemmnisse herauszufinden und zu beheben
- Permanentes Feedback zu fordern und zu geben
- auf Zeichen der Demotivation und Unzufriedenheit zu achten
- Störungen im Teamklima sofort auf den Tisch zu bringen
- plötzliche Verhaltensänderungen sofort offen anzusprechen

um die Motivation störende oder hemmende Faktoren und Probleme sofort angehen und lösen zu können.

Echtes Interesse an Meinung von Mitarbeitern haben

Das ernsthafte Interesse an der Meinung eines Mitarbeiters ist ein sehr überzeugender Beweis, dass man viel von seinen Fähigkeiten hält, ihn indirekt um seine Hilfe und einen Beitrag bittet und einbezieht, seine Sicht der Dinge darzulegen. Fliessen dann auch effektiv neue Meinungen ein, führt ein solcher starker Motivationseffekt dazu, dass Projekte und Neuerungen besonders engagiert und konstruktiv mitgetragen werden.

Wichtiger Merkpunkt für die Praxis

Weiss und erlebt ein Mitarbeiter, dass die Ausführung einer Aufgabe oder das Erreichen eines Zieles in wesentlichen Punkten auch seine Meinungen, Ideen und Anregungen enthält und von ihm so mitgestaltet und mitgeformt werden kann, ist sein Einsatz vielfach um einiges höher und seine Motivation dafür nahezu gesichert.

Stärkung des Selbstvertrauens und des Selbstwertgefühls

Vermittlung und Stärkung von Selbstvertrauen ist eine äusserst wichtige Führungsaufgabe. Anerkennung und Wertschätzung, die Befähigung zu Erfolgserlebnissen, den fähigkeitsgerechten Einsatz und angemessene Herausforderungen gehören dazu. Man kann von einem Vertrauenskreislauf sprechen, in dem

a) Vertrauen in den Mitarbeiter zu
b) mehr Verantwortungsübertragung, dann zu
c) besserer Leistung und dies
d) zu gestärktem Selbstvertrauen führt

Erfolgreiches Leadership ist vor allem motivierend

David Maister, viele Jahre Professor an der Harvard University und jetzt erfolgreicher und pragmatischer Unternehmensberater und Coach, charakterisiert die Prinzipien erfolgreicher Führung sehr konkret und prägnant. Auffallend ist dabei, wie viele dieser Prinzipien die Mitarbeitermotivation in den Mittelpunkt stellen. Nach David Maister zeichnen sich wirkliche Leader und Führungskräfte durch die folgenden Merkmale aus:

- Sie unterstützen die Mitarbeiter in ihrer persönlichen Entwicklung
- Sie halten sich konsequent an das, was sie sagen und verlangen
- Sie lassen keine Kluft zwischen Managern und Mitarbeitern zu

- Sie moderieren und vermitteln statt zu diktieren und zu kritisieren
- Sie zeigen sich nicht nur als Vorgesetzte, sondern auch von ihrer menschlichen Seite
- Sie gehen mit Begeisterung an die Arbeit und stecken andere damit an
- Sie sprechen über ihre Visionen und beziehen dabei Mitarbeiter konsequent mit ein
- Sie nehmen primär die Arbeit und weniger sich selber ernst

Mehr im Web

Ausführliche Informationen zur Mitarbeiterführung unter www.competence-site.de/personalmanagement.nsf

Aktivitäten zur Vertrauensförderung zeigt die nachfolgende Übersicht. Die dann folgende Tabelle nennt Merkmale, die eine zur Mitarbeitermotivation fähige, motivierte und talentierte Führungskraft auszeichnet. Die Tabelle kann zum Beispiel auch für Beurteilungen und Führungsgrundsätze herangezogen werden.

Check it **Der Selbst-Check:** **Die wichtigsten Faktoren für motivierende Mitarbeiterführung**	mache ich gut	kann ich verbessern	fehlt, daran arbeiten
Ich spreche regelmässig konkrete ehrliche Anerkennung aus			
Ich zeige Perspektiven auf und kann Visionen formulieren			
Ich verfüge über ein positives Menschenbild			
Respekt und Achtung der Leistung anderer ist mir wichtig			
Ich gebe regelmässig ermutigendes Feedback			
Es gelingt mir gut, Mitarbeiter für Ziele zu begeistern			
Ich feiere und würdige Erfolge gerne im Team			
Ich kann Begeisterung wecken und rüberbringen			
Ich fördere meine MA in dem, was sie am besten können			
Es gelingt mir, ehrgeizige aber erreichbare Ziele zu setzen			
Spass und Freude haben einen hohen Stellenwert			
Ich kenne die Grundwerte meiner Mitarbeiter			
Die Förderung von Selbstvertrauen gelingt mir gut			
Ich kann Emotionen zeigen und gute Gefühle vermitteln			
Neue und wechselnde Herausforderungen sind wichtig			
Ich achte schon bei der MA-Anstellung auf Motivierbarkeit			
Ich bin mir der Bedeutung der Vorbildrolle im klaren			
Ein positives und konstruktives Arbeitsklima ist mir wichtig			
Ich überprüfe und reflektiere mein Verhalten regelmässig			
Ich setze anspruchsvolle, aber realistische, erreichbare Zeile			

Check it **Möglichkeiten zu Vermittlung und Stärkung von Selbstvertrauen**	mache ich gut, ist ausgeprägt	kann ich verbessern	fehlt, hier muss ich noch an mir arbeiten
Mitarbeiterstärken, -talente und –potentiale kennen/nutzen			
Partnerschaftliche und kooperative Führung			
Respektbasierendes und positives Menschenbild			
Teilziele konkret würdigen, anerkennen und honorieren			
Fehler tolerieren und als Lernchance sehen und nutzen			
Chancen für selbstverantwortliches Handeln bieten			
Besondere Talente und Fähigkeit permanent würdigen			
Konstruktive Mitarbeiterbeurteilungen durchführen			
Überschau- und messbare Teil- und Etappenziele bieten			
Kurz-, mittel- und langfristige Zielhorizonte bieten			
Bei Problemen sofort das offene Gespräch suchen			
Ausgeprägte Selbstvertrauensmängel therapeutisch angehen			
Oft um Meinung, Verbesserung, Kritik, Beiträge bitten			
Persönlichkeitsbildende Kurse und Trainings bieten			
Gezeigtes Selbstvertrauen beobachten und hinterfragen			
Chancen zu Erfolgserlebnissen bieten			
Beitrag zu Team und Unternehmen würdigen und aufzeigen			
Entfaltungsmöglichkeiten mit Projekten und Jobenrichments			
Das Selbstvertrauen beeinträchtigende Faktoren beobachten			
Mit Laufbahnberatung und -planung Perspektiven aufzeigen			

Merkmale motivierender und fähiger Führungskräfte

abwägend	analytisch	ausgeglichen
beherrscht	belastbar	bestimmend
diszipliniert	dynamisch	einfühlsam
engagiert	erfolgreich	flexibel
gefühlsbetont	gestaltend	höflich
charismatisch	innovativ	interessiert
kompromissbereit	kontaktfreudig	korrekt
lernfähig	mutig	pflichtbewusst
zielstrebig	sachbezogen	selbstkritisch
standfest	teamorientiert	unabhängig
verantwortungsbewusst	wohlwollend	verständnisvoll
konziliant	zupackend	aktiv
anpassungsfähig	handlungsorientiert	ausgeglichen
behutsam	berechenbar	delegationsbereit
dominant	ehrgeizig	einsichtig
entscheidungsfreudig	ermutigend	freundlich
gerecht	herausfordernd	humorvoll
integrierend	kollegial	konsequent
konzentriert	kreativ	leistungsmotiviert
nüchtern	risikobereit	selbständig
sensibel	sympathisch	empathisch
unkompliziert	konsensfähig	vertrauensvoll
zielorientiert	zurückhaltend	aufgeschlossen
begeisterungsfähig	bejahend	beruhigend
durchsetzungsfähig	ehrlich	zuverlässig
erfahren	geduldig	gesprächsbereit
hilfsbereit	initiativ	intelligent
kompetent	konstruktiv	kommunikativ
kritisch	loyal	objektiv
realistisch	diskret	selbstbewusst
spontan	taktvoll	überzeugend
unterstützend	verständigungsbereit	vorurteilsfrei

Vorschläge für betriebliche Aktivitäten

Nachfolgend haben wir einige ganz konkrete Motivationsmodelle und Massnahmenpakete zusammengetragen, die vor allem im Rahmen der Führungs- und Unternehmenskultur wichtig sind. Sie sind praktisch umsetzbar und leisten einen konkreten Beitrag zur Motivation im betrieblichen Alltag.

Es handelt sich dabei um unseres Erachtens besonders wichtige und für die Motivation zentrale Themenkreise und Aktivitäten, die man als generelle Guidelines betrachten kann, die bezüglich Wirkung und Nachhaltigkeit eine zentrale Bedeutung haben. Die Guidelines werden dabei immer durch konkrete Handlungsideen und Beispiele untermauert und veranschaulicht.

Gefeierte Erfolge sind besonders nachhaltig

Ausgangslage

Für besondere Leistungen und Erfolge Lob und Anerkennung auszusprechen, ist von grösser Bedeutung. Erfreuliche und erfolgreiche Ereignisse in institutionalisierter Form im Team zu feiern und es zu einer Art Ritual zu machen, verstärkt die Wirkung zusätzlich und trägt wesentlich zu einem guten Motivationsklima bei.

Motivationswirkung

Es gibt viele Gründe und Anlässe für erfolgreiche Momente und Ereignisse, doch sie müssen gefeiert und kommuniziert werden und entfalten dann eine starke Motivationswirkung, und zwar für den Betroffenen und die gesamte Abteilung.

Konkrete Anlässe im Betriebsalltag

- die Aussendienstmannschaft hat die Verkaufsziele übertroffen
- ein Grossauftrag ist reingekommen
- das neueste Projekt wurde erfolgreich abgeschlossen
- die Junior-Assistentin hat soeben ihr Buchhalterdiplom erfolgreich abgeschlossen
- eine Mitarbeiterin hat geheiratet oder Nachwuchs erhalten
- ein neuer Mitarbeiter ist eingetreten

Konkrete Handlungsanregung

Institutionalisieren Sie das Feiern von Erfolgen und laden Sie Ihre Mitarbeiter immer am letzten Freitag eines Monats zu einem Apero "Wir feiern den Erfolg des Monats" ein, an dem ein noch unbekanntes Erfolgsereignis gefeiert wird. Richten Sie dafür eine "Belohnungs-Tombola" ein, bei der der betreffende Mitarbeiter ein Glückwunschlos (ein Ferientag, ein Restaurant-Gutschein, ein Einkaufsgutschein usw.) ziehen kann.

Überreichen Sie dem Mitarbeiter oder Team ein Geschenk, welches den Erfolg symbolisiert und zeigt, womit und wie dieser Erfolg erzielt wurde oder welchen wichtigen Beitrag er zum Unternehmenserfolg als Ganzes beisteuerte.

Events mit Symbolgehalt und Gefühlsappellen

Ausgangslage

Anlässe und Ereignisse in Gruppen und Teams, die von symbolischen Handlungen begleitet und veranschaulicht werden, sprechen Gefühle an, vereinfachen oft auch eine Idee und fördern die Kommunikation auf direkte und indirekte Weise.

Motivationswirkung

Tom Peters vertritt in "Leistung aus Leidenschaft" die klare Meinung: *"Aufmerksamkeit, Symbole, Theater, dramatische Effekte, Sprachregelung und Geschichten, Visionen und Liebe – das ist der Stoff, aus dem effiziente und motivierende Führung besteht. All dies ist unendlich wichtiger als Zahlen, Statistiken und formale Strukturen"*. Es gibt viele Gründe und Anlässe für erfolgreiche Momente und Ereignisse, die man mit einer solchen Symbolhandlung verknüpfen kann.

Konkrete Beispiele im Betriebsalltag

- Change Management veranschaulichen: Das Kader steigt im Wintersport von gewohnten Skiern auf Snowboard um.
- Sozialkompetenzen erweitern mit einem Besuch in einem Kinderdorf oder einer anderen Sozialeinrichtung.
- In einem Bergsteigerkurs oder anhand eines kleinen Berges erlernen, was es heisst, gemeinsam Ziele zu erreichen
- Kunden bei der Anwendung ihres Produktes besuchen und erleben, was nach dem Produktkauf geschieht.
- Der gesamte Betrieb geht in ein in der Natur liegendes Hotel und alle Mitarbeiter betätigen sich dort als Maler, um Kreativität und neue Erfahrungen zu erleben.

Konkrete Handlungsanregung

Ihr Unternehmen hat Visionen und Ziele zu einem Jahresmotto gewählt. Alle Mitarbeiter erstellen ihre Ziele und Abteilungen symbolisierende Drachen. Auch Familienangehörige werden dann zu einem Drachen-Tag eingeladen, an dem man die Drachen erklärt und sie steigen lässt. Eine externer Referent spricht zum Thema und der Geschäftsführer umreisst die Visionen und Ziele des kommenden Jahres.

Spannende Herausforderungen als Messlatte

Ausgangslage

Im Betriebsalltag werden allzu oft graue, mittelmässige und nicht gerade spannende Ziele gesetzt. Doch Ziele, die keine Herausforderung darstellen, keine Talente und besonderen Fähigkeiten nutzen und nicht an den Ehrgeiz appellieren, sind wenig attraktiv.

Motivationswirkung

Attraktive Ziele sollten mittelschwer, wechselnd, herausfordernd und so angesetzt sein, dass sie realistisch aber nur unter Aufbietung besonderer Kräfte, Talente und Fähigkeiten zu erreichen sind.

Konkrete Beispiele im Betriebsalltag

- In einem Call Center eine neue Kriterienliste für Messbarkeit der Kundenzufriedenheit einführen
- Für Verkaufsziele neu auch Kundenhaltungsquoten festlegen
- In einer Gruppe gemeinsam neu und ganzheitlichere Kriterien für Qualitätskontrollen diskutieren und einführen
- Werbeziele nicht nur nach Zahlen, sondern kommunikativen Gesichtspunkten wählen (Image, Sympathieeffekt, Kompetenzbild usw.)
- Ein Verkaufsziel höher setzen als gewöhnlich, dafür aber bessere Arbeitshilfsmittel, Weiterbildungsmassnahmen und neue Produktnutzen bieten

Konkrete Handlungsanregung

Sie setzen für einen Directmarketer seit Jahren lediglich Jahresumsatzziele. Eine Marktbefragung hat aber ergeben, dass Kommunikation zu produktlastig und technisch ist. Nun werden drei bis vier konkrete Zusatzziele definiert, um diese Mängel zu korrigieren und die Qualität der Kommunikation zu verbessern.

Das Erreichen der Ziele wird mit einer nochmals stattfindenden Marktbefragung kontrolliert, um festzustellen, ob die Kommunikationsziele erreicht wurden.

Erfolgserlebnisse ermöglichen und anerkennen

Ausgangslage

Diese Anforderung steht in engem Zusammenhang mit der Attraktivität von Zielen und der Fähigkeit, Anerkennung auszusprechen. Es ist die Verantwortung einer Führungskraft, solche Erfolgserlebnisse zu bieten und die besonderen Fähigkeiten und Stärken der Mitarbeiter auch zu kennen. Bei leistungsmotivierten Mitarbeitern sind Erfolgserlebnisse eine zentrale, äusserst wichtige Motivation.

Motivationswirkung

Erfolgserlebnisse sind "erlebte", fühlbare, bewiesene und emotional wirksame Anerkennungen. Sie zeigen faktisch, welche Stärken, Talente und besonderen Fähigkeiten man hat und welch konkreten Beitrag man für das Unternehmen geleistet hat. Zu beachten ist, dass die *Erfolgswahrscheinlichkeit* (Fähigkeiten und Erwartungsniveau), das *Erfolgsfeedback* (Anerkennung, Coaching) und der rational und emotional erlebbare *Erfolgsbeweis* als solcher (Kundengratulationen, erzielte Kostensenkung, sichtbare Qualitätssteigerung) dazugehören.

Konkrete Beispiele im Betriebsalltag

- Der Mitarbeiterin einen Bericht zur Korrektur geben und ihr sagen, dass Sie viel von Ihren Deutschkenntnissen halten
- Während eines Monats eine Spezialaufgabe bewusst übergeben, die dem besonderen Talent eines Mitarbeiters entspricht
- Dem Absolventen eines Diploms ein Projekt geben, mit welchem er seine neuen Kenntnisse unter Beweis stellen kann
- Einem Excel-Crack eine anspruchsvolle Statistikaufgabe geben und ihm sagen, wieviel Sie von seinen Excelkenntnissen halten

Konkrete Handlungsanregung

Es ist natürlich wichtig, die Stärken und Fähigkeiten seiner Mitarbeiter zu kennen. Diese sollten schon bei der Übergabe der Aufgabe oder des Projektes genannt und gelobt werden. Auch während der Aufgabenerfüllung sollte ein Feedback erfolgen, welches Zufriedenheit und Anerkennung enthält und Ideen und Vorschläge aufnimmt. Nach Abschluss ist ein besonders anerkennendes Dankeschön und das in Aussichtstellen weiterer Projekte dieser Art – oder gar eine Änderung oder Erweiterung der Aufgaben – eine zusätzliche Verstärkung.

Wir-Gefühl stärken mit sozialen Aktivitäten

Ausgangslage

Im Team und in der Gruppe erlebte Anerkennungen und Erfolgserlebnisse verstärken die Wirkung und Nachhaltigkeit. Zudem übernehmen Unternehmen immer mehr ethische und soziale, über reine Wirtschaftlichkeitsfaktoren hinausgehende gesellschaftliche Verantwortung.

Motivationswirkung

Mit einem Wir-Gefühl gekoppelte soziale Engagements und Aktivitäten appellieren an oben genannte Ethik und soziale Verantwortung unter Einbezug der Mitarbeiter und Beweis ihnen gegenüber, dass diese Verantwortung wahrgenommen wird. Dies verstärkt die Identifikation und das Zusammengehörigkeitsgefühl auf besondere Weise.

Konkrete Beispiele im Betriebsalltag

- Organisieren Sie Spendenaktionen und verdoppeln Sie den Betrag der Mitarbeiterspenden
- Ein soziales Anliegen zu einem Monats-Thema mit externen Referenten und weiteren Veranstaltungen machen
- Regionale soziale Einrichtung wie Kinderheim, Obdachlosenzentren, Asylheime usw. besuchen und aktiv unterstützen
- Mit dem Branchenbereich verwandt tätig sein (Sportartikelhersteller unterstützt Behindertensportgruppe)

Konkrete Handlungsanregung

Machen Sie ein soziales Anliegen zum Monatsthema. Greifen Sie ein aktuelles soziales Problem wie Hunger in der Dritten Welt, Aids, Opfer von Naturkatastrophen, Minderheiten, Umweltprobleme auf und berichten Sie in der Mitarbeiterzeitschrift über die Hintergründe. Ein externer Referent und Presseschauen zum Problem vertiefen die Problematik zusätzlich.

Dazu kommt ein Tag praktisches Engagement (Mithilfe und Besuch im Kinderdorf Pestalozzi) und Geldspenden oder ein Lohnprozent der gesamtbetrieblichen Lohnsumme. Darüber werden auch Medien informiert und eventuell Journalisten eingeladen. Ein abschliessendes Protokoll informiert auch Angehörige, Kunden und Lieferanten.

Wir alle zusammen haben es geschafft

Ausgangslage

Gerade dort, wo Leistungen erbracht werden und man einen Grossteil seines Lebens in einer nicht beeinflussbaren Schicksalsgemeinschaft verbringt, kommt dem Team und Wohlbefinden in einer Gruppe grosse Bedeutung zu.

Motivationswirkung

Viele Untersuchungen und praktische Erfahrungen belegen, dass harmonische, gut geführte, solidarische und von Humor, Spass und Leistungsfreude gekennzeichnete Teams beträchtliche Potentiale von Eigenmotivation aufweisen und eine besondere Leistungsdynamik haben. Zentral ist dabei, dass Erfolge, Auszeichnungen und Sonderleistungen als Team erbracht und immer auch als Teamerfolg gewürdigt und kommuniziert werden.

Konkrete Beispiele und Regeln im Betriebsalltag

- Veranstaltungen nichtgeschäftlicher Art – auch ausserhalb von Geschäftsräumen – fördern den Teamgeist
- Es ist die Aufgabe der Führungskraft, ein ausgeprägtes "Wir-Gefühl" zu entwickeln
- Auch bei einem eingeschworenen Team sollten individuelle Leistungen allerdings nicht untergehen
- Gut eingespielte Teams sollten auch Aufgaben und Projekte haben, bei denen Teamzusammenarbeit besonders zum Tragen kommt
- Bei der Personalauswahl sollte besonders auf die Teameignung und die Integration von "Teamplayern" geachtet werden

Konkrete Handlungsanregung

Lassen Sie jeden neuen Mitarbeiter, bevor sie ihn einstellen, auch vom Team "unter die Lupe nehmen". Besprechen Sie sogar Bewerberdossiers oder zumindest Auszüge daraus gemeinsam im Team. Wenn Kandidaten eingeladen werden, müssen diese dem Team "Rede und Antwort stehen", was auch den Auswahlentscheid untermauert und Inkompatibilitätsrisiken reduziert. Wenn das Team sogar beim Einstellungsentscheid ein Mitspracherecht hat, fördert dies die Teamstärke und die Teamoptimierungschancen ausserordentlich stark.

Business as unusual: Frischen Wind von aussen

Ausgangslage

Ein Betrieb ist im Allgemeinen, je nach Branche und Unternehmenskultur, ein in sich geschlossenes Ganzes mit wenig Öffentlichkeitspräsenz. Um so wichtiger ist es, externe Meinungen, neue Haltungen, interessantes Know-how und kritische Perspektiven in den Betrieb zu holen.

Motivationswirkung

Frischer Wind von aussen belebt die Arbeit, bringt Abwechslung in den Geschäftsalltag und kann Anregungen und neue Sichtweisen für die Identifikation mit dem Betrieb und die eigene Arbeit bewirken. Vor allem aber zeigt dies Aufgeschlossenheit und Öffnung gegenüber externen Menschen, Trends und Einflüssen.

Konkrete Beispiele im Betriebsalltag

- Grosskunde einladen, über seine Produkterfahrungen zu berichten
- Referenten holen, der sich in gewissen Aspekten kritisch mit Ihrem Produkt oder Ihrer Dienstleistung auseinandersetzt
- Tag der offenen Tür organisieren, an dem nur Freunde und Familienmitglieder sich den Betrieb anschauen
- Fachleute gewinnen, die über ein "Thema des Monats" wie z.B. Wellness, Technologien, Reisen berichten
- Als Jahresveranstaltung eine regional ansässige, talentierte Musik- oder Theatergruppe einladen
- An einer Betriebsfeier einen Komiker oder Satiriker einladen, der sich kritisch mit Betrieb oder Branche auseinandersetzt

Konkrete Handlungsanregung

Laden Sie jedes Vierteljahr einen "Gast des Quartals" ein, der durchaus sehr kontroverse, kritische neue und andere Meinungen und Haltungen politischer, wirtschaftlicher und kultureller Art vertreten kann.

Lassen Sie die Mitarbeiter aus Vorschlägen abstimmen und führen Sie anschliessend Podiumsdiskussionen durch, bei denen Vertreter des Managements und am Thema interessierte Mitarbeiter anwesend sind.

"Welcome Days" für neueintretende Mitarbeiter

Ausgangslage

Neueintretende Mitarbeiter bringen immer einschneidende Veränderungen in den Betriebsalltag, und zwar für den Betreffenden, das Team und den Betrieb. Von Veränderungen betroffen sind Aufgaben, Arbeitsklima, Konkurrenzängste und mehr.

Motivationswirkung

Den ersten Tag für beide Seiten positiv, locker, informativ und sympathisch zu gestalten, ist von grosser Bedeutung, denn auch hier ist der erste Eindruck oft entscheidend. Ein gelungener Beginn entkrampft, baut Vorurteile ab und gibt besonders Neueintretenden den wichtigen Eindruck, willkommen zu sein.

Konkrete Beispiele im Betriebsalltag

- Portraits aller Neueintretenden im Intranet
- Personenportrait in Mitarbeiterzeitschrift mit Foto
- Vorstellung im Betriebsrundgang mit ganzem Team
- Bestimmung eines "Göttis" als Ansprechperson und Betreuer
- Einführungsplan erstellen und Zwischengespräche führen
- Lob, Anerkennung aussprechen und Erfolgserlebnisse bieten
- "Welcome Package" mit Unterlagen und Informationen

Konkrete Handlungsanregung

Alle zwei Monate können neueintretende Mitarbeiter gemeinsam als Gruppe vorgestellt werden. Dabei werden alle Mitarbeiter oder bestimmte Abteilungen eingeladen, sich und Ihre Aufgabe im Betrieb den Neuen vorzustellen und darüber zu berichten, woran sie gerade arbeiten und wo die Bezugspunkte für die Neueingetretenen liegen.

Dazu sollten Arbeitsproben und Beispiele zum Anfassen gehören. Die Neueingetretenen ihrerseits stellen sich persönlich aus einer bestimmten Perspektive vor, zum Beispiel: "Mein Charakter, meine Hobbies und Interessen und weshalb ich hierher gekommen bin und gerne mit euch zusammen arbeite".

Intranet und Mitarbeiterzeitschrift als Plattformen

Ausgangslage

Kommunikationsinstrumente wie Mitarbeiterzeitschriften, Schwarzes Brett, E-Mails und Chatforen, das Intranet, Rundbriefe und weitere Publikationsformen verstärken und unterstreichen viele Aktivitäten und deren Bedeutung. Sie sollten regelmässig und systematisch als Motivationsinstrument eingesetzt werden.

Motivationswirkung

Kommunikationsinstrumente verstärken Massnahmen, erinnern an Wichtiges, geben Plattformen, gestatten neue Perspektiven und Blickwinkel und können zusammenfassen. Es ist auch heute im Zeitalter digitaler Medien noch so: Was schriftlich und offiziell festgehalten und publiziert wird, gewinnt psychologisch an Bedeutung, Glaubwürdigkeit und Nachhaltigkeit.

Konkrete Nutzungs- und Publikationsbeispiele

- Portraits neu eingetretener Mitarbeiter
- Redaktionell interessierte Mitarbeiter gewinnen
- Mitarbeiter, Projekt, Idee oder Abteilung des Monats
- Private Meldungen (Hobbys, Reisen, Erlebnisse, Kinder)
- Reportagen von Betriebsanlässen mit Fotos und Fotolinks
- Editorials und Gratulationen des Managements
- Vorschläge, Ideen und Erfolge von Mitarbeitern, zahlreiche als Ticker und herausragende als Interviews

Konkrete Handlungsanregung

Richten Sie im Intranet Mitarbeiterportraits mit Angaben zu Spezialwissen, Hobbies, Talenten, Fachausbildungen und mehr an. Dies kann unter dem Motto "Wer weiss was" stehen und Berufliches und Privates enthalten. So wird die Kommunikation unter allen Mitarbeitern gefördert – in persönlichen Treffs oder in einem eigens dafür eingerichteten Chatforum. Interessantes und Neues sollte dabei auch in der Mitarbeiterzeitschrift und am Schwarzen Brett zur Sprache kommen oder in E-Mail-Rundschreiben an alle Mitarbeiter bei besonders wissenswerten Neuigkeiten. Der betrieblich wertvolle Effekt, dabei auch den Austausch von Wissen und Erfahrungen zu fördern, ist besonders wichtig und interessant.

Mitarbeiterklausuren fernab des Geschäftsalltages

Ausgangslage

Im Betrieb hält man sich in Sitzungsräumen auf, sitzt oft stundenlang vor dem PC und wandert durch altbekannte Korridore und Räumlichkeiten. Um den Stellenwert von Neuerungen oder sonstigem Brainwork zu erhöhen, können Mitarbeiterklausuren ausserhalb sehr motivierend sein.

Motivationswirkung

Ereignisse, Meetings und Veranstaltungen ausserhalb der Firmenräume lockern auf, geben eine besondere Bedeutung und wirken nur schon infolge der Abwechslung inspirierend und teamfördernd.

Konkrete Beispiele im Betriebsalltag

- Ein zurückliegendes Geschäftsjahr kritisch reflektieren
- Team und Zusammenarbeit reflektieren und verbessern
- Strategien und Ziele besprechen und hinterfragen
- Neues lernen und vertiefen und in Workshops trainieren
- Motivations- und Teamprobleme offen aussprechen und erörtern, allenfalls unter fachkundiger, externer Begleitung
- "Chropfleerete": Alles auf den Tisch bringen, was stört, hemmt, demotiviert und Freude an der Arbeit beeinträchtigt.

Konkrete Handlungsanregung

Erstellen Sie eine Liste möglicher, aus Ihrer Sicht wichtiger Klausurthemen mit gemischten Themen (Innovation, Leistung, Zusammenarbeit, Planung, Personalentwicklung). Lassen Sie dann die Mitarbeiter der Abteilung oder des Betriebes in einer Befragung entscheiden und diese aktiv an der Organisation mitarbeiten und mitdenken (Hotelreservierung, Wahl des Ortes, eventuelle Referenten-Einladung, Ablauf und Traktanden usw.). Werden Mitarbeiter von Beginn weg konsequent einbezogen, stärkt man die Motivation und das Engagement für solche Klausuren.

Auch hier ist wieder Symbolhaftes wichtig: Die Landschaft oder Wahl des Hotels oder Referenten kann ein Ziel oder wichtiges Anliegen symbolhaft veranschaulichen und vertiefen. Beispiel: Beim Thema Innovation lädt man einen prominenten Querdenker als Referent ein.

Jahres-Themen unter einem bestimmten Motto

Ausgangslage

Wir leben in einer schnellebigen und von Modeerscheinungen geprägten Zeit, in der das, was heute gilt, morgen bereits wieder out ist. Dies gilt auch für Unternehmen und die Wirtschaft als Ganzes. Mottos, Schwerpunkte, Jahresthemen, Leitprojekte können hier Gegensteuer geben.

Motivationswirkung

Was während eines ganzen Jahres zum Schwerpunkt erklärt wird, vertieft sich, wird verinnerlicht und regt zum Nachdenken und Handeln an. Dies hat eine starke Motivationswirkung und ist auch dazu angetan, Verhaltensänderungen zu bewirken, wenn die Aktivitäten interessant und vielseitig geplant werden.

Konkrete Jahresthemen-Beispiele

- Packen wir es an: Change Management und Innovation
- Gelebte Kundenorientierung und Serviceleistungen
- Das Jahr des Lernens und Sich-Weiterentwickelns
- Die Unternehmensverfassung: Entwicklung eines Leitbildes
- Diversity: Ausländische Mitarbeiter und andere Kulturen
- Technologie im Dienste von Mitarbeitern und Unternehmen

Konkrete Handlungsanregung

Nehmen wir an, Sie machen aufgrund der strategischen Ausrichtung Ihres Unternehmens Innovation zum Jahresthema. Dazu planen und organisieren Sie Aktivitäten, die das Ziel haben, die Innovationsfähigkeiten und die Chancenwahrnehmung zu fördern:

1. Entsprechende Personalentwicklungs-Massnahmen
2. Aufbietung mehrerer externer Referenten und Fachleute
3. Zeitschriften und Bücher-Angebote zu diesem Thema
4. Angehen mehrerer Innovationsprojekte mit Coaches
5. Modernisierung des Prämien- und Vorschlagsystem
6. Auszeichnung von realisierten Innovationen
7. Pressearbeit und lokale Aktivitäten zu Innovationen
8. Unterstützung eines innovativen sozialen Projekts der Region
9. Innovation intern: Prüfung von neuen Arbeitszeitmodellen

Sozialleistungen bewusst und bekannt machen

Ausgangslage

Der Grundsatz der Public Relations "Tue Gutes und rede darüber" gilt auch für sämtliche Massnahmen, die für Mitarbeiter zur Förderung der Zufriedenheit und Motivation, z.B. auch im Bereich der Sozialleistungen, ergriffen werden.

Ebenen der Kommunikation

Die Personalabteilung und alle Führungskräfte müssen umfassend und aktuell informiert sein, um auch bei persönlichen Problemen richtig informiert reagieren zu können. Ferner sollten alle Kommunikationsinstrumente genutzt und auch an selbstverständlich gewordene Leistungen erinnert werden.

Möglichkeiten der Kommunikation und Information

- Konkrete Fallbeispiele in der Mitarbeiterzeitschrift
- Gesamtübersicht am Anschlagbrett
- Gelegentliche Beilage bei Lohnabrechnungen
- Informationsveranstaltungen zu aktuellen Themen
- Aufwand und materiellen Wert bekannt machen
- Anonym zugängliches Dokumentationsmaterial HR-Abteilung

Konkrete Handlungsanregung

Informationsveranstaltungen zu aktuellen Themen

Sozialleistungen und Dienstleistungen allgemeiner Art können auch in interessante Informationsveranstaltungen eingebunden, bzw. als Aufhänger dafür benutzt werden. Dabei dürfen bzw. sollten ohne weiteres auch heikle Themen aufgegriffen werden, wie Burnout, Depressionen, Suchtkrankheiten, Probleme alleinerziehender Elternteile usw.

Im Vorfeld können Mitarbeiter über das Thema informiert werden. Dann werden Websites zum Thema bekanntgegeben, anhand derer man sich mit dem Thema vertraut machen kann. Dann kann ein Informationsabend mit einem Referenten folgen, der Berater, Arzt oder wissenschaftlicher Experte ist. Anschliessend stellt das Unternehmen vorhandene, allenfalls neue oder aktuell überarbeitete Dienstleistungen zum behandelten Thema vor. So wird eine wesentlich bessere Nachhaltigkeit erzielt.

Motivationsideen in Kürze

"Es gibt nichts Gutes, ausser man tut es", meinte Erich Kästner zu Recht. Oder was für den Privatbereich ebenso zutreffend gesagt wird: "Es sind die kleinen Dinge, die die Freundschaft erhalten": Es sind auch die kleinen Aufmerksamkeiten, Ideen, Rituale, Reaktionen und Überraschungen, welche die Motivation von Mitarbeitern im Unternehmen erhalten und stärken.

Die nachfolgenden Anregungen sind spezifische Möglichkeiten genau solcher kleinen Dinge mit Motivationswirkung, die aus den Thesen, Erkenntnissen und Ausführungen zu Beginn des Buches abgeleitet sind und die vertretenen Meinungen umsetzen. Gewicht wurde dabei auch auf Massnahmen und Anregungen gelegt, die kein grosses Budget erfordern, sondern eher an Fähigkeiten und Sozialkompetenzen von Führungskräften und eine Unternehmenskultur mit Respekt vor und Verantwortung für den Mitarbeiter appellieren.

Anregungen für Führungskräfte

Gratulations-Abendessen mit Lebenspartner

Der Einbezug von Lebenspartnern und Kindern ist je nach Situation und Anlass empfehlenswert, um damit auch das Verständnis für berufliche Belange zu fördern und den Stolz auf Leistungen und Erfolge für den Mitarbeiter im Familienkreis zusätzlich zu stärken. Dies kann ein Abteilungsleiter oder ein Geschäftsleitungsmitglied machen oder beide zusammen. Kulinarische Präferenzen eines Lebenspartners in Erfahrung bringen und dabei beiden ein symbolträchtiges Geschenk zu überreichen, kommt zusätzlich gut an.

Der Vorgesetzte, der mit anpackt

Ein Geschäftsleitungsmitglied im Call Center oder der Marketingleiter draussen an der Verkaufsfront. Ein solcher Rollenwechsel kann spontan erfolgen, eine besondere Leistung honorieren oder eine verlorene Wette aus einer Betriebsfeier sein - Spass und Stimmung sind auf jeden Fall garantiert.

Ein das Ferienziel symbolisierendes Geschenk

Für Mitarbeiter, die nach Thailand reisen, einen Essensgutschein für ein thailändisches Restaurant, für Italienreisende eine Spaghetti-Garnitur oder jene mit den USA als Destination eine Elvis Presley-CD - es gibt zahlreiche Möglichkeiten, mit einem solch individuellen Geschenk schöne und erholsame Ferien zu wünschen und zu beweisen, dass man ganz persönlich an jemanden dachte und auch handelte.

Ein kleines "Habe soeben an Sie gedacht"

Sie kennen die Hobbys eines Mitarbeiters und entdecken eine ausgezeichnete Website dazu oder wissen, dass ein Mitarbeiter gerade Nachwuchs erhalten hat und stossen auf einen Artikel über neue Erkenntnisse in der Babynahrung. Ein "Habe soeben an Sie gedacht, dass Sie das interessieren könnte, alles Gute Ihr ...." per E-Mail oder per Post-it-Notiz braucht wenig aber bewirkt viel.

Nach einer Stress-Woche: Sauna- oder Massage-Gutschein

Nach einer Stressphase wie Überstunden, Ausführung eines Grossauftrages unter Termindruck oder Abschluss eines erfolgreichen Projektes kommt ein Gutschein für eine entspannende Aktivität gut an - für eine Sauna, eine Massage, ein Fitness-Center, Entspannungsöle oder gar ein Wochenende in einem Wellness-Hotel.

Einladung zur Geschäftsreisen-Begleitung

Sie reisen demnächst nach Rom oder Paris und haben eine Sekretärin, einen Assistenten oder einen Mitarbeiter, den Sie schon lange mal mit mehr als einem Blumenstrauss oder einem Einkaufsgutschein überraschen möchten. Dann ist ein Flugticket und die Begleitung während einer Geschäftsreise eine besondere Aufmerksamkeit und gelungene Überraschung.

Ein Führungs- und Motivations-Tagebuch führen

"Lob nach Agenda" ist hier nicht die Meinung. Vielmehr sollten Sie alle Massnahmen, Äusserungen, Ideen und Aktivitäten, mit denen Sie die Motivation Ihrer Mitarbeiter steigern und die Stimmung verbessern, in einem Tagebuch festhalten. Und zwar, was Sie machten und welche Resonanz dies fand. So können Sie einen motivierenden Führungsstil konditionieren und des öfteren auch reflektieren und erkennen, welche Massnahmen besonders gut ankommen und wirken.

Das ist Ihr Talent – und damit können Sie mir helfen

Nur weniges ist so motivierend, wie Talente nutzen und unter Beweis stellen zu können. Und kaum etwas anderes erfüllt Mitarbeiter mit derartigem Stolz, als zeigen zu können, dass sie etwas ganz bestimmtes am besten - besser als ihr Vorgesetzter können - darin wahre Meister sind. Machen Sie es deshalb zur Gewohnheit, Kerntalente von Mitarbeitern zu erkennen und zu nutzen, sie dabei um deren Hilfe zu bitten und explizit zu sagen, dass Sie dies wissen und ganz besonders schätzen.

Management by walking around

Machen Sie es sich zur Gewohnheit - inklusive Geschäftsleitung - ein Mal pro Monat durch alle Abteilungen zu gehen und mit den Mitarbeitern zu reden, sich für deren Arbeit zu interessieren und erfahren, wo der Schuh drückt. Damit werden zwei Effekte erzielt: Das frühe Erkennen von Problemen und die zum Ausdruck kommende Wertschätzung der erbrachten Leistungen durch das Management. In diesem Zusammenhang interessant zu wissen: Ob Mitarbeiter im Job ihr Bestes geben, hängt in hohem Grade auch von Gewissheit ab, dass sich die Unternehmensführung für das Wohlergehen von Mitarbeitern interessiert. Das ist eines der Kernergebnisse einer Online-Umfrage unter 4000 Angestellten zum Thema "Engagement am Arbeitsplatz", welche die internationale Beratungsgesellschaft Towers Perrin durchführte.

Anregungen für den Betriebsalltag

"Pressekonferenz" für Neueintretende

Dass auf das Pult eines neueintretenden Mitarbeiters ein Blumenstrauss gehört, dürfte an vielen Orten bekannt sein. Eine weniger bekannte Möglichkeit besteht darin, den Neueintretenden zu einem besonderen "Star" zu machen, indem er an einer Pressekonferenz ähnlichen Veranstaltung künftigen Kolleginnen und Kollegen Rede und Antwort steht und jemand noch Fotos für die Website und Mitarbeiterzeitschrift macht.

Eine Website für "Happy Events"

So kann eine ganze Abteilung einem Mitarbeiter zu einem erfreulichen Ereignis gratulieren - dem Diplomabschluss, dem Bestehen der Probezeit oder Nachwuchs und Hochzeit im Privatbereich. Eine solche Website kann dauernd belassen und auch privat gezeigt werden.

Abteilungs-Wettbewerb für "Foto des Monats"

Während eines ganzen Monat findet ein Fotowettbewerb zu einem ganz bestimmten Thema statt, welches mit Vorteil einen Bezug zum gewürdigten Erfolg oder der erbrachten Leistung hat. Beispiel: Beim Einzug in ein neues Gebäude ein Fotowettbewerb zum Thema, welcher Mitarbeiter in der entspanntesten Pose von wem am besten fotografiert wird.

You did a great job

Per SMS oder per E-Mail im Anschluss an eine erfolgreiche Sitzung mit einem besonders engagierten Mitarbeiter: "Ihr Input beim Meeting war Klasse" oder "Gratulation zur Super-Präsentation". Manchmal sind es auch neue Medien oder überraschende Kommunikationsträger, welche einem Lob ein andersartiges oder besonderes Gewicht verleihen können.

Der Mitarbeiter-Aktien-Index

MAX ist das Kernelement eines Mitarbeitermotivationskonzeptes von Klaus Kobjoll, dem Autor des Buches MAX, dem "Mitarbeiter-Aktien-Index". Jedem Mitarbeiter wird an seinem ersten Arbeitstag ein Wert von 1.000 Pixel mittels einer so genannten Ich-Aktie zugeschrieben. Die Mitarbeiter selbst beurteilen ihre eigene Arbeitsleistung - und somit ihren Gewinn für das Unternehmen. Geprüft werden unterschiedliche Faktoren: So sinkt der Kurs der Ich-Aktie z.B. bei unpünktlichem Erscheinen am Arbeitsplatz und bei überdurchschnittlichen Absenzen. Positiv auf den Kurswert wirkt sich indes eine besonders kollegiale Hilfe oder eine wirksame Kundenservice-Idee aus. Für eingereichte Ideen erhält der Mitarbeiter eine bestimmte Anzahl Punkte gutgeschrieben, die seinen "Aktienwert" steigen lassen. Jede umgesetzte Idee bringt dem Mitarbeiter fünf Pixel ein. Der Stand der Aktie lässt sich auch mit Weiterbildungsmassnahmen positiv beeinflussen, wie einer Gutschrift von zehn Pixel pro absolviertem Seminartag. Die spielerische Ausrichtung von MAX wirkt auf die Mitarbeiter motivierend und hat den Vorteil, Motivation bewusster werden zu lassen und sich permanent aktiv und selbstkritisch mit ihr auseinanderzusetzen. Darüber hinaus kann MAX auch als Instrument für die eigene berufliche Qualifizierung und Weiterentwicklung betrachtet und eingesetzt werden.

Soziales Engagement

Ein Unternehmen, welches sich sozial engagiert, beweist ethische und über das Wirtschaftliche hinaus gehende Verantwortung und erzielt damit ein hohes Mass an Glaubwürdigkeit, welche über den Betrieb hinausgeht. Man kann ein Entwicklungsland wählen, eine Naturkatastrophe als Anlass nehmen, ein produktnahes gemeinnütziges Gemeinschaftsprojekt unterstützen oder in der Region einer karitativen Organisation spenden. Verdoppeln Sie den von Mitarbeitern gespendeten Betrag und wählen Sie weitere Aktivitäten rund um das Thema (Vortrag eines Externen, Buchempfehlungen, Beitrag in Mitarbeiterzeitschrift, Presseschau zum Thema, Diskussionsrunden im Betrieb).

Wellness-Monat

Das Gesundheitsbewusstsein hat stark zugenommen und die Gesundheit im Betrieb ist aus verschiedenen Gründen ein ernstzunehmendes und wichtiges Thema. So kann man Monate einem bestimmten Gesundheits-Thema widmen (Entspannung, Vitaminversorgung, Heilpflanzen, alternative Medizin, Atmung) und dieses auf unterschiedliche Weise thematisieren (Einladung von Experten, entsprechende Nahrung wie Früchte und Vitaminhaltiges spendieren, Buchempfehlungen abgeben, Spezialausgabe der Mitarbeiterzeitschrift produzieren, Gutscheine für Entspannungs-Aktivitäten verlosen, Erfahrungsberichte von aktiv gewordenen Mitarbeitern, gemeinsamer Besuch eines Fitness-Centers).

Die Shabby-Look oder Business-Look-Modeschau

Wer schafft es, an einem Tag mit den abgetragensten Kleidern arbeiten zu kommen, den originellsten Freizeit-Look oder den elegantesten Business-Look hinzukriegen? Preise zu vergeben und eine Fotogalerie zu initiieren sorgt für Stimmung und zeigt Menschen plötzlich von einer unbekannten, neuen Seite.

Relax-Raum einrichten

In vielen Firmengebäuden ist ein Raum zu finden, der selten oder nie benutzt wird. Hier kann ein Relax-Raum mit Rückzugsmöglichkeiten bei Stress und für kurze Entspannungsphasen geschafft werden. Ein

Stressabbau-Sack, eine palmenähnliche Pflanze und eine Hängematte verstärken den optischen Erholungseffekt.

Feedback-Wirkung spürbar machen

Auch so kann man Abwechslung in eine Sitzung bringen: Organisieren Sie einige nasse Schwämme und einige Blumen. Nun werden alle Personen, die positive, konstruktive und weiterführende Feedbacks abgeben, mit dem Zuwerfen einer Blume belohnt und auf negatives, nörgelndes oder abblockendes Feedback wird mit einem nassen Schwamm reagiert. So wird zum einen eine ausgelassene und heitere Stimmung erzeugt und zum anderen bewirken die symbolhaften Handlungen ein Bewusstmachen von Feedbacks.

Fussball- oder Freizeitpark-Ticket

Ein Mitarbeiter mit Kindern musste in den letzten Tagen einige Abende Überstunden machen. Dies hatte zur Folge, dass sein Sohn oder seine Tochter den Vater selten zu Gesicht bekam. Warum soll das Dankeschön nicht auch mal einem Kind gelten? Bringen Sie durch seine Ehefrau das Hobby seiner Kinder in Erfahrung, organisieren Sie Sport-, Kindertheater- oder Freizeitpark-Tickets für die ganze Familie mit einer Karte: "Weil wir Ihren Ehemann und Euren Vater in den letzten Tagen gar arg in Beschlag nahmen, hier ein Dankeschön von uns für ein vergnügliches Wochenende".

Lernchancen bieten

Neues lernen und entdecken, ist für viele motivierend. Deshalb sollten Mitarbeitern solche Lernmöglichkeiten geboten werden und nach Abschluss von Projekten öfters nach dem Gelernten oder dem zu erwartenden Lerngehalt gefragt werden. Auch in einem Team kann die Fragestellung "Was haben wir alle eigentlich aus diesem Projekt gelernt?" eine motivierende Methode sein.

"Personenkult" in Mitarbeiterzeitschriften erlaubt

Machen Sie Mitarbeiterzeitschriften, Schwarze Bretter und Betriebs-News zu Plattformen, bei denen Mitarbeiter als Menschen im Mittelpunkt stehen. Dies fördert den Teamgeist und die Identifikation. Konkrete Möglichkeiten sind: Geburtstage, Projektabschluss-Gratulationen, Jubiläen, Pensionierungen, Portraits neu eingetretener Mitarbeiter oder Vorstellungen in Interviewform durch Abteilungskolleginnen und -kollegen, private Ereignisse wie Nachwuchs und Hochzeit, Diplome und Ausbildungsabschlüsse, den Teamgeist belegende Geschichten aus Abteilungen, Hobby-Beiträge von "Mitarbeitern als Reporter", Ferienerzählungen usw.

Special Days: Interessante Thementage

Special Days sollen sich einem Thema widmen, das mit Beruf und Leistung nichts zu tun hat, sondern den Fokus bewusst auf unterhaltende, kulturelle, humorvolle Aspekte richtet. Diese Special Days können einem Musiker, Schauspieler, Jahrestag oder einer Persönlichkeit gewidmet sein, die im Zusammenhang mit dem Charakter des Unternehmens stehen. Verschiedene Aktivitäten untermalen dies: Poster, Produkte, Referate, Workshops, Arbeiten von Mitarbeitern, Dokumente, DVD's zum Ausleihen und mehr.

Den freien Nachmittag geniessen

Flexible Arbeitszeiten benötigen nicht immer hochkomplexe Arbeitszeitmodelle. Manchmal sind es kleine Gesten von Grosszügigkeit mit Überraschungseffekt, die ihre Wirkung ebenso nicht verfehlen. Hat Ihre Sekretärin an einem schönen Sommertag eine wichtige Arbeit schnell und qualitativ sehr gut abgeschlossen, gönnen Sie ihr doch einen freien Nachmittag oder zumindest früheren Feierabend: "Sie haben da eine tolle Arbeit abgeliefert, die mir sehr hilft. Sie verdienen es deshalb, den Nachmittag heute frei zu nehmen und die Sonne zu geniessen".

Wohltätigkeits-Abend

Einmal im Jahr wählen alle Teams und Abteilungen eine Form der Hilfe und Unterstützung, bei der sie ihre soziale Verantwortung unter Beweis stellen. Sie begründen ihren Entscheid (Unterstützung eines Entwicklungsprojektes, Spenden an medizinische Forschungsgruppen, Spielplatz-Einrichtung im Waisenhaus der Region) gemeinsam. Dabei trägt die Geschäftsleitung jeweils mit einem finanziellen Zuschuss zum Erfolg und Sicherstellen der Projekte bei.

Einladungen auch an ehemalige Mitarbeiter

Laden Sie zuweilen Pensionierte oder langjährige und verdienstvolle Mitarbeiter auch an Ausflüge oder Betriebsfeste ein. Damit wird nämlich auch bestehenden Mitarbeitern signalisiert, dass Sie Betriebstreue würdigen und man auch beim Weggang nicht in Vergessenheit gerät.

E-Bay für den Betrieb und Ihre Mitarbeiter

Die Online-Auktionsplattform E-Bay erfreut sich grösster Beliebtheit. Ulkigste und ungewöhnlichste Sammlergegenstände, Dinge aus Grossmutters Estrichkiste, Bücher, Software und Produkte des Alltages werden angeboten. Eine solche Plattform lässt sich im Kleinen in einer einfachen Form auch für Ihren Betrieb erstellen. Ein solches Angebot ist sehr auflockernd, stärkt das Gemeinschaftsempfinden und gibt manch interessanten und humorvollen Gesprächsstoff – mit kleinen Einblicken in die Präferenzen und Hobbys von den im Betrieb arbeitenden Menschen.

Stresshilfe-Set für Entspannung

Es gibt Mitarbeiter und Abteilungen, die oft unter starkem Stress stehen. Ein symbolisches Stresshilfe-Set kann in Stress-Spitzenzeiten" für Abhilfe und Entspannung sorgen und zum Beispiel Kaugummi, eine DVD mit Entspannungsmelodien, ein Maskottchen und entspannende Spezialzusätze für Luftbefeuchtungsgeräte enthalten.

Walk & Talk Anlässe

Quartalsweise oder wann auch immer wird nach dem Feierabend ein einstündiger Ausflug organisiert, bei dem man während eines lockeren Spaziergangs mit aussenstehenden Gruppen von Marktteilnehmern wie Lieferanten, Grosskunden, Beratern, Familienangehörigen, Dienstleistern, Händlern usw. ungezwungen ins Gespräch kommt. Ein Zvieri auf einem Bauernhof oder eine anschliessende Weindegustation und einem Referat, das einem speziellen Thema gewidmet sein kann, rundet ein solches, das Zusammengehörigkeitsgefühl und die Kommunikation stärkendes Happening auf sympathische Weise ab.

Kader-Retraiten – aber mit Ideen

Von symbolträchtigen Ereignissen und Ideen begleiteten Klausuren und Retraiten haben eine erhebliche Motivationswirkung, lockern auf und stärken des Zusammengehörigkeitsgefühl. Solche Veranstaltungen können von sehr ausgefallenen und ungewöhnlichen Events begleitet werden wie Teilnahme an einem Kletterkurs, Einblick in eine Clown-Werkstatt, Probelektion in einem Selbstverteidigungskurs, Lagerfeuer-Camping, zwei Stunden Mitarbeit auf einem Bauernhof und dergleichen mehr. Solche Feiern, Rituale und Gruppenabenteuer können zu einem wesentlichen Bestandteil einer Unternehmenskultur werden.

Foto-Safari im Betrieb

Schnappschüsse von Mitarbeitern in lustigen Situationen, Fotos aus Betriebsfesten und Partys oder während einer Woche eine Betriebsfoto-Safari schafft Erinnerungen. Solche Fotos können in Mitarbeiterzeitschriften und im Intranet publiziert werden, Fotogalerien neben Anschlagbrettern und Wandkalender mit den originellsten Fotos für Mitarbeiter oder gar ein Foto-Wettbewerb sorgen für zusätzliche Stimmungsmomente und Auflockerung.

Work-Life-Balance-Tag

Ziehen Sie sich mit Ihren Mitarbeitern in die Natur zurück und machen Sie sich gemeinsam Gedanken zur Harmonisierung von Privat- und Berufsleben. Welches sind die Bedürfnisse der Mitarbeiter, was kann verbessert werden, worauf wird besonderer Wert gelegt? Eventuell können sogar noch die Lebenspartner eingeladen werden und ein Fachmann kann zur Eröffnung ein interessantes Referat zum Thema halten. Bieten Sie zur Vorbereitung Literatur, Fachartikel und Websites zum Verständnis des Themas.

Kein Tag ohne Lachen

Vor Jahren führte eine amerikanische Grossbank mit Erfolg einen ganz simplen "Monat des Lachens" durch. Mitarbeiter wurden ermuntert, sich jeden Tag einen Witz zu erzählen, sich mit einer Anekdote aufzuheitern, eine Karikatur mitzunehmen oder im Internet zu zeigen oder ein lustiges Freizeiterlebnis zu erzählen. Die Stimmung lockert sich auf und entspannt sich und die Arbeitsmoral und die Zusammenarbeit verbessern sich spürbar. Es ist auch wissenschaftlich nachgewiesen, dass Lachen zahlreiche, höchst positive Auswirkungen in psychischen, physischen und sozialen Bereichen hat. Übrigens sind auch Vorgesetzte, die lachen können und Humor haben, deutlich beliebter, als solche, die sich damit eher schwertun.

Kinder-Tag im Unternehmen

Bei Kindertagen dürfen Kinder einen Tag lang in den Betrieb kommen, in dem ihr Vater bzw. ihre Mutter arbeitet. Dies bringt einen wichtigen Privatbereich Mitarbeitern gegenseitig näher, Kinder lernen die Arbeitswelt ihrer Eltern kennen und es werden neue Interessen und Gesprächsstoffe geschaffen.

Klagemauer

Diese Einrichtung, an die Personalabteilung Anliegen zu richten, die man in der Abteilung oder dem Vorgesetzten aus verschiedensten Gründe nicht mitteilen möchte, kann auf ein grosses Bedürfnis stossen und auch Unzulänglichkeiten zu Tage bringen. Diese Möglichkeit sollte anonym nutzbar sein, sich an Vertrauenspersonen richten und sämtliche Problembereiche, wie Vorgesetztenverhältnis, Teamprobleme, Privates, Fragen zur Karriere und Entwicklung usw. umfassen.

Kleine Gesten mit grosser Wirkung

Blumenstrauss nach Hause

Ihr Assistent muss schon seit mehreren Wochen jeden zweiten Abend Überstunden leisten und vernachlässigt dadurch seine Ehefrau arg. Ein Blumenstrauss mit einer Dankes- und Verständnis-Karte kostet nicht viel, kann aber Wunder – und Verständnis – bewirken.

Erholungs-Grüsse an den Ferienort

Eine SMS oder E-Mail an den Ferienort eines Mitarbeiters, eventuell mit einem offerierten Abendessen verbunden und der ganz einfachen Frage, wie schön und erholsam die Ferien sind und ob alles in Ordnung ist, kommt als unerwartete Aufmerksamkeit bestimmt gut an.

Abendessen mit der Geschäftsleitung

Als Aufmerksamkeit und Gratulation zum Abschluss eines erfolgreichen und wichtigen Projektes signalisiert die Wertschätzung und zeigt auch dem miteingeladenen Lebenspartner, wie sehr die Leistungen im Geschäft honoriert werden und über welch gute Stellung der Partner verfügt.

Konzert-Ticket für den Lieblingssänger

Wer sich auch für die privaten Hobbys seiner Mitarbeiter interessiert, kann Dankeschöns und Anerkennungen auch auf nichtbetrieblicher Ebene aussprechen. Überraschen Sie doch einen Mitarbeiter mit zwei Konzert- oder Musical-Tickets: "Ich weiss, wie sehr Sie die Musik von Phil Collins mögen. Mit diesen beiden Tickets möchte ich mich für Ihren besonderen Einsatz in den letzten zwei Wochen ganz herzlich bedanken. Geniessen Sie diesen Abend – und die besten Wünsche und Grüsse an Ihre Freundin".

Mit einem Junior- oder Senior-Status zu Ansehen

Neben den formalen Statuswirkungen, die durch Beförderungen erreichbar sind, wirken auch besondere Jobtitel motivierend für manche Menschen, z.B. Mitarbeiter des Monats, Untergliederung der Stellenbezeichnungen in Junior- und Senior-Variante Auch die Verantwortung für ein exponiertes Projekt wird positiv als Verbesserung des Status empfunden. Doch Statusmittel sollten mit anderen Massnahmen kombiniert und eher zurückhaltend und auf Naturell und Persönlichkeiten ausgerichtet eingesetzt werden.

Meeting-Thema: Heute mal ganz anders...

Überraschen Sie Ihre Mitarbeiter bei einem Meeting am letzten Tag einer Arbeitswoche mit einem nicht geschäftlichen, ungewöhnlichen, aber interessanten Thema. Die Ferienziele, spannende Hobbys, ein aktuelles oder ein psychologisches Thema lockert auf, zeigt Mitarbeiter und Sie von neuen, unbekannten Seiten und ermöglicht einen hilfreichen und anregenden Erfahrungsaustausch.

Anti-Stress-Mittel zur Entspannung

Überraschen Sie Ihre Mitarbeiter doch während hektischer Stunden oder Tage und stressbelastenden Phasen mit kleinen Aufmerksamkeiten zwischendurch: Orangensäfte, Vitamindrinks, Früchteschalen und ähnlichen Muntermachern. Dies zeugt von Aufmerksamkeit und ist ein konkreter Beitrag zu Gesundheit und Entspannung.

Einkauf ist schon erledigt

Ihr Mitarbeiter arbeitet bis spät in den Abend oder hat schon einige Arbeitstage mit Überstunden hinter sich und ist Single. Beauftragen Sie doch ihre Assistentin, in einem der Online-Shops der Grossverteiler für ihn einen kleinen Einkauf durchzuführen und senden Sie ihm dann ein E-Mail: "Für Ihren tollen Einsatz und die vielen Überstunden vielen Dank. Wir haben für heute Abend das Einkaufen mit einem Lieferservice für Sie schon erledigt, lassen Sie sich zuhause überraschen!".

Ohne Sie wäre es nicht möglich gewesen

Ob es ein E-Mail an die Geschäftsleitung oder ein Konzept für das gesamte Betriebskader ist: Erwähnen und loben Sie darin den Mitarbeiter ausdrücklich, der entscheidend zum Erfolg beigetragen hat und lassen sie ihm eine Kopie des Schreibens zukommen mit einer kleinen Aufmerksamkeit und einem Dankeschön. Beispiel für eine Aussage in einem Projekt-Abschlussbericht: "Meine Assistentin Frau Marthaler hat mit ihrem Organisationsgeschick und Führungstalent wesentlich zum Erfolg dieses Projektes beigetragen".

Happening-Pausen

Muss die Pause immer derselbe Gang in die Cafeteria oder Kantine sein? Nein, durchaus nicht. Interessante Gäste und Themen können auch für Pausenabwechslung sorgen: Ein Bauer, der melkfrische Milch und neue Milchprodukte abgibt, ein Bäcker aus der Umgebung, der ofenfrisches Gebäck verteilt oder ein Gemüse- und Früchtehändler, der Neues zur Saison anbietet.

Pausen- und Verpflegungs-Service

Es kann einmal im Monat sein oder sogar definitiv eingeführt werden: Am Nachmittag Kaffee und Gebäck servieren lassen – mit Grüssen und Dank der Geschäftsleitung für das erfolgreiche erste Quartal. Diese Arbeit kann abwechslungsweise von Mitarbeitern übernommen werden, die Teil des eventuell gefeierten Anlasses sind.

Räume und Büros nach Mitarbeiternamen benennen

Wir haben in diesem Buch mehrmals betont, dass Spass und Humor ein nicht zu unterschätzender Motivationsfaktor sind. Hier eine praktische Möglichkeit: machen Sie es wie Stadtverwaltungen und benennen Sie doch Sitzungs- und Aufenthaltsräume, Mitarbeiterbüros nach Namen von Mitarbeitern. Wenn Sie dann Ihre Assistentin Sandra Mosimann bitten, im nach ihr benannten Sandra-Mosimann-Raum" ein Meeting zu organisieren, erscheint eine solche Aufgabe wohl plötzlich in einem ganz neuen und anderen Licht.

Publikationen des besonderen Tages

Grössere Zeitungen bieten den Service, auch für weit zurückliegende Tage historische Ausgaben zu geben. Ob Jubiläum oder Pensionierung - wenn man einen Glückwunsch mit einem solchen Dokument verbindet, bekommt er eine originelle Note, besonders mit einem Zusatzvermerk wie: "Das besondere Ereignis, dass Sie an diesem Tag in unsere Firma eintraten, wurde leider nicht gemeldet. Doch wir haben es nicht vergessen und freuen uns noch heute darüber..."

Kreativitätspreis: Narrenfreiheit

Es gibt einen Grosskonzern, der seinen besten Forschern völlige Freiheit lässt punkto Arbeitszeit, Kleidung, Arbeitstempo usw. . Auch Sie können einmal pro Monat oder auch nur für eine Woche einen Kreativitätspreis so vergeben, dass der/die betreffenden Mitarbeiter eine solche Narrenfreiheit nutzen darf. Die Art und Weise, wie dies gemacht wird, ist dann sogar noch spannender Stoff für die Mitarbeiterzeitschrift oder das Intranet.

Gratulation zur Geburt eines Kindes

Die Geburt eines Kindes gehört zu den grossen Ereignissen im Leben eines Ehepaares. Wenn dies auch Ihr Unternehmen in einer ungewöhnlichen und sich dessen bewussten Form zum Ausdruck bringt, ist dies ein wesentlicher Motivationsbeitrag. Konkrete Möglichkeiten: Zwei Freitage - Website-Gestaltung für das Baby - Babypflegeartikel gesammelt in einem Baby-Tragekorb als zusätzliches Geschenk - Gutschein für einen Babysitter - Jahres-Gutschein für Pampers - Horoskop des Kindes in Form eines Zertifikates - Humoristische Einladung für Arbeit im Betrieb nach Eintritt ins Erwachsenenalter.

Massage-Woche mit Masseurin im Betrieb

Wellness liegt im Trend und auch in den Betrieben wird man sich der Bedeutung der Gesundheit und des Wohlbefindens immer bewusster. Ein Service der besonderen Art ist die Einladung einer diplomierten Masseurin, bei der sich interessierte Mitarbeiter kostenlos massieren lassen können.

Meeting an einem überraschenden, neuen Ort

Wenn Sitzungen schon Orte sind, an denen viele rein gehen und zuweilen wenig rauskommt, so kann man mit der Variation der Örtlichkeiten Abwechslung, Überraschung und eine interessante Symbolik reinbringen. Mögliche Orte: Terrasse, privater Gartensitzplatz, Picknick-Ort, Dach des Firmengebäudes, Meeting auf Boot oder Schiff.

Aufmerksamkeit scheinbar unbedeutenden Details widmen

Ein Top-Manager der IBM vertrat die Auffassung, dass die besten Führungskräfte sich in der Auseinandersetzung mit abstrakten Themen wie Visionen, Perspektiven und Strategien genau so wohlfühlen, wie mit kleinen Vorgängen im Alltagsverhalten von Ereignissen, Besonderheiten und Mängeln. Konkret: Bei welchen Details beweisen Sie Aufmerksamkeit für das Wohlergehen Ihrer Mitarbeiter? Neue Bürostühle, ein Ventilator, ein neues Arbeitsinstrument, ein Orangensaft bei einer Erkältung, früherer Feierabend bei Krankheit eines Kindes, Taxigutschein für Mitarbeiter, der sich unwohl fühlt – es gibt viele Gelegenheiten für kleine aber sehr wirksame und nachhaltige Aufmerksamkeiten.

Belohnung und Anerkennung

Was wären wir ohne Sie...

Gehen Sie einmal mit Ihrer Assistentin auswärts in ein Café und sagen Sie ihr, was Sie oder Ihre Abteilung ohne ihre unermüdliche Mithilfe, ihr Organisationstalent und ihre Umsicht wäre - nur halb oder gar nicht so leistungsfähig. Das überrascht und wird so schnell nicht vergessen.

Buch mit Anerkennungs-Widmung

Wählen Sie ein Buch mit einem Zusammenhang zur erbrachten Leistung oder zum Thema der Wertschätzung und versehen Sie es mit einer Widmung, die konkretes Lob enthält. Beispiel: Bei einem IT-Projektabschluss eine Biographie über Bill Gates und eine Widmung "So wie andere Grossartiges erschaffen haben, war auch Ihr Projekteinsatz eine ganz tolle Leistung - dafür vielen Dank".

Das Dankeschön-Post-it mit Frühstück

Nach einer Abschlussarbeit bis tief in die Nacht am Vorabend, am nächsten Morgen ein Post-it auf dem Monitor "Vielen herzlichen Dank für den Supereinsatz - und en Guete" mit einem Mini-Frühstück auf dem Pult. Solche originelle berraschungen bleiben nachhaltig in Erinnerung und sind Aufmerksamkeiten, die beweisen, dass gute Leistung erkannt und gewürdigt wird.

Abteilungs-Erfolg mit Symbolgeschenken feiern

Feiern und Anerkennungen mit Symbolgehalt haben eine besondere Wirkung. So können an einer Abteilungsfeier die Mitarbeiter mit Geschenken bedacht werden, die ihre Persönlichkeit und ihre Leistung symbolisieren. Für Kreative kann dies ein Malset sein, für besonders Einsatzfreudige ein Fitness-Center-Gutschein zur Kanalisierung von Energie und für jene mit besonders viel Humor und Optimismus-Beitrag eine Eintrittskarte für ein Kabarett.

Sie und Ihr Unternehmen leben von Kunden

Machen Sie es zur Regel, auf Kundenkomplimente und positive Kundenäusserungen dem sie verursachenden Mitarbeiter Feedback zu geben und dies zu würdigen: "Unser Grosskunde Herr Müller von der Muster AG hat mir gestern voller Lob über Sie gesagt, wie gut und kompetent er von Ihnen betreut wird. Ich schätze dies sehr und möchte Ihnen dafür ganz herzlich danken".

Anerkennungs-Brief an die ganze Familie mit Kinokarten

Wenn auch der Lebenspartner, die Ehefrau und die Kinder von der guten Leistung erfahren und sehen, wie sehr diese von Ihnen anerkannt wird, weckt dies bei den betroffenen Angehörigen gute Gefühle und vor allem natürlich auch beim Mitarbeiter. Ein an die Ehefrau gerichteter Dankesbrief mit Kino- oder sonstigen Freizeitveranstaltungskarten wird also eine erstaunliche Wirkung zeitigen und als besondere Form der Anerkennung in Erinnerung bleiben.

Hotel-Einladung für Lebenspartner während Geschäftsreise

Auch diese Form der Anerkennung und der Wertschätzung wirkt bei beiden Personen stark. Dies kann während einer Geschäftsreise oder eines Seminars sein und auch ein Ticket für eine Abendveranstaltung oder eine Städtereise ins Ausland sein.

Abendessen mit Prominentem

Suchen Sie einen Prominenten, der Fähigkeiten, Charaktermerkmale oder Eigenschaften aufweist, die die zu anerkennenden Leistungen des Mitarbeiters besonders gut symbolisieren. Beispiel: Handelt es sich um einen erfolgreichen Projektleiter, bei dem vor allem auch Beharrlichkeit ein Grund war, könnte ein bekannter Talkmaster eines TV- oder Radio-Regionalsenders der Gast sein. Oder bei exzellentem, dabei bewiesenem Fachwissen ein anerkannter Experte oder Autor zum Thema.

Ein Geschenk zum Hobby

Das Hobby eines Mitarbeiters zu kennen beweist einerseits das Interesse an ihm auch als Menschen und das Geschenk dazu findet andererseits garantiert grosses Interesse und hohen Nutzwert. Angehörige oder Fachleute können dabei behilflich sein, auf wirklich gelungene Geschenkideen zu kommen, die den Hobbyansprüchen dann auch genügen.

Das Dankeschön auch am Anschlagbrett

Danken Sie Ihrem ganzen Team auf eine sehr persönliche Art und Weise (das Kapitel Musterbriefe enthält zahlreiche Anregungen) zusätzlich auch am Anschlagbrett: "Ohne Sie als grossartiges Team hätte dieses für unser Unternehmen so wichtige Projekt nicht so erfolgreich und termingerecht abgeschlossen werden können – herzlichen Dank dafür an Sie alle".

"Ihr Firmenname"-Oscar Gewinner dieses Jahr

Warum soll nur Hollywood Oscars vergeben dürfen? Das können Sie genauso gut an Jahresendanlässen und Betriebsausflügen. Allerdings nicht Oscars für Regie oder Nebenrollen, sondern für Kategorien, die gemäss Ihrer Unternehmenskultur die grösste Bedeutung haben.

Dies können zum Beispiel Oscars für das erfolgreichste Projekt, die kundenfreundlichste Handlung, die innovativste Idee, die kollegialste Hilfsbereitschaft und den besten Verkaufsabschluss sein. Ein Ritual, das mit Sicherheit gut ankommt und eine äusserst nachhaltige Wirkung haben dürfte.

Auch Angehörige freuen sich über Anerkennung

Eine Lebenspartnerin hat ein Sprachdiplom abgeschlossen, der Sohn die Lehre bestanden oder die Tochter eine Auszeichnung zur besten Grafikerin der Region erhalten. Ein Brief zur Gratulation, ein Telefonanruf, ein Geschenk, ein Beitrag in der Mitarbeiterzeitschrift - wo auch immer und wie auch immer - Anerkennung bei Angehörigen und Familien von unerwarteter Seite sind doppelt wertvoll.

Vorstellung zwei besonders wichtiger Mitarbeiter

Machen Sie es sich zur Gewohnheit, dass der Geschäftsleitung jeden Monat ein bis zwei Mitarbeiter vorgestellt werden und sie sich dabei informieren lässt, welch wichtigen Beitrag diese zur Unternehmensleistung beitragen. Dies muss Mitarbeiter aus sämtlichen Funktionen und Positionen einbeziehen, also ganz besonders auch sonst eher im Schatten stehende Mitarbeitende wie Portiers, Reinigungsequipen, Speditionshilfen und so fort.

Ein Betriebs-Tagebuch führen

Das gute alte Tagebuch kann auch wieder zu Ehren kommen, wenn es um Motivation geht. Bitten Sie Ihre Mitarbeiter - auf Unternehmens- oder Abteilungsebene - humoristische, denkwürdige und erfreuliche Ereignisse, Beobachtungen und Eindrücke einem Tagebuch ähnlich zu notieren. Dies kann traditionell in Tagebüchern oder digital auf Intranet-Seiten geschehen. Solche Informationen bilden eine "Firmengeschichte", bieten interessante Informationen für Führungskräfte, dokumentieren Ereignisse für bestimmte Anlässe und haben spannenden Geschichten-Charakter für Mitarbeiterzeitschriften.

Anerkennungs-Zertifikate

Stellen Sie Anerkennungs-Zertifikate für besondere Leistungen aus, die einem Diplom oder einer Urkunde gleichen und den besonderen Wert der Leistung symbolisieren. Diese sollten die individuelle Leistung, das Projekt, den Beitrag zum Unternehmen usw. enthalten und auch von der Geschäftsleitung unterschrieben sein. Es sind auch Zertifikate für verschiedene Kategorien denkbar wie Hilfsbereitschaft, Einsatz, Projektabschluss, Innovationen, bester Kundenservice usw.

Wenn zwei stolz sind auf Spitzenleistungen

Fragen Sie doch die Lebenspartnerin – ob Frau, Mann oder Freundin – was der grösste Wunsch eines Mitarbeiters ist, dem Sie für eine besondere Leistung auf besondere Weise danken möchten. Laden Sie dann die oder den Lebenspartner zu sich ins Büro ein und überreichen Sie gemeinsam das Geschenk so, dass auch der Lebenspartner erfährt, wie sehr Sie und das Unternehmen seine Fähigkeiten und Leistungen anerkennen.

Ideen auf Abteilungs- und Unternehmensebene

Überraschungs-Event mit Prominenz

Im Anschluss an eine Sitzung wird ein bekannter Fachmann oder Experte zu einem bestimmten Thema eingeladen, welches durchaus nichtgeschäftlicher Natur sein kann und hält als Überraschung einen spannenden und interessanten Vortrag.

Der CEO am Empfang: Rollentausch

Einmal sitzt der Geschäftsführer am Empfang, der Produktionsleiter im Call Center und der Marketingleiter schnürt Pakete in der Spedition. Ein solcher "Rollentausch-Tag" erzeugt aber nicht nur garantiert tolle Stimmung, sondern fördert auch das Verständnis für und Know-how zu anderen Arbeiten und Aufgaben in einem Unternehmen.

Überraschungs-Picknick

Nach einem anstrengenden Arbeitstag, einem erfreulichen Grossauftrag oder erfolgreichen Projektabschluss das ganze Team spontan zu einem Picknick einladen und jedem einzelnen Mitarbeiter für die erbrachte Leistung danken.

Arbeitsbeginn mit Blumen

Überraschen Sie die Mitarbeiter frühmorgens – beim Haupteingang oder am Arbeitsplatz – mit einem Blumenstrauss, im Idealfall persönlich überreicht durch die Geschäftsleitung. Das Motto kann sein: "Es ist wieder mal Zeit für ein herzliches Dankeschön.". Anstelle von Blumen können auch symbolhafte Geschenke oder ein Ferientag mittels eines Guthabenscheines und Dankeschön-Briefes eine positive Überraschung sein.

Symbolhafte Auszeichnung als Team und Abteilung

Bei einer Betriebsfeier wird jede Abteilung von der Geschäftsleitung mit einem symbolträchtigen Geschenk geehrt und gelobt. Diese Geschenke können besondere Leistungen, Teamstärken, Art der Leistungserbringung, bestimmte Charaktere, Neugründung oder Jubiläum einer Abteilung, einer Gruppe oder eines Teams betreffen. Beispiele: Mountainbike für Teams, die besondere Hürden genommen haben, Abakus für die Buchhaltung, Medaille mit Siegerpodest für Top-Service des Kundendienstes und so fort.

Wir sind ein gutes Team und können noch besser werden

Gehen Sie doch mit Ihrer Abteilung einmal in Klausur an einen schönen, inspirierenden und erholsamen Ort und widmen Sie sich nur einem Thema: Wie können wir als Team in unserer Zusammenarbeit noch besser werden? Ideen, Vorschläge, Kritik und mehr sollen helfen, das Teamklima zu optimieren. Der Tag kann aufgelockert werden mit ein bis zwei externen Referenten zum Thema.

Abteilung des Monats

Jeden Monat steht eine Abteilung, ein Team oder eine Projektgruppe im Mittelpunkt und informiert über die jeweilige Arbeit. Ein "Abteilungs-Steckbrief" am Schwarzen Brett, ein "E-Tagebuch" im Intranet über Aktivitäten, Mitarbeiterportraits in der Mitarbeiterzeitschrift und ein "Abteilungs-Tag der offenen Tür" sind konkrete Möglichkeiten, Menschen und Leistungen einander näher zu bringen. Als Abschluss kann ein Happening stattfinden, in welchem eine Schnitzelbank, humorvolle Portraits, Geschichten und Beziehungen zu anderen Abteilungen und Menschen im Mittelpunkt stehen - verbunden mit einem Feierabend-Drink. Eine solche persönliche Vorstellung kann auch den Auftakt zu einer "Abteilung des Monats" sein oder für sich allein stattfinden.

What I love to do

Bitten Sie jeden Mitarbeiter Ihrer Abteilung aufzuschreiben, was er weshalb besonders gerne und mit besonders hoher Motivation bei seiner Arbeit macht. Oder noch klarer: Was ihn begeistert und was seine Augen zum Leuchten bringt. Dies können Aufgabenbeispiele, bestimmte Tätigkeiten, Talente, Herausforderungen, spezielles Fachwissen, besondere Erfolge der Vergangenheit, Stärken der Sozialkompetenzen und vieles mehr sein. Machen Sie sich dann Gedanken darüber, wie die Arbeit des Mitarbeiters stärker auf seine "Motivationsbedürfnisse" hin gestaltet und verändert werden kann - zum Beispiel mit Job Enrichment oder Job Enlargement-Massnahmen oder neuen Schwerpunktsetzungen, die sich mit den Zielen und Prioritäten der Abteilung und des Unternehmens vereinbaren lassen.

Stimmungs- und Motivations-Barometer

Lassen Sie Ihre Mitarbeiter während eines Monats ein "Auf- und Absteller-Tagebuch" - oder etwas dezenter ausgedrückt - Stimmungs- und Motivationsbarometer führen. Dazu bringen Sie an der Wand zwei bis drei Flipchartbögen an und unterteilen diese in Aufsteller und Absteller-Rubriken. Nun sind die Mitarbeiter aufgerufen, alle Erlebnisse, Gefühle, Arbeiten, Stimmungen usw., die sie als positive Aufsteller oder als negative Absteller empfinden und erleben in der entsprechenden Spalte mit Stichworten zu notieren. Nach Ablauf dieses Monats werden alle Charts gesammelt und mit allen Mitarbeitern der Abteilungen besprochen. Mögliche Themen: Motivatoren und Demotivatoren, welche Motivatoren kann man fördern und verstärken, welche Demotivatoren verringern und vermeiden - und was könnte ein gemeinsam verabschiedetes 10-Punkte-Programm als Massnahmenpaket enthalten.

Flossfahrt: Teamventure für Führungskräfte

Wer hat nicht schon einmal geträumt, wie Tom Sawyer oder Huckleberry Finn mit einem Floss dahinzutreiben. Eine Fahrt auf einem Kleinfloss ist ein Naturgenuss und Teamarbeit steht im Vordergrund. Mit Hilfe eines Steuermannes muss das Floss von Ihrem Team bewegt und auf Kurs gehalten werden. Dabei sollte eine solche Flossfahrt von einem fachkundigen Steuermann begleitet werden. Das Einsetzen und Aussetzen der Flösse ist Teamarbeit, die Hilfe der gesamten Gruppe ist notwendig und stärkt Koordination, Zusammenhalt und Teamwork in der Natur und unter ungewöhnlichen Umständen.

Ein Dutzend Mittagessen mit Neueintretenden

Die Integration neuer Mitarbeiter ist ein erstrangiges Ziel der Einführung. Während der ersten zwei Wochen kann die Personalabteilung aus verschiedenen Abteilungen Mitarbeiter bitten, mit neu eingetretenen Kolleginnen und Kollegen zu Mittagessen. Dies kann nach dem Zufallsprinzip oder nach der Häufigkeit der Zusammenarbeit organisiert werden.

Der Starkoch des Monats ist ein Mitarbeiter

Einmal pro Monat präsentiert ein Mitarbeiter sein Lieblingsmenü, indem er in der Kantine dieses mit dem dortigen Koch zubereitet, es von zuhause in den Betrieb mitnimmt oder durch Lunch-Service in den Betrieb senden lässt. In der Mitarbeiterzeitschrift wird das Rezept abgedruckt und/oder als E-Mail an alle jene verschickt, die solche Rezeptideen abonnieren können.

Schnupper-Lektionen zur Mittagszeit

Überraschen Sie Ihre Mitarbeiter doch mit Schnupperangeboten zur persönlichen Weiterentwicklung und beruflichen Weiterbildung während eines Sandwich-Lunchs. Dies kann eine Englischstunde mit einer Probelektion für Konversations-Englisch, ein Mentaltrainer, der die neuesten Trainingsformen und Erkenntnisse zeigt und übt oder ein kurzes Word-Training mit spannenden und pfiffigen Features sein. So wird Abwechslung, Spass und Personalentwicklung in einem auf eine erlebbare Weise praktiziert.

Hilfestellungen für persönliche Probleme

Ein Betrieb, der seinen Mitarbeitern auch bei persönlichen Problemen und privaten Krisen beisteht, gewinnt stark an Vertrauen und wird für Mitarbeiter mehr als ein Arbeitgeber, nämlich ein Partner. Mit Verbänden, Fachleuten, behördlichen Beratungsstellen zusammen können Sie eine Dokumentation von qualifizierten Beratern und Therapeuten aufbauen für Situationen wie Burnout, Eheprobleme, Scheidungen, Depressionen, Alkoholismus, Drogen usw. So kann man auch in Notsituationen sofortige und wirksame Hilfe bieten. Eventuell lassen sich mit den Anbietern Sonderkonditionen oder sonstige Privilegien vereinbaren.

Spielerisches Quiz für neu eingetretene Mitarbeiter

Ein Fragen-Quiz soll prüfen, ob und wieweit der Mitarbeitende mit dem Unternehmen vertraut ist, was zum Beispiel die Branche, die Produkte, das Leitbild, die Personaldienstleistungen, Kunden, Führungsgrundsätze usw. betrifft. Fragen, die ein Zugehen auf Mitarbeiter und den Besuch von Abteilungen erfordern, beschleunigen zudem die soziale Integration.

Mitarbeiter zur Reportern machen

Die Mitarbeit an Mitarbeiterzeitschriften kann für interessierte und schreibgewandte Mitarbeiter eine sehr motivierende Tätigkeit sein, die stark zur Identifikation mit dem Betrieb beiträgt. Hier können Ressorts organisiert werden (Privates, Unterhaltung, Menschen, Innovationen, Kunden usw.) die jeweils von einem Mitarbeiter betreut werden. Redaktionsmeetings, Titelgeschichten, Fotoreportagen, Interviews und vieles mehr können spannende und motivierende Tätigkeiten und Situationen schaffen. Und nicht vergessen: Mitarbeiterzeitschriften können mit massiven Kosten- und Zeiteinsparungen auch digital produziert werden als PDF-Dokumente, per E-Mail oder auf einer Intranetseite.

Materielle Möglichkeiten

Das beste Firmenauto fährt diese Woche

Für eine Woche oder einen Tag kommen Mitarbeiter mit herausragenden Leistungen in den Genuss, den statusträchtigsten besten Firmenwagen fahren zu dürfen - geschäftlich und oder sogar privat mit der Familie zusammen. Dies kann besonders bei extern tätigen Mitarbeitern, wie zum Beispiel Aussendienstlern - eine wirksame Anerkennung sein.

Sparbuch Ihres Unternehmens für den Nachwuchs

Nachwuchs ist immer ein zentrales und einschneidendes Ereignis. Ein auf den Nahmen Ihres Unternehmens lautendes Sparbuch mit individuellen Wünschen bleibt beim Mitarbeiter und seiner Lebenspartnerin in besonderer Erinnerung.

Für heute Abend eine Hotelsuite

Überraschen Sie Ihre Sekretärin, Ihren Aussendienstmann oder Ihren Assistenten auf seiner Geschäftsreise bei der Ankunft im Hotel mit einer Hotelsuite oder einem Fünf-Gänge-Menü. Eine Karte auf dem Zimmer, eine SMS oder ein Anruf am Abend mit einem Dankeschön und den besten Wünschen, alles zu geniessen, hinterlässt wohl einen starken Eindruck.

Einkaufsservice für Singles

Singles und berufstätige Frauen unter den Mitarbeitern müssen selbst für ihren Haushalt sorgen. Oft haben sie während des Arbeitstages keine Gelegenheit zum Einkaufen. Ein Service der besonderen Art: Man organisiert deshalb einen kostenlosen Einkaufsservice: Die Mitarbeiter geben bis 10 Uhr eine Einkaufsliste am Empfang ab. Bis abends sind die gewünschten Artikel beschafft. Mehr Freizeit und Freude auf das Nachhausekommen, weniger Stress und Einkaufshektik sind die Vorteile. Die Einkäufe erledigt eine Hausfrau aus der Umgebung gegen Stundenlohn oder ein Online-Einkaufsdienst, mit dem Sonderkonditionen ausgehandelt werden können.

Mitarbeiter-Portraits digital

Richten Sie doch online ein Mitarbeiter-Portrait-Verzeichnis ein, bei dem alle Mitarbeiter nach einheitlichen Rubriken mit Fotos portraitiert werden. Wichtig ist, dass dabei auch private Informationen (Hobbys, Lieblingsmenüs, Familie, Lebensmotto, Traumferienland) usw. enthalten sind. Im beruflichen Bereich sollten Informationen zum Spezialwissen, zur Ausbildung, zu besonderen Talenten und mehr dazu anregen, Wissensträger schneller und einfacher zu finden und Erfahrungen miteinander auszutauschen.

Die Motivationskünstler des Monats

Jeden Monat übernimmt ein neues Team oder eine neue Abteilung die Aufgabe, für den gesamten Betrieb konstruktive und konkrete Beiträge zu einem guten Arbeitsklima zu leisten. Dabei darf das gesamte Ideenregister gezogen werden, von ausserbetrieblichen Veranstaltungen über besondere Thementreffs bis zu originellen Wettbewerben und sonstigen Veranstaltungen. Am Ende des Jahres wird die beste "Motivations-Abteilung" gewählt und gekürt.

Der Lunch mit dem besonderen Aufhänger

Es gibt Dutzende von Möglichkeiten, ein gemeinsames Mittagessen mal anders und auf ungewöhnliche Art zu geniessen. Einige können sein: Die Lebenspartnerinnen einer Abteilung kochen ein Gemeinschaftsmenü, ein Fondue im Sitzungszimmer sorgt für gute Laune, ein Picknick am Waldrand führt in die Natur hinaus, ein Spaghetti-Festival mit verschiedensten Saucen beweist Fantasie oder Gerichte aus den von den Mitarbeitern besuchten Ferienländern zeigen nebst touristischen auch deren kulinarische Seiten.

Taxi-Service für besondere Einsätze

Überstunden bis spät in die Nacht hinein, zu viel Alkohol nach einer Abteilungsparty oder eine Freundin, die dringend ins Spital eingeliefert wurde - es gibt viele Situationen, bei denen Dringlichkeit und Mobilität eine grosse Rolle spielen. Handeln Sie doch mit einem Taxiunternehmen interessante Konditionen aus und überraschen Sie Mitarbeiter in solchen Situationen mit einer Hilfe, die garantiert sehr gut ankommt und geschätzt wird - auch von Angehörigen.

Nutzenstiftende Freizeitartikel zum Ausleihen

Produkte wie Notebooks, Digitalkameras oder Beamer hat privat nicht jedermann. Sie Mitarbeitern für private Zwecke und unter bestimmten Umständen ausleihen zu lassen, verursacht keine direkten Mehrkosten, kann aber eine willkommene Hilfe sein.

Check it **Bewertung und Übersicht aller Motivationsideen**	sehr interessant	näher beurteilen	weniger geeignet
Anregungen für Führungskräfte			
Gratulations-Abendessen mit Lebenspartner			
Der Vorgesetzte, der mit anpackt			
Ein das Ferienziel symbolisierendes Geschenk			
Ein kleines "Habe soeben an Sie gedacht"			
Nach einer Stress-Woche: Sauna- oder Massage-Gutschein			
Einladung zur Geschäftsreise-Begleitung			
Führungs- und Motivations-Tagebuch führen			
Talent erkennen und nutzen und sich darin helfen lassen			
Management by walking round			
Anregungen für den Betriebsalltag			
Pressekonferenz von Neueintretenden			
Die Shabby Look- oder andere Themen-Modeschauen			
Eine Website für "Happy Events"			
Abteilungs-Wettbewerb für "Foto des Monats"			
Spontan-Kompliment: You did a great job			
Motivation einmal anders: Der Mitarbeiter-Aktien-Index			
Soziales Engagement zu Thema oder in Region			
Wellness-Monat zu bestimmtem Gesundheitsthema			
Relax-Raum einrichten zur Entspannung und Regeneration			
Feedback-Wirkung spür- und erlebbar machen			
Wohltätigkeits-Abend zu einem bestimmten Thema			

Fussball-, Freizeitpark- oder Kultur-Ticket			
Lern- und Entdeckungschancen bieten über Mittag			
In Mitarbeiterzeitschriften gehört "Personenkult"			
Einem besonderen Thema gewidmete Special Days			
Mitarbeiter den freien Nachmittag geniessen lassen			
Ein Betriebs-Tagebuch führen			
E-Bay - Online-Auktionen im Betrieb			
Kader-Retraiten mit Ideen und Events			
Work-Life-Balance-Tag			
Foto-Safari mit Wandkalender, Fotogalerie und Wettbewerb			
Kleine Gesten mit grosser Wirkung			
Grüsse an den Ferienort senden			
Abendessen mit der Geschäftsleitung			
Konzert-Ticket für den Lieblingssänger			
Mit einem Senior-Status zu Ansehen			
Meeting-Thema: Heute mal ein ganz anderes...			
Anti-Stress-Mittel zur Entspannung			
Abend-Service nach Überstunden: Einkauf ist schon erledigt			
Ohne Sie wäre es nicht möglich gewesen			
Happening-Pausen zu bestimmten Themen			
Pausen- und Verpflegungs-Service			
Räume und Büros nach Mitarbeiternamen benennen			
Besorgung historischer Zeitungspublikationen zum Tag X			
Der besondere Preis: Narrenfreiheit für eine Woche			
Auch Angehörige freuen sich über Anerkennung			
Ideen für Glückwünsche zur Geburt eines Kindes			
Massage-Woche im Betrieb mit Masseurin			
Meeting an einem überraschenden, neuen Ort			
Aufmerksamkeit kleinen Details widmen			

Blumenstrauss nach Hause senden lassen			
Abgabe von Stresshilfe-Sets für Entspannung			
Walk & Talk mit externen Marktteilnehmer-Gruppen			
Belohnung und Anerkennung			
Buch mit Anerkennungs-Widmung			
Das Dankeschön-Post-it mit Frühstück			
Abteilungserfolg mit individuellen Symbolgeschenken feiern			
Kundenkomplimente kommentiert weiterleiten			
Anerkennungsbrief an Privatadresse und Famlie			
Hotel-Einladung für Lebenspartner während Geschäftsreise			
Abendessen mit Prominentem			
Geschenk zum Hobby			
"Firmen-Oscar" zu Leistung, Innovation, Verkauf und mehr			
Was oder wo wären wir ohne Sie...			
Besonderes Anerkennungs-Zertifikat			
Ideen auf Abteilungs- und Unternehmensebene			
Der CEO am Empfang: Rollentausch			
Überraschungs-Picknick			
Arbeitsbeginn mit Blumen			
Symbolhafte Auszeichnung als Team und Abteilung			
Wir sind ein gutes Team und können noch besser werden			
Spielerisches Quiz für neu eingetretene Mitarbeiter			
Die Abteilung des Monats			
Bestenliste von Tätigkeiten erstellen: What I love to do			
Stimmungs- und Motivationsbarometer			
Flossfahrt: Teamventure für Führungskräfte			
Ein Dutzend Mittagessen mit Neueintretenden			
Der Starkoch des Monats ist ein Mitarbeiter			

Schnupper-Lektionen zur Mittagszeit			
Hilfestellung mit externen Beratern für persönliche Probleme			
Überraschungs-Event mit Prominenz			
Mitarbeiter zu Reportern machen			
Materielle Möglichkeiten und weitere Ideen			
Das beste Firmenauto fährt diese Woche			
Sparbuch Ihres Unternehmens für den Nachwuchs			
Für heute Abend eine Hotelsuite			
Einkauf-Service für Singles			
Mitarbeiter-Portraits digital			
Die Motivationskünstler des Monats			
Der Lunch mit dem besonderen Aufhänger			
Taxi-Service für besondere Einsätze und Notfallsituationen			
Nutzenstiftende Freizeitartikel zum Ausleihen			
Lebenspartner und Vorgesetzter überreichen ein Geschenk			
Monatsaktion "Kein Tag ohne Lachen"			

Betriebliche Umsetzung und Motivationstrends

Wir leben in einer von tiefgreifenden und schnell ablaufenden Veränderungen gezeichneten Gesellschaft und Arbeitswelt. Bedürfnisse, Wertvorstellungen, Erwartungen, Prioritäten und mehr sind von diesem Wandel betroffen und beeinflussen wichtige Motivationstrends. Im zweiten Teil des Kapitels helfen konkrete Anleitungen bei der betrieblichen Umsetzung ganzheitlicher Motivationsmassnahmen in Ablauf, Konzeption, Struktur und Systematik.

Umsetzung von Motivationskonzepten

Nun haben Sie einige interessante und relevante Informationen zur Mitarbeitermotivation kennengelernt, einige Anregungen bekommen und können die Vielfalt der möglichen Massnahmen abschätzen. Wie aber bei der Umsetzung vorgehen? Dabei möchten wir mit dem folgenden Kapitel behilflich sein.

Die Ausgangslage

Als erstes sollten Sie eine Bestandesaufnahme machen, welche die Gesamtmotivation im Betrieb zusammenfasst und sozusagen ein "Stimmungsbild" ergibt. Eine solche Ausgangslage kann drei Punkte enthalten:

- Was ist an Bewährtem und Gutem vorhanden?
- Welche wichtigen Einrichtungen können verbessert werden?
- Wo besteht weshalb dringender Handlungsbedarf?

Dies kann zum Beispiel ergeben, dass Sie in der Entgeltpolitik und in der Kommunikation und Führung eindeutige Stärken haben, die Förderung von Mitarbeitern, also die Personalentwicklung, aber stark verbessert werden kann. Dringenden Handlungsbedarf sehen Sie aber in der generellen Aktivierung von Veranstaltungen, Events und der Verbesserung der Anerkennungs-Kultur.

Die Zielsetzungen

Als nächstes gilt es, die Zielsetzungen zu formulieren, also die Hauptstossrichtungen, welche die Motivationslage in Ihrem Unternehmen zusätzlich verbessern und breiter abstützen. Hier geht es noch nicht um Einzelmassnahmen, sondern um die allgemeine Marschrichtung. Solche Ziele können sein:

"Wir wollen die Personalentwicklung mit einem externen Berater verbessern und stärker auf die persönlichen Mitarbeiterbedürfnisse ausrichten.".

"Wir möchten Anerkennung, Wertschätzung und Respekt viel stärker als bisher kommunizieren, praktizieren und zu einem Teil unserer Unternehmenskultur machen.".

Nebst einer Analyse mit der Geschäftsleitung und Führungskräften kann auch eine Mitarbeiterbefragung eine gute Grundlage sein. Ferner ist die Altersstruktur und das Bildungsniveau zu beachten und unterschiedliche Beurteilungen in Ressorts und Abteilungen.

Die Strategie

Die Strategie beinhaltet die Hauptstossrichtungen, die eingeschlagen werden. Es geht um die Wahl der richtigen Marschrichtung und der richtigen Dinge, die zu tun und anzupacken sind, wer mitplant und mitdenkt und die Verantwortung trägt. Strategische Ausrichtungen können teilweise die Handlungsebenen sein. Eine strategische Ausrichtung kann sein:

"Wir erachten die Ausbildung der Führungskräfte, die mitarbeiterorientierte Kommunikation auf allen Ebenen und die Verbesserung der Arbeitsinhalte, begleitet von professioneller Laufbahnberatung, als eine wichtige Strategie für eine *Grundlage zur Verbesserung der Motivation.*

Das zweite Strategiebein ist *die Optimierung der Unternehmenskult*ur mit Veranstaltungen, Incentives, Freiräumen und symbolhaften Events, welche Wertschätzung, Vertrauen und Respekt vor Mitarbeitern zum gelebten Hauptanliegen unserer Mitarbeiterführung machen".

Wichtiger Merkpunkt für die Praxis

Dem Einbezug von Mitarbeitern und Führungskräften – auch bei der Entscheidungsfindung – ist während des gesamten Prozesses von der Bedarfsermittlung über die Umsetzung und Kommunikation bis zur Erfolgskontrolle der Massnahmen grösste Bedeutung beizumessen. Nur dieser Einbezug und die Integration aller stellt sicher, dass Massnahmen und Neuerungen wirkungsvoll integriert und von allen getragen werden.

Vorgehensweise und Prozess

Die Bedeutung und der Stellenwert der Motivation sollten in einem kleineren Gremium mit der Personalleitung, dem mittleren/oberen Kader und der Geschäftsleitung erörtert und besprochen werden. Eine vorgängige Präsentation über die Bedeutung der Motivation und eine aktuelle Bestandesaufnahme im Unternehmen mit aktuellen Stärken und Schwächen soll für das Thema sensibilisieren. Nachdem eine grobe Strategie und Ziele erarbeitet worden sind, stellen eine Mitarbeiter- und Kaderbefragung und individuelle Mitarbeitergespräche sicher, bedarfsorientiert vorzugehen.

Dann werden – möglicherweise in Projektgruppen oder auf Abteilungsebene – Ziele, Massnahmen und Verantwortlichkeiten festgelegt. Informationsveranstaltungen für das Kader sowie Mitarbeitende und Verantwortliche, welche den Prozess begleiten und kontrollieren, sind ebenfalls wichtig.

Die Massnahmen

Die zu treffenden Massnahmen können mit Vorteil in sechs Handlungsebenen unterteilt werden. Jede Ebene beinhaltet eine Zielsetzung und Hauptstossrichtung, gefolgt von den einzelnen konkreten Massnahmen. Die sechs Ebenen und Massnahmen-Beispiele:

Ebene Rekrutierung und Personalgewinnung
Wie werden Stellenanzeigen neu kommuniziert?
Wie wird auf die Gewinnung motivierter Mitarbeiter geachtet?
Welche Anforderung stellt man an Führungskräfte ?

Ebene Mitarbeitende als Individuen
Grundsätzliche Motivierbarkeit und Leistungswille
Die persönlichen Wertvorstellungen
Persönliche und berufliche Ziele und Perspektiven

Ebene Arbeitsumfeld
Arbeitsklima und Organisation im Unternehmen
Gemeinschaftsgefühl und Teamgeist
Ergonomie und Arbeitsbedingungen

Ebene Arbeitsinhalte
Positive Herausforderungen und Zielattraktivität
Entwicklungsperspektiven und Lernpotenzial
Kongruenz mit Stärken und Talenten des Mitarbeiters

Ebene Führungsverhalten und Führungsverständnis
Sozialkompetenzen der Führungskräfte
Kommunikationsfähigkeiten wie Feedback und Lob
Ausgeprägte emotionale Intelligenz

Ebene Unternehmenskultur
Anerkennung und Wertschätzung praktizieren und vorleben
Freiräume zur Entfaltung und zum Experimentieren schaffen
Vertrauen als Grundlage pflegen, leben und entwickeln

Der Massnahmenplan

Ein Massnahmenplan stellt sicher, dass die von der Geschäftsleitung, den Führungskräften und der Personalabteilung verabschiedeten Massnahmen eingehalten werden. Regie führt mit Vorteil die Personalabteilung.

Für gewisse Massnahmen können durchaus externe Fachkräfte beigezogen werden wie Coaches, Psychologen, Berater und Personalentwicklungsspezialisten. Der Massnahmenplan enthält die Positionen

- Massnahme
- Verantwortliche Person(en)
- Zweck/Ziel
- Start Termin
- Abschluss Termin

Bei der Umsetzung der Massnahmen können zum Beispiel in den Hauptbereichen Projektgruppen gebildet werden, in denen durchaus auch Mitarbeitende einbezogen werden können.

Zu beachten und zu organisieren sind aber auch die Methoden und Instrumente, mit denen Veränderungen und Massnahmen angegangen, begleitet und mit professioneller Hilfe umgesetzt werden. Es können dies sein:

- Schulungsmassnahmen für Führungskräfte
- Projektgruppen und Projektthemen wählen und bilden
- Persönlichkeitsbildende Kurse für Mitarbeitende anbieten
- Vereinzelt externe Berater und/oder Coaches aufbieten
- In bestimmten Phasen externen Supervisor einbeziehen
- Externe Referenten und Fachleute zu Schlüsselthemen einladen
- Mitarbeitern konkrete Aufgaben "on the job" übergeben
- Mitarbeiter um aktives, konkretes Feedback bitten
- In Mitarbeiterzeitschriften für das Thema sensibilisieren
- Fachbibliothek mit guten Fachbüchern zusammenstellen
- Aktuelle Auszüge und Artikel aus Fachpresse zirkulieren lassen

Budget und Erfolgskontrolle

Schulungsmassnahmen, Beraterhonorare, interne Trainings und dergleichen wird Kosten verursachen, die zu budgetieren sind. Die Erfolgskontrolle stellt sicher, welche Massnahmen zu welchen Resultaten geführt hat und auf welchen Ebenen sich die Motivation verbessert hat. Messinstrumente können sein:

- Austrittsinterviews
- Mitarbeitergespräche
- Mitarbeiterbefragungen
- Veränderungen in der Fluktuation
- Veränderungen in der Absenzenquote
- Verbesserungen in der Personalgewinnung
- Mitarbeiter-Feedback an die Personalabteilung

Die nachfolgende Mustervorlage ist ein Beispiel von Motivationsgrundsätzen, wie sie im Unternehmen verankert und Führungskräften abgegeben werden kann. Sie können in groben Zügen zugleich als eine Zusammenfassung der nachhaltigsten und wirksamsten Motivations-Grundsätze dieses Buches betrachtet werden.

Fallbeispiel: Commitment zur Mitarbeitermotivation

Im Unternehmen Actnow AG möchte man das Thema Motivation aktiv, ganzheitlich und verbindlich angehen. Dafür wird ein Grundsatzpapier verfasst und verabschiedet, welches klare Leitlinien, Commitments und Schwerpunkte aufweist:

Die Grundsätze der Mitarbeitermotivation in unserem Unternehmen

Unser Unternehmen ist sich der Bedeutung der Mitarbeitermotivation bewusst. Mitarbeitermotivation ist eine tragende Säule unserer Personal- und Unternehmenspolitik und Voraussetzung für eine hohe Qualität der Leistungserbringung und Mitarbeiterzufriedenheit. Diese wollen wir mit folgenden Grundsätzen vorleben, praktizieren und weiter entwickeln.

Die nachfolgenden Grundsätze, Aufgaben und Pflichten werden halbjährlich mit der Geschäftsleitung und allen Kaderleuten unter der Regie unserer Human Resource Abteilung überprüft, kontrolliert und weiterentwickelt.

1. Respektierendes und positives Menschenbild

Dies ist der wichtigste Anspruch, ohne den eine glaubwürdige Motivation nicht möglich ist. Vor allem unsere Führungskräfte müssen diesem Anspruch voll genügen und ebenso muss er sich aber in der gesamten Unternehmenskultur niederschlagen.

Instrumente und Mittel	In Umgang und Kommunikation wird dies gelebt, institutionalisierte Mitarbeitergespräche, die Personalentwicklungspolitik, eine intensive Kadernachwuchs-Förderung und regelmässige MA-Gespräche unserer HR-Abteilung aus einer neutralen Warte stellen dies sicher.

2. Handlungsspielräume und Selbstverantwortung

Nur wer sich als Mensch voll entfalten, seine Fähigkeiten unter Beweis stellen und auf seine Leistung stolz sein kann, ist bereit, sein Bestes zu geben.

Instrumente und Mittel	Der Führungsstil, die organisatorischen Bedingungen, das Vorleben in allen Managementstufen und die Gewinnung entsprechend leistungsbereiten und motivierbaren Personals sind die Mittel dazu.

3. Herausforderung und Sinngebung der Arbeit

Unterforderung und Überforderung sind Motivationskiller. Variierende, spannende, Stärken und Talente nutzende Herausforderungen jedoch sind die Hauptpfeiler erfolgreicher Motivation. Es ist in unserem Unternehmen eine permanente Führungsaufgabe und –verantwortung, Arbeit so zu gestalten und zu entwickeln.

Instrumente und Mittel dazu sind Zielvereinbarungen, die hohe Bedeutung und finanziellen Mittel der Personalentwicklung und von der Geschäftsleitung für Förder-Mitarbeitergespräche zur Verfügung gestellte Zeit.

4. Konsequente Talent- und Stärkennutzung

In unserer Personalentwicklung, Führungsarbeit, Personalauswahl und Arbeits- und Aufgabengestaltung hat die konsequente Nutzung der Stärken unserer Mitarbeiter einen hohen Stellenwert. Es ist nicht unser Ziel, Schwächen und Defizite zu korrigieren, sondern Talente zu erkennen und Stärken zu fördern. Dies ist eine vorrangige Aufgabe von Führungskräften, Mitarbeiter stärkengerecht einzusetzen und Talente zu erkennen und zu fördern. So wird die Mitarbeitermotivation und Leistungsqualität zur Aufrechterhaltung unserer Kernkompetenzen sichergestellt.

Instrumente und Mittel Für die Talenterkennung stellen wir bei Kader- und Expertenpositionen finanzielle Mittel und externe Berater zur Verfügung und schulen Kaderleute gezielt in diese Richtung.

5. Personalentwicklung und Mitarbeiterförderung

Personalentwicklung ist eine tragende Säule unserer Personalpolitik. Sie wird auf Kernkompetenzen und Unternehmensbedürfnisse ausgerichtet, stützt sich auf Talente und Stärken von Mitarbeitenden und fördert diese in der Ganzheitlichkeit ihrer Persönlichkeit.

Instrumente und Mittel Anbieter-Datenbank, eigene Stelle eines Ausbildungsverantwortlichen innerhalb der HR-Abteilung, überdurchschnittliches Budget und interne und externe Trainings für Kaderleute.

6. Faire und leistungsbezogene Löhne

Löhne, Boni und Incentives sind nach unserer Überzeugung zwar bei weitem nicht die bestimmenden, aber flankierend dennoch eingesetzten Motivationsinstrumente. Wichtig sind uns dabei die Fairness, der

Leistungsbezug, die Transparenz und die Nachvollziehbarkeit. Ferner kommen sie nur als Ergänzung und im Zusammenspiel mit anderen Motivationsbemühungen zum Tragen.

Instrumente und Mittel Das Reglement zur Lohnpolitik mit klaren Richtlinien, eigene Lohngespräche, das Bonus- und Incentiveprogramm.

7. Fordernde und fördernde Vorgesetzte

Unser Unternehmen bekennt sich klar zum Leistungsprinzip. Vorgesetzte haben die Pflicht, Mitarbeitende quantitativ und qualitativ zu fordern und von ihnen das Beste zu erwarten. Mit ihrem eigenen Führungsverhalten tragen sie aber ebenso die Verantwortung zusammen mit einem breit gefächerten Angebot unseres Unternehmens, Mitarbeiter ihren Stärken, Talenten, Fähigkeiten und wenn immer möglich Bedürfnissen und Intentionen gemäss zu fördern.

Instrumente und Mittel Der hohe Stellenwert der Personalentwicklung, das externe Beraterangebot, unsere Talentförderungspolitik und professionelle Unterstützung unserer Human Resource Abteilung.

8. Worklife-Balance-Programm

Dem immer stärker werdenden Trend und Bedürfnissen unserer Mitarbeitenden nach einer ausgewogenen Berufs- und Privatleben berücksichtigenden Personalpolitik folgend, reagieren wir auf diese neue Entwicklung. Allerdings dürfen die Unternehmensinteressen und die Garantie der Leistungserbringung nicht beeinträchtigt werden.

Instrumente und Mittel Verschiedene Service- und Dienstleistungen, Arbeitszeitenflexibilisierungen für Schwangere und Väter, grosszügige Kostenbeteiligungen an privaten Weiterbildungen mit Berufsqualifikations-Effekt und das Gewähren von Auszeiten unter bestimmten Voraussetzungen.

Diese Grundsätze sind das letzte Mal am 11.11.2006 mit allen Kaderleuten, der HR-Leitung und der Geschäftsleitung genehmigt und kontrolliert worden und sind bis zur nächsten am .1. Juni 2006 stattfindenden Halbjahres-Besprechung gültig und verbindlich.

Trends und Zukunft der Mitarbeitermotivation

Es ist interessant und wichtig, sich schon heute zu überlegen, welches die Auswirkungen auf die Motivation von morgen sein könnten, welche Trends sich schon heute abzeichnen und in welche Richtungen diese zeigen. Globalisierung, Technologie, Worklife-Balance, Veränderungen der Wertvorstellungen und des Arbeitsverständnisses sind Stichworte. In diesem Kapitel versuchen wir, einigen Thesen bestimmender Trends und möglicher Veränderungen aufzuzeigen.

Die erstrangige Bedeutung der Worklife-Balance

In diesem Buch wurde mehrmals auf die Bedeutung der Worklife-Balance hingewiesen. Das Gleichgewicht von Beruf und Privatleben und das Bestreben von Arbeitnehmern, die Anforderungen der Arbeitswelt und die Anforderungen ihres privaten Lebens miteinander in Einklang zu bringen, wird unseres Erachtens an Bedeutung gewinnen. Es gibt Anzeichen dafür, dass die strenge Trennung und die Zweiteilung von Berufs- und Privatleben bald der Vergangenheit angehören könnte. Wird sich diese Entwicklung verstärken, wären die Folgen vor allem viel flexiblere Arbeitsplatzangebote.

Flexibilisierung der Arbeitsangebote

Damit ist eine Flexibilisierung gemeint, die primär Arbeitszeiten betrifft, aber dennoch über Arbeitszeitmodelle hinausgeht und beispielsweise auch den Arbeitsort, die Mobilität und die Anstellungsformen betreffen. Arbeitgeber, denen diese Flexibilisierung gelingt, werden an Attraktivität gewinnen und entscheidend zur Stärkung der Motivation von Mitarbeitenden beitragen. Die Flexibilisierung der Arbeitsangebote steht in engem Zusammenhang mit der Worklife-Balance und dem generellen Bedürfnis, Privat- und Berufsleben in einen harmonischen Einklang zu bringen. Konzepte, die dabei aber auch unternehmerische Interessen und beispielsweise Arbeitszeiten nach Auftragseingangslage einerseits und familiären Umständen andererseits miteinbeziehen, können Arbeitszeiten so wirtschaftlich und mitarbeiterorientiert sinnvoll flexibilisieren – um zwei konkrete Beispiele zu nennen.

Involvement der ganzen Persönlichkeit

Werden heutzutage Umfragen zur Arbeitszufriedenheit gemacht und schaut man sich Forschungsresultate genauer an, fällt auf, wie immer häufiger der Wunsch nach Einbringung der Individualität im Unternehmen geäussert wird. "Ich möchte als Individuum und als ganze Persönlichkeit ernst- und wahrgenommen werden und mich auch so in die Arbeit und Leistung einbringen können". Solche Äusserungen belegen, dass immaterielle und über reine Sicherheitsüberlegungen hinausgehende Faktoren an Bedeutung gewinnen und der Mitarbeitende bereit ist, ja sogar den Wunsch hat, sich mit der Arbeit und den Aufgaben identifizieren zu können.

Sinngebung und persönlicher Nutzen der Arbeit

Dieser vermutlich ebenfalls an Bedeutung gewinnende Trend hängt eng mit dem Involvement der ganzen Persönlichkeit zusammen. Er zeigt aber auch, wie sehr die Motivation in Unternehmen zum zentralen Faktor wird, und die Qualität der Leistungserbringung wesentlich beeinflusst. Vorgesetzte und Unternehmen, die eine Arbeit bieten können, die Sinn stiftet, einen erkennbaren Zweck beinhaltet, Mitarbeitende auch in Ihrer Persönlichkeit weiterbringen, Skills hineinbringen, die über das Berufsleben hinaus nutzenstiftend sind und in Personalentwicklungskonzepten die Interessen und Bedürfnisse der gesamten Persönlichkeit der Mitarbeitenden einbeziehen, werden hervorragende Motivationsarbeit leisten und zu attraktiven Arbeitgebern werden.

Gesellschaftliches Verantwortungsbewusstsein

Unternehmen sind heutzutage mehr als nur Arbeitsplätze anbietende und Steuern zahlende Leistungserbringer und Produkteanbieter. Sie sind eingebettet in ein gesellschaftliches und politisches System, übernehmen ethische und soziale Verantwortung und werden von Arbeitnehmern und Kunden auch immer mehr an solchen Kriterien gemessen. Arbeitgeber, die dieses Verantwortungsbewusstsein glaubwürdig wahrnehmen können und dabei Mitarbeitende in diesen Bereichen erst noch aktiv einbinden, werden zu den Gewinnern gehören. Auch dieser Punkt steht in engem Zusammenhang mit der Sinngebung und dem persönlichen Nutzen der Arbeit.

Das Anbieten von Lernchancen als Arbeitgeberpflicht

Hier kommt die Bedeutung und Professionalisierung der Personalentwicklungsarbeit zum Zug. Die Qualität, die Bedarfsorientierung, die Vielfalt und vor allem der Einbezug der gesamten Persönlichkeit und das Vermitteln von Perspektiven wird entscheidend sein, um Mitarbeitenden spannende und sinnstiftende Lernchancen und Weiterentwicklungsmöglichkeiten geben zu können.

Mitarbeiter als Kunden – Arbeitgeber als Dienstleister

Arbeitnehmer, Stelleninhaber, Bewerber – sind dies Begriffe, die in drei oder fünf Jahren nicht mehr dem modernen Verhältnis von Arbeitgebern und Arbeitnehmern im traditionellen Sinn entsprechen? Wenn diese Überschrift mit dieser Begriffswahl auch ein wenig provokativ und ungewöhnlich wirken mag – treffen die meisten in diesem Kapitel genannten Trends und zukünftigen Entwicklungen zu, wird es hier zu einer sehr tiefgreifenden Rollenveränderung kommen.

Die Bedeutung der Talenterkennung und Talentnutzung

Die pointierte, sinngemässe Aussage von Reinhard K. Sprenger "Entdecke Dein Talent und lebe es dort, wo es gefragt wird" erlangt möglicherweise eine ganz zentrale Bedeutung. Talenterkennung und Talentnutzung werden auch heute noch in Unternehmen – und übrigens ebenso in Schulen – sträflich vernachlässigt. Dabei würde eine systematische Talenterkennung und -nutzung die Motivation ganz entscheidend beeinflussen und vor allem auch die Leistungsqualität erheblich steigern. Es bleibt zu hoffen, dass diese Entwicklung sich verstärken wird und die Bedeutung von Mitarbeitenden und von Unternehmen erkannt werden. Auch dieser Trend steht wieder stark im Zusammenhang mit den Anforderungen an die Personalentwicklung.

Handlungsspielräume und Selbstverantwortung

Hier findet sich wieder der Trend, sich als ganze Persönlichkeit in Unternehmen und Arbeit einbringen zu können. Handlungsspielräume und Selbstverantwortung waren schon lange entscheidende motivationsfördernde Faktoren, doch die Erwartungen von Mitarbeitenden werden wohl höher und konsequenter gefordert werden.

Arbeitgeber als Marke: Bedeutung des Employer-Brandings

An mehreren Stellen haben wir in diesem Buch auf die Bedeutung hingewiesen, dass Motivationsmassnahmen schon bei der Personalgewinnung ergriffen werden müssen. Auch diese Überschrift, Arbeitgeber zu Marken zu machen, mag etwas provokativ sein, im Kern aber zutreffen. Arbeitgeber, die in ihren Serviceleistungen, in ihrer Kommunikation auf dem Arbeitsmarkt und in ihrer Personalpolitik ein Profil haben, sich als glaubwürdiger und moderner Partner positionieren und dies in allen Bereichen auch leben und praktizieren, werden mit Sicherheit zu den Gewinnern gehören und wichtige Motivationsarbeit leisten.

Die Bedeutung der Arbeitsplatz-Sicherheit

Wenn einer in diesem Kapitel genannten Trends nicht neu ist, dann ist es wohl dieser. Doch in Zeiten hart umkämpfter Märkte, eines starken Verdrängungswettbewerbs, der Globalisierung und der Liberalisierung der Arbeitsmärkte ganz generell wird Arbeitsplatz-Sicherheit an Bedeutung gewinnen. Doch Garantien werden Unternehmen kaum mehr abgeben können. Neu und wichtig wird es aber sein, intensiver über die Verfassung des Unternehmens zu kommunizieren, dabei vor allem ehrlich und offen zu sein und alles zu unternehmen, um dieses Sicherheitsbedürfnis wo möglich vermitteln und befriedigen zu können. Auf der nachfolgenden Übersicht fassen wir die besonders wichtigen Haupttrends nochmals mit Beispielen zusammen.

Mögliche Haupttrends in wichtigen Motivationsbereichen

Hier werden die obigen Aussagen nochmals zusammengefasst und rechts mit Realisierungsbeispielen vertieft und untermauert.

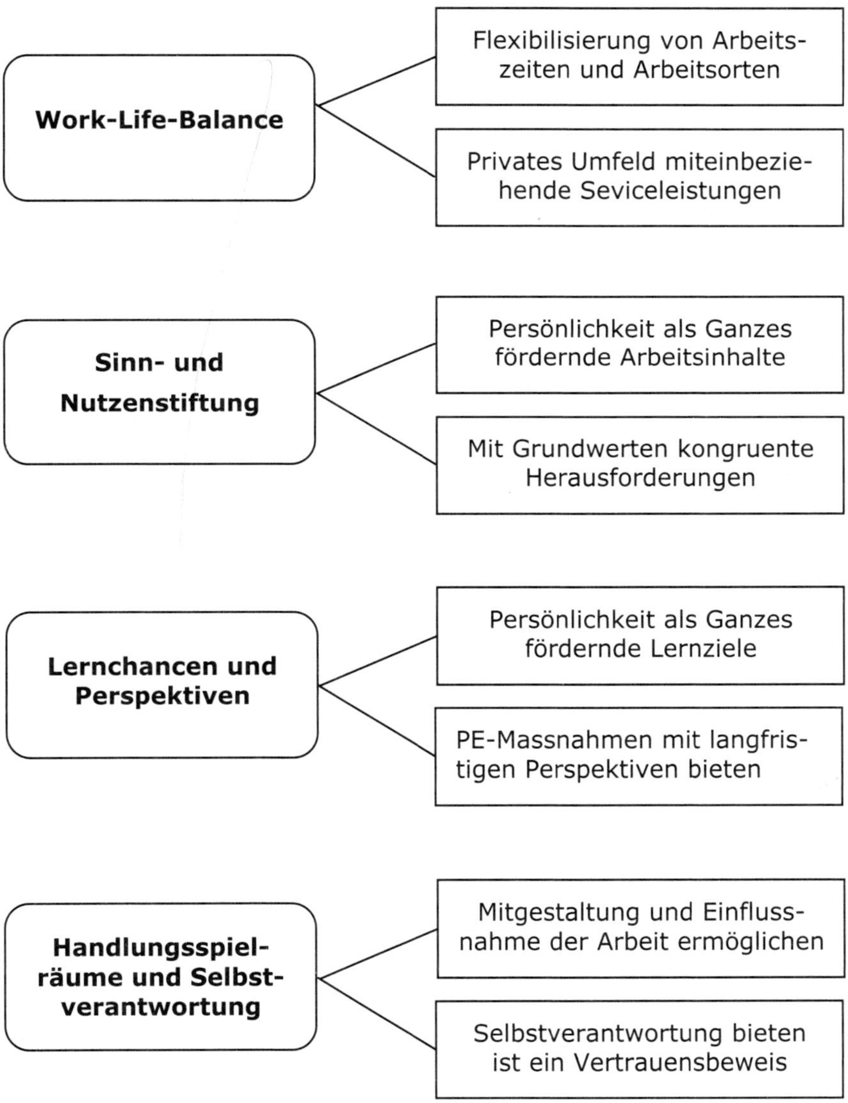

Kommunikationsregeln und Mitarbeitergespräche

Da Mitarbeitergesprächen eine äusserst wichtige Motivationswirkung zukommt, möchten wir auf diesen Aspekt der betrieblichen Kommunikation noch etwas näher eingehen. Die positive, menschenbejahende und auf Respekt basierende Kommunikation ist ein zentraler Pfeiler erfolgreicher Mitarbeitermotivation – und sie kommt nach wie vor im persönlichen Gespräch und Dialog am nachhaltigsten zum Ausdruck.

Nur wer zuhören, spontan und ehrlich Anerkennung aussprechen kann und weiss, wie man motivierendes Feedback gibt und erhält, kann letztlich wirksam und nachhaltig motivieren.

Die Grundhaltung motivierender Kommunikation

Ein Motivator kann Kommunikation nur dann motivationswirksam beherrschen, wenn diese auf einer bestimmten Grundhaltung und einem spezifischen Menschenbild basiert.

Wichtiger Merkpunkt für die Praxis

Ein Vorgesetzter führt dann motivierend, wenn für ihn die Entwicklung von Mitarbeitern wichtig ist. Er erforscht ihre persönlichen Ziele und Werte und hilft ihnen, ihr Repertoire an Fähigkeiten zu erweitern. Dies geht Hand in Hand mit emotionaler Selbstwahrnehmung und Empathie, zwei Kompetenzen, die für erfolgreiche und motivierende Führungskräfte und die Mitarbeiterkommunikation typisch sind.

Empathie und die Verbindung als tragende Elemente

Die überraschend positive emotionale Wirkung entsteht vor allem durch Empathie und die Verbindung, die eine Führungskraft zu ihren Mitarbeitern aufbaut. Eine motivierende Führungskraft vermittelt klar und glaubwürdig, dass sie an die Leistungsfähigkeit und das Potential der Menschen glaubt und erwartet, dass sie ihr Bestes geben. Die stille Botschaft lautet: "Ich glaube an dich, ich investiere in dich und ich erwarte, dass du dein Bestes gibst.".

Die Mitarbeiter spüren, dass ihrem Vorgesetzten etwas an ihnen liegt. Das motiviert sie, ihren Leistungsstandard beizubehalten und weiterzuentwickeln und selbst auf die Qualität ihrer Arbeit zu achten. Dabei kann der Vorgesetzte durchaus auch zum aktiven Mentor werden. Und in Unternehmen, die jahrzehntelang erfolgreich sind, stellt die fortwährende Führungskräfteentwicklung eine kulturelle Stärke dar und einen Schlüssel zu dauerhaftem Erfolg. Mitarbeiter, die die Möglichkeit erhalten, sich zu entwickeln, sind loyaler. Diese Erkenntnisse sind für Coaching-Gespräche und Kommunikationsregeln von entscheidender Bedeutung.

Ein Motivator setzt immer klare Gesprächsziele

Gesprächsziele sind generell ein wichtiges Führungs- und Kommunikationsinstrument und haben im erfolgreichen Coaching die Bedeutung eines Kompasses. Konkrete Ziele können sein: Mehr Einsatz und Genauigkeit in der Arbeitsleistung, Fehlerquote von 10% auf 5% reduzieren, Beförderungsgespräch mit Begründung, Weiterbildungsgespräch mit Wahl und Entscheidung eines Kurses und so fort. Klar gesteckte und konkrete Gesprächsziele haben eine ganze Reihe von Vorteilen. Sie bewirken unter anderem:

- Ein systematisches Vorgehen
- weniger thematische Abweichungen
- eine höhere Sicherheit bei der Gesprächsführung
- eine bessere Kontrolle des Gesprächsverlaufes
- konkretere, eventuell sogar messbare Ergebnisse
- eine bessere Ergebniskontrolle

Schriftliche Vorbereitung eines Gesprächs

Eine sorgfältige schriftliche Vorbereitung kommt nicht nur der Qualität des Gesprächs zugute, sondern ist auch ein Beweis für den Mitarbeiter, dass sein Vorgesetzter das Gespräch nicht auf die leichte Schulter nimmt. Es empfiehlt sich, dass sich auch die Mitarbeiter schriftlich vorbereiten, da man sich so schon im Vorfeld des Gesprächs intensiver und gründlicher mit dem Gesprächsthema auseinandersetzt. Je sorgfältiger die Gespräche vorbereitet sind, desto grösser ist erfahrungsgemäss der Nutzen für die Beteiligten und damit auch für das Unternehmen. Allerdings ist dann ein gemeinsames "Drehbuch" für das Gespräch erforderlich. Ideal ist ein nach Gesprächsphasen strukturiertes Formular, welches zugleich eine Orientierungshilfe darstellt.

Liegen alle notwendigen Informationen vor?

Es gehört zu einer sorgfältigen Gesprächsvorbereitung, wichtige Notizen, Protokolle, Beispiele, Memos, Zahlenmaterial, Statistiken bereitzuhalten. Ein stichwortartiger Gesprächsleitfaden mit den Schwerpunkten und möglichen Mitarbeiterreaktionen ist eine zusätzliche Hilfe, um ein Gespräch sachlicher und sicherer zu führen.

Eröffnung des Gespräches

Die Gesprächseröffnung ist von grosser Bedeutung und kann über das Gelingen und die Zielerreichung entscheiden. Wichtig ist dabei eine wohlwollende und objektive Grundhaltung, die eine klare Kommunikation des Gesprächszieles und des Gesprächsgrundes ermöglicht. Geeignet sind respektierende und anerkennende Eröffnungsworte, z.B. die positive Qualifikation eines Mitarbeiters vom letzten Jahr auch bei einem Kritikgespräch nennen.

Klarheit zu Gesprächsgrund und Gesprächsziel

Nennen Sie immer ganz klar und konkret den Grund und das Ziel eines Gespräches. Dies schafft Klarheit, führt zu konkreten Ergebnissen, spart Zeit und fokussiert auf das Wesentliche. Oft ist es empfehlenswert, als erstes die Situation zu klären, die Problemlösung jedoch offen zu lassen und erst am Schluss des Gespräches mit dem Mitarbeiter zusammen zu erörtern.

Individuelle Motivationsprioritäten erkunden

Es lohnt sich, in Mitarbeitergesprächen die individuellen Motivatoren und Demotivatoren herauszufinden, in dem man sowohl spezifische Bedürfnisse und Erwartungen eruiert, zugleich aber die Wertvorstellungen und Glaubenssätze in Erfahrung bringt. Konkrete Fragen dieser Art können sein:

- Welches sind die Herausforderungen, die Sie motivieren?
- Was ist Ihnen an Ihrem Arbeitsplatz besonders wichtig?
- Was bedeutet Ihnen bei der Arbeit bei uns am meisten?
- Anerkenne ich Ihre Leistung als Vorgesetzter genug?
- Welche Art von Unterstützung hilft Ihnen besonders?
- Wo "drückt der Schuh" zur Zeit am meisten?
- Welche unserer Dienstleistungen schätzen Sie am meisten?
- Was kann ich tun, um Ihre Arbeit interessanter zu machen?

Das nachfolgende Profildatenblatt gestattet die Erfassung motivationsrelevanter Informationen für Mitarbeiter, um auf eben solche individuelle Motivationsprofile eingehen zu können. Ein solches Datenblatt kann mit persönlichen Erlebnissen, Beobachtungen und dergleichen, also einer "Motivations-History", ergänzt werden.

Das dann folgende Schaubild zeigt, auf welche Art und Weise individuelle Motivationsprioritäten eruiert werden können und welche Instrumente dabei zur Verfügung stehen.

Motivationsprofil pro MitarbeiterIn	
Vorname, Nachname	
Eintritt	
Zivilstand bzw. privates Lebensumfeld	
Funktion und Position	
Geburtstag:	Lebenspartnerin:
Kerntätigkeit und –anforderung:	
Worklife-Balance-Ausprägung:	
Grundwerte	
❑ Erfolg ❑ Sicherheit ❑ Anerkennung ❑ Materielles ❑ Teamakzeptanz andere, nämlich:	
Charakter, Persönlichkeit in Stichworten:	
Hobbys	
Stärken und Talente	
Fähigkeiten, Persönlichkeit, Emotionalkompetenz	
Familien- oder Privat-Situation	
Vorlieben, Hobbys, Familiäre Situation, Kinder	
Teamverhalten	
Als Person:	
Vom Team aus:	
Präferenzen allgemeiner Art	
Kulturelle Vorlieben:	
Bevorzugtes Essen:	
Bevorzugtes Ferienland:	
Automarke:	
Lieblingsautor oder -buchthema:	
Anderes:	
Bemerkungen, Beobachtungen und Kommentare:	

Wie individuelle Motive systematisch eruiert werden können

Zur systematischen Eruierung individueller Bedürfnisse von Mitarbeitern gibt es einige Möglichkeiten, die genutzt werden sollten, damit nicht aufgrund von Zufallsbeobachtungen falsch gehandelt wird.

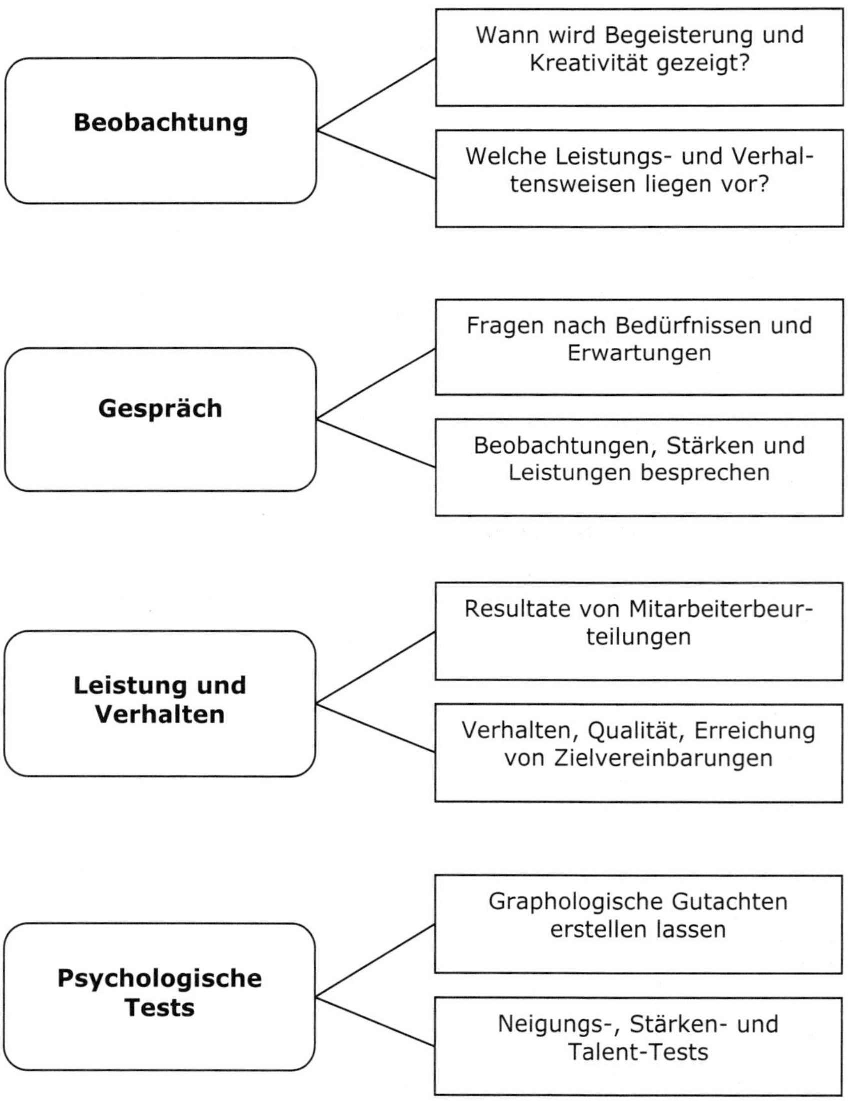

Praxisbewährte Gesprächstechniken

Anerkennung schafft die beste Grundlage
Sprechen Sie – am besten zu Beginn eines Gespräches – positive Punkte oder, wenn angebracht, Anerkennung aus – dies schafft eine gute Gesprächsatmosphäre. "Herr XY, ich kenne und schätze Sie als sehr zuverlässigen und pflichtbewussten Mitarbeiter. Dies haben Sie zum Beispiel vor einem Monat bewiesen, als Sie... . Heute muss ich allerdings folgendes Problem mit Ihnen besprechen...".

Feedback geben – das Mittel der Profis
Geben Sie zwischendurch und am Schluss eines Gespräches immer eine Zusammenfassung, die auch Aussagen und Meinungen des Mitarbeiters enthält und holen Sie sich dann Feedback vom Gesprächspartner ein, ob Sie ihn richtig verstanden haben, er dies ebenfalls so beurteilt und für ihn Wichtiges nicht fehlt.

Sicherstellen, dass Sie verstanden werden
Versichern Sie sich zwischendurch immer wieder, ob der Mitarbeiter Sie versteht und Ihnen folgt. Fragen wie "Sehen Sie das ähnlich?" oder "Können Sie mir ein Beispiel dafür nennen?" signalisieren dies.

Sprechen Sie den Mitarbeiter mit Namen an
Dies signalisiert Respekt und Ernsthaftigkeit. Nennen Sie den Namen, vor allem bei Aussagen oder Äusserungen, um deren Wichtigkeit zu unterstreichen und damit auch die Aufmerksamkeit des Gesprächspartners zu erreichen.

Konfliktgespräche mit Objektivität versachlichen
Bei Kritikgesprächen tragen Fakten, Arbeitsbeispiele, konkrete Vorfälle, Zahlen oder Verhaltensweisen, - die eventuell Auswirkungen auf Personen und Unternehmen beweisen - zur Sachlichkeit und Konkretisierung bei. Entschärfen Sie Konflikt- oder Kritikgespräche mit folgender Einleitung: "Ich habe gestern vom Vorfall XY erfahren – dies hat mich sehr beschäftigt. Zuerst aber möchte ich dazu Ihre Meinung und Ihre Sicht der Dinge erfahren, damit ich ein faires und objektives Urteil fällen kann."

Erwartetes Verhalten oder Ziel klar kommunizieren
Ziele und erwartete Verhaltensweisen sollten klar kommuniziert werden, und zwar zum Beispiel bei Fehlverhalten mit dem konkreten, erwünschten Verhalten oder bei einer mangelhaften Leistung neue, erwartete quantitative und qualitative Zielsetzungen.

Konzentration auf das Thema und den Gesprächsanlass

Es besteht in jedem Gespräch die Gefahr des Abschweifens. Man holt zu weit aus, spricht plötzlich über Gott und die Welt, verliert sich in Details oder man greift auf Ereignisse zurück, die ein halbes Jahrhundert zurückliegen. Die disziplinierte Konzentration auf das Wesentliche, auf das Gesprächsthema und den -anlass ist wichtig. Konzentration spart Zeit und Energie, reduziert die Gefahr des sich Verzettelns und bietet Gewähr, das Gesprächsziel und die Problemlösung im Auge zu behalten.

Aufmerksamkeit und Konzentration fördern

Nur wenn Mitarbeiter am Gespräch teilnehmen, zuhören und sich konzentrieren, kann es erfolgreich verlaufen. Folgende Techniken helfen dabei:

- *Sprechweise variieren* (schnell, langsam, laut, leise, betonen usw.)
- Mit *Beispielen* veranschaulichen
- *Fragen* zum Verständnis stellen
- *Mitarbeiternutzen* aufzeigen (Das hat für Sie den grossen Vorteil, dass...)
- *Pausen* einlegen, um das Verständnis zu fördern
- *Visualisierung,* z.B. auf einem Stück Papier oder auf Flipchart
- *Strukturierung* von Inhalten und Aussagen (also erstens, zweitens, drittens oder: Wir haben also drei Problemkreise, die es zu lösen gilt...)
- *Klar und einfach formulierte Wiederholungen* von Wichtigem
- Massnahmen und Vereinbarungen in einer *Zusammenfassung* verankern

Mehr Klarheit und aktive Gesprächsführung

Folgende erprobten Gesprächstechniken verhelfen zu mehr Klarheit und einer aktiven und führenden Rolle in der Gesprächsführung:

- *Verstärkung* von beidseitig Gesagtem
- *Zusammenfassung* wichtiger Erkenntnisse oder Massnahmen
- *Interpretation* von Aussagen zur Sicherstellung des richtigen Verständnisses von Aussagen
- *Konkretisieren* von bestimmten Sachverhalten
- *Sprechpausen* zur Hervorhebung wichtiger Aussagen
- *Schrittweises* Aufzeigen von Vorgehensweisen
- *Fragen*, die führen, steuern und gegenseitige Klarheit schaffen

Mit Fragen führt man ein Gespräch

Führen Sie ein Gespräch mit Fragen, welche den Mitarbeiter aktivieren und ihn einbeziehen. Mit Fragen kann man ein Gespräch aktiv steuern und einen Dialog - auch für das gezielte Gewinnen von Informationen - führen. Zudem kann man so zurückhaltende Mitarbeiter aus der Reserve locken und Hemmungen abbauen. Fragen Sie nach der Meinung, Einschätzung und der persönlichen Sicht der Dinge. So findet ein partnerschaftlicher Dialog statt, bei dem Entscheidungen vom Mitarbeiter auch eher mitgetragen werden, da er aktiv eingebunden wird. Zum Beispiel: "Herr Y, so beurteile ich die Situation. Wie aber sehen Sie das - Ihre Meinung ist mir ebenso wichtig!".

Klärende Fragen zur Informationsgewinnung stellen

Fragen helfen, Sichtweisen des Gesprächspartners zu verstehen oder Veränderungen im Sachverhalt zu erkennen. Sie können auch sicherstellen, dass Aussagen im Sinne des Anderen interpretiert werden. Beispiele: "Wie erklären Sie sich diese Vorfälle? - Wo sehen Sie Möglichkeiten für mehr Initiative und aktive Einflussnahme? - Wann tritt dieses Problem auf und wann nicht? - In welchen Situationen verletzt Sie denn das für Sie beleidigende Verhalten Ihres Vorgesetzten besonders stark?".

Präzise Informationen bekommen

Gespräche führen oft nicht weiter oder führen zu Missverständnissen, wegen schwammigen, ungenauen und unspezifischen Informationen. Deshalb sollte bei unklaren und zu pauschalen Äusserungen nachgehakt werden. Beispiele: "Was verstehen Sie unter fehlendem Respekt?" Oder: "In welchen Situationen haben Sie Anerkennung besonders vermisst?" Oder: "Was führt Sie dazu anzunehmen, dass Ihr Vorgesetzter Ihre Leistungen nicht schätzt?".

Dialoge verbinden, Monologe trennen

Eine elementare Tatsache, und dennoch wird genau dieser Punkt oft missachtet - lange Vorträge und ermüdende und ausschweifende Reden können ein Gespräch zerstören. Das Resultat: Mitarbeiter steigen aus, können und wollen dem Gespräch nicht mehr folgen, fühlen sich nicht verstanden und nicht ernst genommen. Ein hervorragendes Mittel zur Sicherstellung eines Dialoges sind Fragen, die den Mitarbeiter immer wieder einbeziehen und sicherstellen, dass Gesagtes von beiden gleich verstanden wird.

Nach dem Wie und nicht nach dem Warum fragen

"Warum sind Ihr Leistungen in letzter Zeit dermassen schwach und ungenügend?". Eine solche Warum-Frage engt ein und manövriert einen Mitarbeiter in eine Verteidigungssituation. Konstruktiver und sachdienlicher sind im Allgemeinen - je nach Gesprächssituation, Problemstellung und Gesprächspartner - Wie-Fragen. "Wie können wir aus Ihrer Sicht gemeinsam Ihre Leistungen verbessern?". So wird der Coachinganspruch klar erfüllt, auf dem konstruktiven Weg durch Selbsterkenntnisse Fortschritte zu erzielen und Lösungen zu finden.

Verallgemeinernde Bewertungen in Frage stellen

"Ich bin offensichtlich ein Mensch, der sich nicht motivieren lässt". Bewertungen dieser Art können und müssen in einem Gespräch hinterfragt werden. Beispiel: "Für wen ist dies denn offensichtlich?" oder "In welchen Situationen haben Sie denn dieses Gefühl?" Diese Technik des Nachfragens zielt darauf ab, dass sich Mitarbeiter bei gewissen Bewertungen kritisch hinterfragen.

Glaubwürdige Gefühls- und Bedürfnisäusserung

Äussern Sie in Gesprächen direkt Ihre Gefühle und Bedürfnisse, was eine glaubwürdige Vertrauensbasis und konstruktive Gesprächsatmosphäre schafft. Erreicht werden kann dies vor allem mit folgenden Techniken und Einstellungen:

- Akzeptieren Sie Ihre eigenen Gefühle so, wie sie sind
- Drücken Sie Ihre Gefühle direkt aus
- Äussern Sie Ihre Gefühle ich-bezogen
- Nennen Sie als konkrete Auslöser für Ihre Gefühle, z.B. bestimmte Situationen und Verhaltensweisen
- Vermeiden Sie Verallgemeinerungen
- Formulieren Sie Ihre Gefühle ohne Anklage oder Werturteil

Aktivierung von Gefühlsäusserungen

Helfen Sie aber auch Ihrem Gesprächspartner, seine Gefühle und Bedürfnisse offen und ohne Scheu auszudrücken. Erreicht werden kann dies vor allem mit folgenden Techniken und Einstellungen:

- Akzeptieren Sie, dass Ihr Partner Gefühle, Bedürfnisse und Wünsche hat, die nicht mit Ihren Vorstellungen übereinstimmen.
- Teilen Sie Ihrem Partner mit, dass Sie ihn verstanden haben: Die sofortige Äusserung der eigenen Meinung zu dem Problem zurückhalten (nicht gleich bewerten, kritisieren oder Ratschläge geben).
- Versuchen Sie, sich in den Gesprächspartner hineinzuversetzen, in seine Gefühlswelt und ihm mitzuteilen, dass man versucht, ihn zu verstehen (Da haben Sie sich sicher gekränkt gefühlt ..../ Da waren Sie sicher enttäuscht ...../ Da waren Sie sicher wütend....)

- Nachfragen, ob man den Gesprächspartner richtig verstanden hat (Verstehe ich richtig, dass Sie da...?).
- Teilen Sie Ihrem Partner die Gefühle mit, die sein Wunsch in Ihnen auslöst.

Wie man Wünsche und Anliegen konkret äussern kann

Je nach Gesprächsziel und –thema können es auch Wünsche, Anliegen, Bitten sein, die zur Problemlösung oder Zielerreichung beitragen. Erreicht werden kann dies vor allem mit folgenden Techniken und Einstellungen:

- Teilen Sie Ihre Wünsche ausdrücklich mit, auch Dinge, die Ihnen unangenehm, aber sehr wichtig sind.
- Formulieren Sie Ihre Wünsche als Wünsche, nicht als Forderung, Kritik oder Drohung.
- Formulieren Sie Ihre Wünsche ganz konkret, unter Angabe quantitativer und situativer Bedingungen.
- Formulieren Sie Ihre Wünsche zukunftsbezogen.
- Verdeutlichen Sie Ihrem Partner, wie wichtig ein Wunsch für Sie ist.
- Erklären Sie Ihrem Partner, welche Gefühle und Hintergrundbedürfnisse mit Ihrem Wunsche zusammenhängen.

Aktives Zuhören – der Schlüssel zum Gesprächserfolg

Aktiv zuhören bedeutet, dass der Coach an den Ansichten und Meinungen des Sprechenden interessiert ist: Er wendet sich offen seinem Gesprächspartner zu (Körpersprache). Mit einem gelegentlichen "Ja" und einem Nicken bestätigt er seinem Gegenüber, dass er ihm noch folgen kann. Mit einer zusammenfassenden Zwischenfrage "Habe ich Sie richtig verstanden, dass ..." bekundet der Coach sein Interesse und ist gleichzeitig sicher, das Gesagte richtig verstanden zu haben. Der Eindruck des Interesses wird noch vertieft, indem Notizen zu den Erörterungen des Gesprächspartners gemacht werden.

Konkretes Verhalten beim aktiven Zuhören

Blickkontakt, Zwischenfragen, zugewandte Körperhaltung und Signale der Zustimmung sind die Kernelemente des aktiven Zuhörens. Dieses Gesprächsverhalten ist auch in der Praxis von Mitarbeitergesprächen deshalb so hilfreich und bedeutend, weil wir hierdurch einen persönlichen Kontakt herstellen können, die Gesprächsatmosphäre entspannen und bei verhärteten Standpunkten leichter eine emotionale Übereinstimmung erzielen können.

Konsequenzen des aktiven Zuhörens

Aktives Zuhören hat eine Reihe von wesentlichen Konsequenzen im Gesprächsverhalten und äussert sich in der Praxis von Mitarbeitergesprächen vor allem in folgenden Punkten:

- Das Interessante und Wichtige herausfinden
- Zurückhaltend bleiben und Ablenkungen widerstehen
- Sich auf den Gesprächspartner konzentrieren
- Diese Konzentration durch Körperhaltung ausdrücken
- Körper zuwenden, nicht reglos vor Gesprächspartner sitzen
- Eigene Meinung zurückhalten, Nachfragen bei Unklarheiten
- Und vor allem auch: Zuhören heisst nicht gutheissen
- Pausen aushalten, sie können ein Zeichen für Unklarheiten, Angst oder Ratlosigkeit sein
- Auf eigene Gefühle achten, zeigen, dass man zuhören will
- Die Gefühle des Partners erkennen und ansprechen
- Versuchen, das Positive am Partner zu erkennen und sich nicht zu sehr von negativen Dingen einnehmen lassen
- Kurzäusserungen zeigen Bestätigungen
- Geduld haben und nicht unterbrechen
- Hinter Rolle Menschen mit Gefühlen und Bedürfnissen sehen
- Den Partner durch freundliche Zuwendung entspannen
- Sich durch Vorwürfe und Kritik nicht nervös machen lassen
- Aufmerksam zwischen den Zeilen hören und sich in die Situation des Partners versetzen
- Dies verbal und nonverbal zeigen und signalisieren

Gefühle des Gesprächspartners widerspiegeln

Diese Technik aus der sogenannten Meta-Kommunikation ist sehr wirkungsvoll, da der Schwerpunkt darauf gesetzt wird, wie ein Gespräch geführt wird und emotional geladene Situationen von der Beziehungs- wieder auf die Sachebene verlagert werden können. Beispiele solcher Fragen:

- Ich habe den Eindruck, dass wir uns jetzt im Kreis drehen und nicht wirklich weiterkommen
- Ich empfinde Sie jetzt als sehr aggressiv und das überträgt sich auf mich
- Hat Sie jetzt etwas geärgert, sprechen Sie es bitte offen aus
- Ich werde das Gefühl nicht los, dass Sie das wirkliche Problem nicht ansprechen. Sollte dies zutreffen, machen Sie dies bitte, denn nur mit Offenheit können wir das Problem lösen.

Mitarbeiter aus der Reserve locken

Je nach Typ des Gesprächspartners und des Gesprächsthemas kann ein Gespräch sehr mühsam verlaufen, wenn Mitarbeiter sich kaum äussern. Verschiedene Fragen können weiterhelfen, wie z.B. "Was meinen Sie würde passieren, wenn Sie diese Entscheidung trotzdem fällen würden?". Oder: "Denken Sie mal an die Besprechungen der letzten Monate zurück - in welchen Situationen haben Sie sich besonders unwohl gefühlt?", "Können Sie mir ein Beispiel nennen?", "Das verstehe ich nicht ganz, erklären Sie es mir bitte näher?".

Ängste und Befürchtungen nehmen

Gerade bei Kritikgesprächen können unbegründete Ängste ein Gespräch bzw. einen Mitarbeiter blockieren. Hier können Fragen wie "Was würde denn passieren, wenn Sie es dennoch täten" oder "Was geschähe, wenn Sie es dennoch versuchen würden?". Zudem ist die Versicherung, dass ein Gespräch garantiert vertraulich ist und diskret behandelt wird, oft hilfreich. Dies entspricht der Coachingphilosophie der Hilfe zu Selbsthilfe und des aktiven Erkennens einer Situation auf optimale Weise.

Gewisse Sachverhalte visualisieren

Übermitteln Sie zentral wichtige Sachverhalte zwischendurch mit Skizzen auf einem Blatt Papier. Dies kann ein Gespräch auflockern und komplexe Zusammenhänge vereinfachen. Es dient visuell orientierten Mitarbeitern oft auch zu einem besseren Verständnis.

Ist Ihr Gesprächspartner visuell orientiert?

Dann versuchen Sie z.B. in Bildern oder mit bildhaften Vergleichen zu formulieren und solche Begriffe zu verwenden. ("Ich sehe, dass Sie..." - "Ich kann mir gut vorstellen, dass..."). Es gibt aber auch auditiv veranlagte Menschen. Dann sind Formulierungen wie "Das klingt gut" oder "Ich kann heraushören, dass Sie die Situation sehr ähnlich beurteilen" geeignet. Kinästhetisch orientierte Personen sprechen auf Begriffe gut an wie "Ich habe ein gutes Gefühl dabei" oder "Das fühlt sich grossartig an".

Die Ich-Haltung mit Emotionen bewirkt mehr

Man weiss aus der Gesprächspsychologie, dass diese Art der Formulierung eine starke Wirkung hat, indem man in der Ich-Form aus der selber erlebten Gefühlssituation heraus kommuniziert. Erklären Sie klar und deutlich, was Sie stört. Mit Ich-Botschaften fühlt sich der Mitarbeiter nicht angegriffen und ist offener für eine Lösung. Ein Beispiel: "Ich habe seit einigen Wochen ein sehr ungutes Gefühl, dass Sie sich bei uns unwohl fühlen.

Diese Beobachtung beschäftigt mich und ich möchte dafür die Gründe herausfinden". Ein seine Emotionen zeigender Coach schafft zum Gesprächspartner eine Brücke des Vertrauens.

Finden Sie einen positiven Gesprächsabschluss

Geben Sie Ihrer Überzeugung Ausdruck, dass dieses Gespräch das Problem lösen wird. Oder dass Sie den Eindruck haben, dass die Situation nun offen besprochen und sehr gute Massnahmen getroffen wurden.

Wichtiger Merkpunkt für die Praxis

Der positive Gesprächsabschluss hat grossen Einfluss auf die Handlungsbereitschaft und Motivation dazu. Er zeigt, dass man Vertrauen in den Mitarbeiter und eine gute Lösung hat und signalisiert Zuversicht in die Fähigkeiten und Stärken des Mitarbeiters, Besprochenes im Interesse aller konstruktiv umzusetzen.

Gesprächsabschluss: Konkrete Vereinbarungen treffen

Beenden Sie ein Gespräch immer mit konkreten Zielen, Massnahmen-Vereinbarungen, Terminen und bieten Sie konkrete Hilfestellungen an. "Wir müssen dieses Problem gemeinsam lösen - ich möchte Ihnen dabei auch helfen. Wo oder wie könnte ich Sie dabei am besten unterstützen?". Es kann vorteilhaft sein, direkte Vorgesetzte, Personalfachleute, Abteilungskollegen, Moderatoren usw. miteinzubeziehen oder dies in der Schlussphase bei der Massnahmenabklärung zu tun.

Der Gesprächsabschluss bleibt haften

Formulieren Sie auf jeden Fall eine Inhaltszusammenfassung des Gespräches und sprechen Sie getroffene Vereinbarungen noch einmal ausdrücklich an! Legen Sie - je nach Art des Gespräches - eventuell einen neuen Termin fest, an dem Sie besprechen, inwieweit die Vereinbarungen realisiert werden konnten. Dies dient der Erfolgskontrolle. Bedanken Sie sich bei dem Mitarbeiter für das Gespräch!

Abmachungen schriftlich festhalten

Ein Kurz- oder Beschlussprotokoll - das auch vom Mitarbeiter geschrieben werden kann -, fasst Wichtiges zusammen, symbolisiert die Bedeutung, hat grösseren Verpflichtungscharakter und kann je nach Anlass auch später ein wichtiger Beleg sein.

Praxisbewährte Verhaltensweisen

Vor dem Gespräch Einverständnis einholen

Bei sehr heiklen und emotional geladenen Gesprächen kann es ratsam sein, vor dem stattfindenden Gespräch ein bis zwei Tage vorher das Einverständnis des Gesprächspartners einzuholen. Eine solche Frage kann lauten: "Es ist für mich sehr wichtig, dieses Thema heute mit Ihnen in aller Offenheit zu besprechen. Ist das für Sie in Ordnung?".

Sich auf den Gesprächspartner einstellen

Man weiss aus der Kommunikationspsychologie, dass das Einstellen auf die Verhaltensweisen des Gesprächspartners unbewusst Vertrauen und Harmonie bewirken. Dazu gehört die Körperhaltung, die Gestik, die Wortwahl, die Sprechweise, aber auch das Niveau und die Sichtweise.

Die Gestik und Mimik sagen oft die Wahrheit

Die Gestik – also der Einsatz von Armen und Händen – kann Ihre Aussagen unterstreichen oder ihnen widersprechen. Unser aller Interesse ist es, auf unsere Umgebung einen Eindruck ohne innere Widersprüche zu machen. Um dieses Ziel zu erreichen, finden Sie hier einige praktische Regeln zur Körperhaltung: Natürliche Gesten werden mit Einsatz von Armen und Händen gemacht. Beispiele: Höhe der Hände: Sind Ihre Hände auf Brusthöhe oder höher, so ist die Aussage positiv. Stehen Handflächen während Ausführungen senkrecht, so ergibt das ein neutrales Bild. Mit Handflächen, die nach oben zeigen, übermitteln Sie Ihrem Gesprächspartner ein positives Bild.

Einbezug und Äusserungen der Körpersprache

Beachten Sie stets die Übereinstimmung von Verhalten und dem Gesagten. Sie können wichtige Widersprüche feststellen, die Sie warnen oder auf versteckte Unstimmigkeiten hinweisen. Dazu ein Beispiel aus der Gesprächspraxis: Jemand erzählt Ihnen von seinen ausgezeichneten Führungsqualitäten und seiner Durchsetzungsstärke. Sie erkennen aber mehrere Anzeichen von mangelndem Selbstbewusstsein und Unsicherheit im Verhalten (z.B. allgemeine Nervosität, wenig Blickkontakt, fluchtbereites Sitzen auf der äussersten Sitzkante des Stuhles, Verstecken der Hände u.v.m.).

Gute Gesprächsführer sind gute Zuhörer und Beobachter

Dies ist eine immer wieder bestätigte Tatsache aus der Gesprächspraxis, wobei die Beobachtung auf der verbalen und nonverbalen Ebene abläuft. Achten Sie auf jedes Detail, auf Verhaltensweisen, auf Gesten, auf Reaktionen, die mehr verraten können, als die schönsten Absichtserklärungen. Es sind dies unter anderem:

- Körperhaltung
- Händedruck und Zugewandtheit
- Redewendungen und Art der Beispiele
- Selbstvertrauen, Auftreten, Sicherheit
- Wortwahl (die Wortwahl spiegelt vielfach die innere Welt und Einstellung wider)

Welches sind die Grundmotivatoren?

Menschen lassen sich von unterschiedlichen Prinzipien, Glaubenssätzen und Lebenszielen leiten. Es kann wichtig und sehr hilfreich sein, solche Grundhaltungen in einem Gespräch zu (er)kennen. Es können sein: Erfolg, Anerkennung, Materielles, Ehrlichkeit, Zuwendung, Beständigkeit usw. Fragen wie "Was bedeutet das denn für Sie?" oder "Was gibt Ihnen denn diese Gewissheit?".

Antworten können dann sein: "In meiner Arbeit respektiert zu werden und Erfolg zu haben, bedeutet mir eben sehr viel". Damit wird der Glaubenssatz klar, dass Erfolg und Respekt bei einem Mitarbeiter mit einer solchen Aussage eine ganz zentrale und wichtige Rolle spielen.

Wichtiger Merkpunkt für die Praxis

Messen Sie diesem Aspekt grösste Bedeutung zu. Werden die falschen Grundmotivatoren angesprochen oder die wichtigen vernachlässigt, verpufft die Wirkung. Die Wirksamkeit von Status, Anerkennung, Teamklima, Zielausrichtung usw. ist unterschiedlich – und nur im Gespräch und mit Beobachtungen können individuelle Grundmotivationen eruiert werden.

Wohlwollen statt Bestrafung und Abrechnung

Feedback wird instinktiv nur dann angenommen, wenn der andere eine wohlwollende Gesinnung dahinter spürt. Jeder Versuch, den anderen mit einem Feedback kleiner zu machen oder zu bestrafen - gleich ob bewusst oder unbewusst -, macht aus der Beurteilung eine feindselige Handlung. Feedback verdient diese Bezeichnung nur dann, wenn es dazu da ist, den anderen grösser zu machen. Voraussetzung ist, dass die persönliche Beziehung frei von "offenen Rechnungen" ist.

Die wichtigsten Grundregeln zu Feedback

Feedback hat zum Ziel, dass sich die Beteiligten ihrer Verhaltensweisen bewusst werden, einschätzen lernen, wie ihr Verhalten auf andere wirkt, sehen, was sie bei anderen auslösen. Feedback ist nur dann gut, wenn es hilfreich ist und der Klarheit und dem gegenseitigen Verstehen dient. Deshalb sollte es folgende Eigenschaften aufweisen: *beschrei-*

bend - nicht bewertend oder interpretierend, *konkret* - nicht verallgemeinernd, nicht pauschal, *realistisch* - nicht utopisch, *unmittelbar* - nicht verspätet, *erwünscht* - nicht aufgedrängt.

Mut zu einer Verschiebung des Gespräches aufbringen

Es gibt Situationen, in denen man einfach nicht weiterkommt, die Stimmung eines Gesprächspartners dermassen schlecht oder aggressiv ist oder man aus einer Sackgasse einfach nicht mehr rauskommt. Dann sollte man den Mut aufbringen, ein solches Gespräch zu verschieben: "Wir kommen offensichtlich nicht mehr weiter. Ich halte es für besser, unser Gespräch ein anderes Mal unter besseren Voraussetzungen fortzusetzen".

Selbstreflexion bei Kommunikationsproblemen

Es gibt Situationen, Menschen, Themen, Anlässe und Äusserungen, die ohne bewusstes Wahrnehmen Sand ins Getriebe eines Gespräches bringen oder ein starkes Unwohlsein hervorrufen können. Bewusstes Wahrnehmen kann helfen, die Ursachen aufzuspüren. Dabei können folgende Fragen eine Hilfe sein: "Wie gelingt es dieser Mitarbeiterin nur, mich jedes Mal dermassen in die Enge treiben zu können?" - "Warum beziehe ich seine Aussagen jedes Mal dermassen persönlich auf mich?" - "Was könnte ihn zu dieser provozierenden und beleidigenden Aussage gebracht haben?" Oder: "Wie steht es um meine Beziehung zu dieser Mitarbeiterin allgemein, gibt es da Befürchtungen oder Erwartungen, die ich verdränge?".

Die eigene Haltung kritisch hinterfragen

Die - vielfach unbewussten - Einstellungen des Vorgesetzten zum Mitarbeiter (Sympathie, Antipathie, bisherige Erfahrungen und Eindrücke, Vorurteile usw.) prägen das Gespräch und können den wichtigen Grundsatz der Unvoreingenommenheit und Objektivität gefährden. Sie sind möglichst ins Bewusstsein zu rufen und kritisch zu hinterfragen. Eine unvoreingenommene, offene Haltung bildet die beste Gesprächsbasis und Ebene für eine faire Problemlösung.

Zeichen für eine konstruktive Kommunikation

Aus Untersuchungen und Experimenten weiss man, dass vor allem folgende Signale für eine gute Gesprächs- und Vertrauensbasis sprechen:

- Offenes Ansprechen von Gefühlen
- Gegenseitiges Akzeptieren von Kritik
- Beidseitige Übernahme von Verantwortung für das Gespräch

- Pausen und Bedenkzeiten
- ein lockerer und entspannter Umgang
- Probleme und Konflikte werden direkt angesprochen
- Meinungen werden offen und unumwunden vertreten und geäussert

Annahmen und Vermutungen hinterfragen

Ein Mitarbeiter kann sich wie folgt äussern: "Ich glaube, dass mein Vorgesetzter nicht viel von mir hält". Solche Verallgemeinerungen und unspezifischen Vermutungen können mit folgenden Fragen geklärt werden: "Woher genau wissen Sie, dass Herr XY von Ihnen nicht viel hält?" oder "Welche Vorfälle und Beispiele führen Sie denn zu dieser Vermutung?".

Interesse zeigen - und so motivieren

Immer wieder werden Ergebnisse von Studien und Umfragen zum Thema Motivation der Mitarbeiter publiziert: Zu wissen und zu erleben, dass man wichtig für das Unternehmen ist, dass man gefördert und gefordert wird und eben nicht jederzeit durch irgend jemanden ersetzbar ist, ist wohl der Faktor, der Mitarbeiter am stärksten zu motivieren vermag. Natürlich gibt es zahlreiche Möglichkeiten, mit denen Mitarbeitern gezeigt werden kann, dass Sie sie wahrnehmen und wertschätzen - und Sie sollten auch möglichst viele davon nutzen. Formelle Mitarbeitergespräche sind, wenn sie gut und konstruktiv ablaufen, eine einzigartige Gelegenheit, denn sie beweisen, wie wichtig sie Ihnen sind und wie ernst Sie Ihre Führungsaufgabe nehmen. Das kann sehr motivieren und aufbauen!

Respekt vor Person und Leistung bezeugen

Dies ist eine der wichtigsten Voraussetzungen überhaupt. Erreicht wird dies, indem man sich mit den Argumenten des Gesprächspartners auseinandersetzt, sich für die Anliegen Zeit nimmt und ihn spüren lässt, dass man seine Anliegen ernst nimmt, vor allem auch dann, wenn Gefühle zum Ausdruck kommen und die menschliche Würde betroffen ist.

Eine Brücke des Verstehens bauen

Formelle Mitarbeitergespräche sind sehr effektive Gelegenheiten, um eine Brücke zwischen Ihnen und Ihren Mitarbeitern zu bauen und zu erhalten. Sie können sie nutzen, um offen zu kommunizieren und sich auszutauschen, klare Vereinbarungen zu treffen und gemeinsam Ziele festzulegen. Es wäre schade, wenn Sie sie nicht voll nutzen - und sich selbst durch negative Gedanken (mögliche Antipathie, unliebsame Vorfälle, kürzlich stattgefundenes Konfliktgespräch, ungenügende Qualifikation vom letzten Jahr usw.) und Erwartungen blockieren würden.

Auf Stellungnahme des Mitarbeiters Wert legen

Es gehört zu einem partnerschaftlichen Gespräch, dass immer wieder die Meinung, die Stellungnahme, die Ansicht des Mitarbeiters eingeholt wird. Dies gilt auch für Massnahmen und Vereinbarungen. Bleibt eine Abwehr bestehen oder kann ein Mitarbeiter nicht hinter Abmachungen stehen, sind auch ein Gespräch und daraus resultierende Massnahmen sinnlos.

Ihre Einstellung hat grossen Einfluss auf ein Gespräch

Eine wesentliche Rolle dafür, wie Ihre Mitarbeitergespräche ablaufen und wie viel sie beiden Seiten bringen, spielt Ihre Einstellung zum Thema Mitarbeitergespräche. Nur wenn Sie als Führungskraft von deren Nutzen überzeugt sind und sie als ein wesentliches Führungsinstrument interpretieren, werden Sie sie motiviert, zielorientiert und engagiert durchführen. Wie Sie selbst über Mitarbeitergespräche denken, was Sie sich davon versprechen und wie wichtig Sie sie nehmen, prägt nämlich ganz massgeblich und wird von Mitarbeitern oft intuitiv wahrgenommen.

Zum Beispiel: Wie Sie über Mitarbeitergespräche reden - wie Sie sie ankündigen - welche Bedeutung Sie ihnen selber und vor anderen geben - wie intensiv und gut Sie sich vorbereiten - wie gut und sinnvoll Sie sie einplanen und in den Arbeitsalltag integrieren - wie positiv und konstruktiv sie ablaufen.

Objektiv beschreiben statt persönlich zu bewerten

Damit Sie den Mitarbeiter erreichen, müssen Sie sein Verhalten und die Auswirkungen möglichst genau beschreiben. Je präziser und detaillierter Ihre Beschreibung ist, desto weniger ist der Partner auf Spekulationen angewiesen, und desto klarer wird sein Bild von dem fraglichen Verhalten und seinen Folgen. Ein Beispiel: Beschreiben Sie ein aufbrausendes und unbeherrschtes Verhalten am Telefon sachlich und anhand von Beispielen und Vorfällen. Die Auswirkungen dieses Verhaltens (Kundenverlust, Reklamationen, Auswirkungen auf Arbeitsklima) sollten ebenso sachlich beschrieben werden, eventuell mit Zahlen oder Originalzitaten von Kunden und Mitarbeitern.

Motivationsstärkung bei Konflikten

Man kennt in der Kommunikations- und Gesprächspsychologie mehrere mögliche Konfliktherde. Diese zu kennen und zu unterscheiden, kann auch in der Praxis sehr hilfreich sein und die einzuschlagende Gesprächsstrategie unterstützen. Man kennt sieben Konfliktarten:

- Begrenzt Vorhandenes, Limitiertes (z.B. Kaderfunktionen)
- Unterschiedliche Interessen, Meinungen (Interessenkonflikt)
- Unterschiedliche Ziele (Zielkonflikt)
- Unvereinbare Wert- und Glaubensvorstellungen (Bewertungskonflikt, Arbeitsmotivatoren)
- Unterschiedliche Informationsvermittlung und -weitergabe, mangelnde Transparenz (Informationskonflikt)
- Unterschiedliche Erwartungen der Beteiligten (Rollenkonflikt)
- Rivalitäten zwischen Menschen und Gruppen (Konkurrenzkonflikt).

Führungskräfte finden sich im Alltag sehr oft als Konfliktmanager wieder. Sie bestimmen mit ihrem Verhalten und ihrer Person das Konfliktklima, den allgemeinen Umgang mit Konflikten und deren Lösungen.

Das Erkennen typischer Motivationsprobleme

Je früher Konflikte erkannt werden, desto besser und schneller können sie konstruktiv in einem Gespräch angegangen werden, bevor sie eskalieren. Konflikte zeigen meistens folgende Symptome:

- Verschlechterung der Kommunikationsbeziehung
- Entstehung verstärkter Eifersucht
- Steife und förmliche Kommunikation
- Zunehmende Feindseligkeiten/Sticheleien
- Streit über Kleinigkeiten
- Bei Problemen wird der Schuldige, nicht die Lösung gesucht
- Verstärktes Berufen auf Richtlinien und Anweisungen
- Gesteigerte Empfindlichkeiten
- nervöse, spannungsgeladene Atmosphäre
- Verschlechterung der Arbeitsmoral
- Effektivität der Arbeit sinkt

Wichtiger Merkpunkt für die Praxis

Das schnelle Erkennen von Motivationsproblemen und das sofortige Ansprechen darauf sind sehr wichtig. Ansonsten besteht die Gefahr, dass sich Probleme verstärken, andere Massnahmen zunichte machen, ein ganzes Team negativ beeinflussen und schnell zu innerer Kündigung führen können. Solche Gespräche sind zudem ein "Pulsfühler" und generelles "Frühwarnsystem".

Was die Einstellung zu Konflikten beeinflusst

Es ist wichtig, sich der Bedeutung von Einstellungen zu Konflikten und Konfliktgesprächen bewusst zu sein. Denn nur so gelingt auch eine souveränere und sicherere Gesprächsführung und selbstkritische Überprüfung der eigenen Haltung. Hilfreich beim Erkennen Ihrer Einstellungen sind zum Beispiel:

Die Wahrnehmung: Erkenne ich Konflikte rechtzeitig? – Verdränge/verleugne ich Konfliktsignale oder meine negative Haltung?

Die Gefühle: Reagiere ich ängstlich, hilflos, aggressiv? Stelle ich mich mutig dem Konflikt?

Das Verhalten: Gehe ich den Konflikt offen, aktiv, kooperativ und konstruktiv an? Weiche ich den Konflikten aus?

Positive und offene Konflikt-Gesprächsführung

Die Erfahrungen aus der Praxis zeigen, dass folgende sechs Haltungen erheblich zu einer offenen Konflikt-Gesprächsführung beitragen

- Sprechen Sie den Konflikt an
- Kontrollieren Sie dabei Ihre Erregung
- Stellen Sie Vertrauen her
- Sprechen Sie offen, über das, was Sie bewegt
- Streben Sie eine gemeinsame Problemlösung an
- Treffen Sie Vereinbarungen

Sehr wichtig zum Schluss: verarbeiten Sie das Gespräch für sich persönlich und reflektieren Sie die entscheidenden Phasen unvoreingenommen.

Verhaltensregeln im Konfliktgespräch

Beachten Sie folgende einfachen Regeln besonders:

- Hören Sie aufmerksam und geduldig zu
- Auch wenn es (nach Ihrem Wertesystem) noch so lächerlich erscheint: Nehmen Sie Ihren Gesprächspartner ernst, mit all seinen Gefühlen und Gedanken
- Ermuntern Sie zu freiem, offenem Reden
- Bewerten oder verurteilen Sie keinesfalls das Gesagte. Bleiben Sie geduldig und ausführlich
- Zeigen Sie, dass Sie sich mit dem anderen beschäftigen (z.B. zugewandte Gesprächshaltung)

Umgang mit Aggressionen im Gespräch

Es gibt viele Situationen im Berufsalltag, welche Aggressionen erzeugen können, manchmal wie ein Blitz aus heiterem Himmel völlig unvorbereitet, sei es wegen Intrigen oder extremen Stressbelastungen. Angebrachte "Sofort-Verhaltensweisen" und Soforthilfen sind:

- Eigene, echte Betroffenheit zeigen
- Nach den Gründen fragen (ernstnehmen)
- Danken für die Chance, zu wissen, was falsch läuft und für die Chance, das Ärgernis zu beseitigen
- Ruhig bleiben - Gefühle des anderen widerspiegeln, z.B.: Sie sind vermutlich dermassen verärgert, weil...
- Die eigenen Gefühle beschreiben
- Keinesfalls abblocken - Eventuell einen geeigneteren Zeitpunkt für das Gespräch vorschlagen
- Notizen machen und Gesagtes bestätigen und in aller Ruhe gut sichtbar notieren.

Was konkret zur Konfliktlösung beiträgt

Oft besteht das Ziel von Gesprächen ja darin, Konflikte zu lösen oder zu erkennen. Die Wege und Mittel dazu:

- *Nur* und stets *alle* Betroffenen einbeziehen und den direkten und offenen Dialog herstellen.
- Nur eine neutrale Person kann ein Gespräch in Gang bringen, Offenheit erreichen und den Dialog kontrollieren.
- Gefühle offen legen: Nur dann können Enttäuschungen und Frustrationen wirklich abgebaut und die Ursachen erkannt werden. Eine klare Aufforderung des Gesprächsleiters, dies zu tun und Offenheit und Vertrauen sind dazu absolut notwendig.
- Aufbereitung der Vergangenheit, (Was führte zum Konflikt, welche Umstände oder Ereignisse haben diese Wut ausgelöst).
- Tragbare Lösung erzielen, die partnerschaftlich ist und von beiden Seiten als Lösung akzeptiert wird und beide Interessen berücksichtigt.
- Massnahmen zur Vermeidung künftiger Konflikte dieser Art (Führungsverhalten, Bewertungssysteme, Zusammensetzung von Meetings usw.)

Das Bewältigen von Konfliktgesprächen

Das Konfliktgespräch (Streitgespräch) ist ein Vorgang zur Lösung einer Schwierigkeit und kein Kampf, aus dem Gewinner und Verlierer hervorgehen sollen. Die Praxis zeigt, dass folgende vier Punkte besonders hilfreich sind:

- Versuchen Sie nicht, einen Streit zu gewinnen, sondern den Konflikt zu lösen.
- Versuchen Sie nicht in der Vergangenheit, einen Schuldigen zu finden, sondern bemühen Sie sich, das Problem in der Gegenwart zu lösen.
- Teilen Sie Ihrem Gesprächspartner offen mit, wenn Sie ein Konfliktgespräch wünschen.
- Einigen Sie sich auf einen konkreten Konfliktpunkt.

Gesprächsabschluss: konkrete Vereinbarungen treffen

Beenden Sie ein Beurteilungsgespräch immer mit konkreten Zielen, Massnahmen-Vereinbarungen, Terminen und bieten Sie konkrete Hilfestellungen an. "Wir müssen diese Leistungsdefizite gemeinsam beseitigen – ich möchte Ihnen dabei auch helfen. Wo oder wie könnte ich Sie dabei am besten unterstützen?" Es kann bei der konkreten Besprechung und Entscheidung von Massnahmen vorteilhaft sein, direkte Vorgesetzte, Personalfachleute, Abteilungskollegen, Moderatoren usw. miteinzubeziehen oder dies in der Schlussphase bei der Massnahmenabklärung zu tun.

Nicht den Menschen, sondern die Leistung beurteilen

Eine wichtige Grundregel für die Beurteilung lautet, dass nicht der Mensch beurteilt wird, sondern immer nur seine Leistung und sein Verhalten. Eine Beurteilung des Menschen steht weder dem Vorgesetzten noch dem Unternehmen zu. Die Beurteilung hat sich auf die Aspekte zu beschränken, für die ein Mitarbeiter eingestellt ist und entlöhnt wird.

Schon die Kritik muss den Glauben an die Verbesserung enthalten

Wenn dies gelingt, ist die Akzeptanz einer Kritik und die Chancen einer Leistungsverbesserung um vieles höher, da der damit zum Ausdruck kommende Glaube an die Fähigkeiten des Mitarbeiters und seine Bereitschaft zur Leistungsverbesserung auch den Ehrgeiz anspricht. Ist also beispielsweise die Termineinhaltung ein häufiges Problem, so ist die Aussage "Sie müssen sich bewusst sein, dass Ihre Terminverspätungen in der Spedition oft zu Stress führen. Da Sie aber auf Ihrem Gebiet ein routinierter Experte sind und ja auch die neue Software hervorragend beherrschen, sollten Sie diese Schwäche eigentlich problemlos beheben können".

Was ist veränderbar und was nicht

Dies ist eine zentrale Überlegung, die wesentlich zu konstruktiven Beurteilungsgesprächen beiträgt. Nicht veränderbare Mängel können wegen fehlender Ausbildung bestehen (ohne Buchhaltungsgrundlagen kann eine Sekretärin sich auch in einfachen Buchungen nicht verbessern) oder durch stark ausgeprägte Persönlichkeitseigenschaften (ein eher chaotischer, sich auf das "big picture" orientierender Mitarbeiter kann sehr kreativ sein, aber Detailfehler in Statistiken eher nicht zuverlässig feststellen).

Wichtiger Merkpunkt für die Praxis

Die Intelligenz und den Realitätssinn zu haben, das zu erkennen, was sich verändern und mit Mut angehen lässt, das zu akzeptieren und mit Gelassenheit hinzunehmen, was unveränderbar ist – und das eine vom anderen dann sogar noch unterscheiden zu können – dies zeichnet oft die kompetente und erfahrene Führungskraft aus.

Motivierende Mitarbeitergespräche

Das persönliche Gespräch und die persönliche Begegnung haben noch immer die stärkste Motivationswirksamkeit, insbesondere das konkrete Verhalten, die Kommunikation als Ganzes und das Mitarbeitergespräch im besonderen. Die folgenden Mustergespräche sollen Ihnen helfen, wichtige Motivationsaspekte auch in der direkten Gesprächspraxis zu erkennen und anzuwenden.

Beurteilungsgespräch

Hintergrundinformationen zum Gesprächsthema

Beurteilungsgespräche sind einerseits Personalentwicklungsgespräche zur Überprüfung der Zielerreichung, zur Ergreifung von Aus –und Weiterbildungsmassnahmen und gegenseitiges Feedback zu Leistung, Verhalten und ein Zukunftsausblick für Mitarbeitende und das Unternehmen. Allerdings haften Beurteilungsgesprächen immer auch ein wenig das "Notenverteilen" und eine "Examensstimmung" an.

Die Kernelemente dieses Gespräches

Beurteilungsgespräche sollten schwerpunktmässig zukunfts- und lösungsorientiert sein und nicht Schwächen, Versagen und Negatives, sondern konstruktive Elemente, Ziele und Massnahmen zur Optimierung und Verbesserung von Schwächen oder Defiziten enthalten.

Mögliche Gesprächsbausteine

Gesprächseröffnung

Frau Loser, vielen Dank für das genaue Ausfüllen des Beurteilungsbogens, welcher für dieses Gespräch eine wichtige Grundlage bildet. Interessant ist es nun, jene Punkte zu besprechen, in denen wir übereinstimmen und die wir ähnlich beurteilen - erfreulicherweise gibt es da ja einige...

Beachten: Beurteilungsbögen können vorher getrennt (Vorgesetzter/Beurteilte) ausgefüllt werden. Die Konzentration auf die gemeinsamen und übereinstimmenden Interessen schafft eine konstruktive und vertrauensvolle Atmosphäre.

Das Gute zuerst sowie klar und konkret

Frau Loser, was die Verbesserung Ihrer Excelkenntnisse und die Arbeitsgenauigkeit und Termintreue betrifft, haben Sie und ich eine Steigerung von 3 auf 5 Punkte notiert. Schön, dass wir hierin beide voll übereinstimmen. Ich finde tatsächlich, dass Sie sich hier in kurzer Zeit massiv verbessert und viel Initiative an den Tag gelegt haben. Das freut mich wirklich sehr!

Beachten: Mit der Nennung konkreter Fortschritte und Beispiele wird eine positive Grundlage für ein konstruktives Gespräch geschaffen.

Unterschiedliche Beurteilungen

Frau Loser, bezüglich der von Ihnen und mir gemachten Beurteilung auf dem Qualifikationsbogen sehe ich, dass wir bei der Beurteilung des Arbeitstempos unterschiedliche Meinungen vertreten. Sie sehen hier eine klare Verbesserung, von der ich aber nicht überzeugt bin, deshalb habe ich hier die gleiche Bewertung stehen lassen wie letztes Jahr. Vielleicht haben wir hier verschiedene Auffassungen, in welchen Bereichen wann schnelles Arbeiten wichtig ist. Können Sie mir Ihren Standpunkt oder Ihre Meinung dazu etwas präzisieren?

Beachten: Auf unterschiedliche Beurteilungen eingehen und diese auch klar nennen - aber mit der Tatsache der Subjektivität und des Blickwinkels und einem gegenseitig präzisierenden Feedback.

Massnahmen bei Leistungsdefiziten

Frau Loser, wir sind also beide der Meinung, dass in der Arbeitsweise und Arbeitstechnik noch Verbesserungsmöglichkeiten bestehen. Es ist kein zentral wichtiger Punkt, da gehe ich mit Ihnen einig, aber dennoch einer, der an Bedeutung gewinnen wird. Es gehört zudem zu Ihren klaren Stärken, dass Sie eine sehr gute Auffassungsgabe haben und vielseitig interessiert sind. Dies erleichtert das Lernen und ich bin überzeugt, dass Sie mit Ihrer ausgeprägten Lernbereitschaft diese Mängel auch sehr schnell beheben werden. Es gibt hier Angebote unserer IT-Abteilung, Seminare, Abendkurse oder Bücher mit Software kombiniert - auch im Fernunterrichts-System. Was meinen Sie, wie wir hier vorankommen können? Welche dieser Schulungsmassnahmen würde Ihnen am meisten zusagen?

Beachten: Konkrete Massnahmen ergreifen und Alternativen aufzeigen, wo etwas wie verbessert werden kann. Wichtig ist, dass dies in Abstimmung mit den Bedürfnissen und Vorstellungen des/der Mitarbeitenden geschieht.

Unterschiedliche Beurteilungen und Meinungen

Frau Loser, Sie sind also mit meiner Beurteilung zur Kundenorientierung nicht einverstanden. So wie Sie die Dinge sehen und wo Sie das Schwergewicht legen, kann ich das verstehen. Aber genau hier liegt der Punkt. Für mich ist Kundenorientierung das konkrete, am Telefon und am Empfang an den Tag gelegte Verhalten und nicht Theorien und Memos. Die Freundlichkeit, der Charme, die Bereitschaft zu Kulanz, das mehr-tun-als-erwartet, dies zeichnet Kundenfreundlichkeit aus. So betrachtet müssen Sie hier wirklich noch an sich arbeiten. Die Grundhaltung und die Fähigkeiten dazu haben Sie meiner Meinung nach nämlich klar – nur an der konsequenten und disziplinierten Einhaltung hapert es manchmal.

Beachten: Unterschiedliche Ansichten müssen begründet werden, Fakten und konkrete Beispiele helfen dabei am besten. Unterschiedliche Blickwinkel müssen angesprochen, allenfalls korrigiert werden.

Vorschlag Personalleiter zum weiteren Vorgehen

Sehr gut, Frau Loser, ich danke Ihnen für dieses konstruktive Gespräch, das uns beide etwas weitergebracht hat. Wir sehen jetzt beide gewisse Dinge etwas anders, weil wir unsere Standpunkte und Blickwinkel genauer kennen.

Ich bitte Sie, den Beurteilungsbogen anzupassen, eine kurze Zusammenfassung zu schreiben und die Massnahmen und Ziele festzuhalten. Ich werde das Gleiche tun. Dann setzen wir uns nochmals zusammen für einen letzten Vergleich, unterschreiben dann den Beurteilungsbogen und geben ihn an die Personalabteilung weiter.

Beachten: Was hat das Gespräch bewirkt, wie verbleibt man konkret und was geschieht als nächstes? So wird auch die Bedeutung unterstrichen und der Verpflichtungsgrad erhöht, Massnahmen zu ergreifen und sich der Konsequenzen bewusst zu sein.

Kritikgespräch

Hintergrundinformationen zum Gesprächsthema

Kritikgespräche sind genauso angebracht, wie Lob- und Anerkennungsgespräche, wenn ungenügende Leistungen oder ein Fehlverhalten dies erfordern. Das Ziel ist, den Gegenstand der Kritik offen und klar auf den Tisch zu legen, das erwartete und korrigierte Verhalten zu beschreiben und im Gespräch zum Ausdruck zu bringen, dass man an eine Lösung des Problems glaubt.

Die Kernelemente dieses Gespräches

Rechtfertigungen, Schuldzuweisungen und pauschale Vorwürfe sind destruktiv und haben in einem solchen Gespräch nichts zu suchen, da sonst nur eine Verhärtung der Fronten die Folge ist und die Bereitschaft zur Verbesserung wesentlich erschwert oder gar verunmöglicht wird.

Mögliche Gesprächsbausteine

Gesprächseröffnung

Guten Tag, Herr Koller, Sie und Ihre Kolleginnen und Kollegen sind zur Zeit ja arg im Stress. Sie sind aber jemand, der immer kühlen Kopf bewahrt und auch in hektischen Situationen auf ruhige Weise agiert. Das finde ich echt gut.

Beachten: Eine positive Beobachtung schafft eine konstruktive Grundlage und erhöht die Bereitschaft des Mitarbeiters, die folgende Kritik anzunehmen und Fehler einzugestehen.

Der Gegenstand der Kritik

Es gibt allerdings auch etwas, das ich weniger gut finde, Herr Koller. Und das möchte ich heute gerne mit Ihnen offen besprechen – und dabei aber auch Ihren Standpunkt und Ihre Sicht der Dinge kennenlernen. Es geht um die Verkäufe, die seit mehr als drei Wochen unter Plan sind, wobei sich der Rückstand vergrössert. Zur Zeit sind die Verkäufe 30% unter Plan und wir sind schon in der Mitte des Monats. Dass Sie ein guter Verkäufer sind, haben Sie bisher immer bewiesen, ich habe eher den Eindruck, dass der Einsatz und das Engagement stark nachgelassen haben. Täusche ich mich – oder wie sehen Sie das, Herr Koller?

Beachten: Die Kritik, in diesem Fall die ungenügende Verkaufsleistung, sollte genau und konkret beschrieben werden. Dann folgt eine Interpretation oder mögliche, vermutete Gründe. Anschliessend dann die Meinung des betroffenen Mitarbeiters einzuholen, ist vom Zeitpunkt her angebracht und empfehlenswert.

Stellungnahme des Mitarbeiters zu den Gründen der ungenügenden Leistungen

Ich geben Ihnen recht, dass das wirtschaftliche Umfeld das Verkaufen schwieriger macht und die Preiserhöhungen die Situation zusätzlich erschweren. Auch Ihre Kritik bezüglich der Serviceleistungen ist bis zu einem gewissen Grad berechtigt. Dieser Punkt ist übrigens Gegenstand der GL-Besprechung von nächster Woche. Nur – das ist nicht alles. Ich erwarte von Ihnen schon eine etwas selbstkritischere Haltung. Denn Einsatz, Disziplin und der Abschlussehrgeiz lassen eindeutig zu wünschen übrig und sind meines Erachtens der Hauptgrund der mangelhaften Verkaufsleistungen. Sehen Sie diese Gründe selber nicht auch ein?

Beachten: Es ist nie nur der Mitarbeitende allein, der für eine unbefriedigende Situation verantwortlich ist. Aber es muss auch das Ziel eines Gespräches sein, Selbstkritik zu üben und Verantwortung zu erkennen und zu übernehmen.

Massnahmen zur Verbesserung der Situation

Dass Sie sich etwas ausgebrannt fühlen, die Hektik und der Druck zugenommen haben und Sie zur Zeit Probleme mit Ihrer Freundin haben, sind Gründe, die ich verstehe. Es sind aber auch Gründe, gegen die wir gemeinsam etwas unternehmen können, nur beim letzten Punkt muss ich die Lösung des Problems allerdings Ihnen allein überlassen...

Lösungsvorschläge, die ich mir im Moment vorstellen kann, sind: Eine temporäre Reduzierung des Verkaufs-Solls, ein Zweitages-Verkaufstraining, zwei Wochen Urlaub und eine gelegentliche Mitarbeit im Kundendienst, um etwas aus dem grauen Alltag herauszukommen und eine andere Seite des Kundenkontaktes kennenzulernen. Was halten Sie von diesen Vorschlägen? Oder vielleicht haben Sie eigene Ideen zur Verbesserung der Situation?

Beachten: Kritikgespräche sollten immer lösungsorientiert sein. Und es sind Massnahmen, die zu einer Lösung führen. Wenn sie gemeinsam mit dem Mitarbeitenden erörtert und entschieden werden, sind die Chancen auf Akzeptanz und Erfolg allemal grösser, als wenn sie auf Kommando angeordnet werden.

Stellungnahme des Mitarbeiters zu Lösungsvorschlägen

Sie haben einige interessante Vorschläge, vor allem den einer Erfahrungsaustausch-Gruppe aller mit Kunden in Kontakt stehenden Mitarbeiter finde ich recht interessant. Was die Call Center-Hard- und Software betrifft, glaube ich allerdings nicht, dass dies ein Problem ist oder zur Verbesserung beiträgt.

Ein Vorschlag, Herr Koller: Unterbreiten Sie mir doch eine Liste von drei bis vier Massnahmen mit Terminen und ich mache dasselbe auch. Dann treffen wir uns in einer Woche wieder, besprechen alle Vorschläge, stimmen die Massnahmen gegenseitig ab und setzen sie dann in einen Massnahmenplan mit Terminen und Zielen um. Ist dieses Vorgehen für Sie so in Ordnung?

Das freut mich. Ich bin sehr zuversichtlich, dass wir gemeinsam das Problem schon bald lösen können. Die besprochenen Massnahmen sind auch von Ihrer Seite her sehr sinnvoll und - was letzten Endes am wichtigsten ist – Sie sind ja auch ein wirklich qualifizierter Agent, an den ich glaube und der es wieder packen wird!

Beachten: Schritt für Schritt sollten gemeinsam die Massnahmen besprochen und nach Prioritäten festgelegt werden. Am Ende des Gespräches ist es wichtig, Zuversicht und Optimismus zu signalisieren, dass eine Verbesserung der Situation erzielt werden kann.

Zielvereinbarungsgespräch

Hintergrundinformationen zum Gesprächsthema

Zielvereinbarungsgespräche sind ein modernes und wichtiges Führungs- und Beurteilungsinstrument, welches, richtig und professionell eingesetzt, ein wesentlicher Motivationsfaktor und Garant für gesamtunternehmerische Zielerreichungen ist.

Die Kernelemente dieses Gespräches

Zielvereinbarungsgespräche finden normalerweise einmal pro Jahr statt und erfordern in besonderem Ausmasse einen partnerschaftlichen Dialog mit ausgesprochenen Kommunikationsfähigkeiten. Sie sollten schriftlich festgehalten werden und in quantitativer und qualitativer Hinsicht möglichst messbar oder zumindest konkret beurteilbar sein. Zielvereinbarungsgespräche sind klar zukunftsorientiert und erfordern einen partnerschaftlichen und modernen Führungsstil, da nicht kommandiert, sondern gemeinsam vereinbart und entschieden wird.

Mögliche Gesprächsbausteine

Gesprächseröffnung

Frau Kelly, ich freue mich, mit Ihnen auch dieses Jahr wieder gemeinsam die neuen Ziele für das kommende Geschäftsjahr festzulegen. Zuerst aber möchte ich mit Ihnen zum vergangenen Geschäftsjahr eine Bilanz ziehen.

Beachten: Sagen Sie klar, worum es geht und halten Sie die Vergangenheitsbetrachtung kurz und prägnant. Gewisse Aspekte können dort bereits für das kommende Jahr einfliessen.

Das Ziehen einer positiven Bilanz

Nun – bei Ihnen gibt es wirklich ausnahmslos nur Gutes zu berichten. Sie sind massgeblich daran beteiligt, dass die Überschussquote von 10% auf 5% gesenkt und halbiert werden konnte. Dank Ihrem Engagement konnten wir die Reorganisation der Abteilung XY schnell und problemlos hinter uns bringen. Sie waren die treibende Kraft bei der Neueinführung der Kalkulationssoftware XY, die uns heute ganz neue Möglichkeiten eröffnet. Mit Ihren Kolleginnen und Kollegen zusammen konnten sie wichtige neue Kunden gewinnen, die das Erreichen der Umsatzziele sicherstellten.

Beachten: Die positive Bilanz schafft eine konstruktive Grundlage und sollte konkret und mit Beispielen und Fakten untermauert sein.

Die Sicht der Mitarbeiterin

Wie beurteilen Sie die Situation, Frau Kelly? Wo sehen Sie Möglichkeiten für neue Ziele? Was ist für Sie gut, was weniger gut gelaufen? Wo würden Sie aus Ihrer praktischen Erfahrung heraus die Prioritäten setzen?

Beachten: Das Einbinden in die Zielformulierung ist wichtig und dies sollte schon früh beginnen.

Zielvorgaben umsetzen und definieren

Die Unternehmensleitung möchte Qualitätsverbesserungen in den Bereichen Service, Fertigung, Logistik und Forschung erreichen. Für uns ist der Servicebereich erstrangig. Es würde mich interessieren, wo Sie hier Verbesserungspotential sehen. In welchen Bereichen können wir, Ihrer Meinung nach, qualitativ und quantitativ vorwärts kommen?

Die Meinung der Mitarbeiterin

Ich glaube, dass wir im Bereich Kundenzufriedenheit noch einiges an Verbesserungspotential haben, dies obwohl wir schon viel erreicht haben. Die Kundenbefragung vom letzten Monat und die Stärken/Schwächen-Analyse vom Spätsommer wären hervorragende Unterlagen, wo wir gezielt ansetzen könnten und müssten.

Beachten: Vor allem gut informierte, gut vorbereitete Mitarbeiterinnen, an deren Sichtweise und Meinung man ehrlich interessiert ist, beteiligen sich an einer Zielvereinbarung auch entsprechend aktiv.

Stellungnahme Vorgesetzter

Ich finde diesen Punkt gut. Halten Sie eine Steigerung der Zufriedenheitsquote unserer Kunden von 80% auf 90% für realistisch? Welche Chancen sehen Sie im Schulungsbereich? Meines Erachtens muss auch die Software dringend modernisiert werden, damit wir professionellere Statistiken und Auswertungen machen können. Welche Meinung vertreten Sie in diesem Punkt? Sehen Sie hier auch Verbesserungspotential?

Ich möchte die Ziele mit Ihnen festlegen und diskutieren. Ich bin mir bewusst, dass Ihre Erfahrung und Ihre Kenntnisse wesentlich dazu beitragen, dass wir eine realistische Zielplanung haben – hinter der wir dann auch alle stehen können.

Beachten: Konkrete Möglichkeiten aufzeigen und belegen, dass man mit konkreten Massnahmen die Zielsetzungen erreichen will und kann.

Zielvereinbarung

Ich bin positiv überrascht, wie konkret und substantiell die Massnahmen und Stossrichtungen zur Erreichung der Unternehmensziele schon jetzt ausgefallen sind. Meine Bitte: verfeinern und präzisieren Sie die jetzt skizzierten Massnahmen und Zielsetzungen, überdenken Sie diese nochmals kritisch und überlegen Sie sich auch kritisch, wie es in jedem einzelnen Punkt um die Machbarkeit, die Terminsituation, die finanziellen und personellen Ressourcen bestellt ist. Wichtig ist auch, dass wir die Ziele messbar machen und quantifizieren, damit Sie und ich sehen, wie es um die Zielerreichung steht.

Beachten: Ein Gespräch sollte nicht überladen sein. Mehrere Gesprächsphasen, getrennte Finetunings und ein kritisches Reflektieren gehören dazu, damit die Umsetzbarkeit und Zielerreichbarkeit gewährleistet ist.

Zwischengespräche und Feedbacks

Wichtig ist zudem auch, dass wir die Zielerreichungsgrade mehrmals miteinander besprechen und Sie von mir Feedback zum Stand der Dinge bekommen. Das heisst konkret: Wo kann ich Sie besser unterstützen, welche anderen Hilfsmittel benötigen Sie, welche Umstände erschweren die Zielerreichungen und so fort. Ich würde diese Gespräche gerne monatlich kurz und quartalsweise ausführlich mit gegenseitigen schriftlichen Vorbereitungen führen. Ist das für Sie OK?

Beachten: Konkrete Unterstützung und Massnahmenplanungen sind ein wichtiger Teil von Zielvereinbarungsgesprächen. Diese sind daher in einem separaten Gespräch zu führen und schriftlich zu vereinbaren.

Die Meinung der Mitarbeiterin

Das ist mir sehr recht, denn es gibt mir Sicherheit und ich weiss dann, wo ich stehe und ob alle Ziele wirklich erreicht werden können. Wichtig ist auch, dass ich Ihr Vertrauen habe.

Unterstützung und Zielerreichungs-Massnahmen

Die Mittel, die zur Zielerreichung notwendig sind, müssen wir ebenfalls miteinander besprechen. Ich sehe hier vor allem zwei Stossrichtungen: Die Weiterbildung und punktuelle Kurse und Workshops einerseits und Arbeitshilfsmittel andererseits, ich denke da an eine neue und bessere Software und leistungsfähigere Zeitplanungsinstrumente. Doch das ist meine Sicht der Dinge, überlegen Sie sich doch bitte für unser nächstes Gespräch, wo Sie die Schwerpunkte sehen und Ihre persönlichen Bedürfnisse haben.

Beachten: Der Vorgesetzte gibt die groben "Himmelsrichtungen" zwar vor, aber überlässt die Ideen, Meinungen und Vorschläge dann stark den Bedürfnissen der Mitarbeiterin. Dies ist ein Beispiel für die Verbindung von Führung und partnerschaftlichem Verhalten.

Die Meinung der Mitarbeiterin

Ich mache das sehr gerne, da es für die Erreichung der gesetzten Ziele äusserst wichtig ist. Den Schwerpunkt sehe ich schon jetzt in der praxisorientierten Weiterbildung. Ich werde mir darüber genaue Gedanken machen und auch Informationen einholen zu Angeboten im Software- und Weiterbildungsmarkt.

Gesprächsschluss

Ja, das ist sehr gut. Wenden Sie sich ohne weiteres auch an unsere Personalabteilung, die sehr gut dokumentiert ist. Ich freue mich auf unser zweites Gespräch - und danke Ihnen auch für dieses sehr herzlich. Sie sind sehr engagiert und zeigen Motivation - eine hervorragende Grundlage und Voraussetzung, dass wir die gesetzten Ziele gemeinsam erreichen, da bin ich mir absolut sicher.

Motivationsprobleme

Hintergrundinformationen zum Gesprächsthema

Motivation ist ein entscheidender Faktor der Arbeitszufriedenheit und der Arbeitsqualität und trägt wesentlich zu einem guten Arbeitsklima bei. Je nach Persönlichkeit einerseits und der Qualität der Unternehmenskultur, der Aufgaben und des Führungsstils andererseits sind Mitarbeiter mehr oder weniger motivierbar. Gut motivierbare Mitarbeiter sind gewöhnlich Menschen mit reger Fantasie und guter Selbsteinschätzung, die auf Anpassung an das soziale Umfeld bedacht sind.

Die Kernelemente dieses Gespräches

Im nachfolgenden Leitfaden wird ein Mitarbeiter aufgrund konkreter Beobachtungen und Verhaltensweisen direkt auf Zeichen von Demotivation angesprochen.

Mögliche Gesprächsbausteine

Gesprächseröffnung

Herr Kundert, ich kenne Sie als qualifizierten, einsatzfreudigen und zuverlässigen Mitarbeiter. Doch in den letzten zwei Monaten habe ich ganz einfach immer mehr den Eindruck, dass Sie ohne jede Freude arbeiten, sehr passiv sind und kein Interesse an der Arbeit zeigen.

Ich habe den Eindruck – ich sage das ganz offen und direkt –, dass Ihre Motivation nahezu auf Null gesunken ist. Sehe ich das falsch, oder ist da was dran?

Mögliche Stellungnahme des Mitarbeiters

Ja, was Sie da sagen und beobachten, trifft zu. Ich bin momentan gar nicht motiviert und habe an meiner Arbeit zur Zeit keinen Spass. Was mich am meisten stört, ist die Routine. Ich empfinde meine Arbeit je länger desto mehr als monoton – ohne jede Abwechslung und Herausforderung. Vorher half mir der Kontakt zu meiner Kollegin, Angelika Hofmann, darüber hinweg, da ich mich mit ihr sehr gut verstand. Doch seit sie weggegangen ist, fehlt mir dieser Kontakt besonders.

Beachten: Nicht immer mag es dem Mitarbeiter gelingen, konkrete Gründe vorzulegen. Locken Sie ihn dann aus der Reserve, nennen Sie Vermutungen, fordern Sie ihn zu Offenheit und Kritik auf.

Stellungnahme des Personalleiters

Ich bin froh, dass Sie sehr offen sind und die Gründe klar und konkret darlegen. Ich glaube, dass uns dies hilft, das Problem gemeinsam anzugehen und konstruktiv zu lösen. Sie sind schon über fünf Jahre in der gleichen Funktion bei uns tätig. Ich habe Verständnis, dass man irgendwann mal nach Abwechslung und neuen Herausforderungen sucht. Das spricht ja sogar für Sie, dass Sie mehr von sich fordern.

Was müsste denn Ihre Arbeit beinhalten, damit Sie wieder mit mehr Motivation und Freude darangehen würden? Und wieder der alte, an- und zupackende Herr Kundert wären, wie wir ihn kennen?

Beachten: Lässt es die Begründung zu, sollte der Mitarbeiter in seiner Erwartung konstruktiv bekräftigt werden. Entscheidend ist die letzte Frage, da sie ausgesprochen lösungs- und mitarbeiterorientiert ist.

Stellungnahme des Mitarbeiters

Gar nicht so einfach, das jetzt in wenigen Sätzen zu sagen. Wenn ich mir das aber so überlege, ist es sicher die Abwechslung, auch mal ausserhalb des Büros Menschen zu treffen, mehr Neues lernen zu können und anspruchsvollere Aufgaben zu bekommen. Zudem interessiere ich mich sehr für Organisation und Abläufe. Hier Vorschläge einbringen und Verbesserungen initiieren zu können, wäre superinteressant.

Beachten: Wichtig ist hier, die Probleme ernst zu nehmen und darauf einzugehen und Verständnis zu zeigen. Dazu gehört auch Selbstkritik bei Fehlern aber ebenso ein klarer Standpunkt bei unrealistischen Erwartungen des Angesprochenen.

Die Entgegnung des Personalleiters/Vorgesetzten

Ich bin froh, dass Sie dermassen klare Vorstellungen haben. Das zeigt mir auch, dass Sie nicht einfach nur herumkritisieren und fordern, sondern eigene konstruktive Erwartungen haben. Ich kann Ihnen jetzt natürlich nicht den 100% auf Sie zugeschnittenen Traumjob "hervorzaubern".

Was ich aber kann, ist mich zu informieren, wo und wie in unserem Unternehmen Ihre Wünsche und Erwartungen am ehesten erfüllt werden könnten.

Konkrete Vorschläge zur Sprache bringen

Es gibt verschiedene Möglichkeiten und Richtungen: Dies könnte eine Tätigkeitsveränderung mit neuen Aufgaben in Ihrer jetzigen Funktion sein, eine neue Funktion oder der Wechsel in eine andere Abteilung überhaupt, eine andere Niederlassung, eine Projektmitarbeit oder eine vorübergehende Doppelfunktion.

Beachten: Das Aufzeigen diverser konkreter Optionen als Entscheidungshilfe ist oft ein guter Weg, der Veränderungsbereitschaft signalisiert und beweist, dass man das Problem ernst nimmt.

Die Meinung des betroffenen Mitarbeiters

Ich habe mir noch gar nie überlegt, wie viele Möglichkeiten es eigentlich gibt. Allein schon das zu wissen, freut mich ungemein.

Ich möchte mir das alles natürlich zuerst überlegen und von Ihnen auch einige Informationen dazu bekommen. Für den Moment scheint mir aber eine Projektmitarbeit und eine vorübergehende Doppelfunktion reizvoll zu sein. Abschliessend beurteilen kann ich das natürlich erst, wenn ich Näheres zu einer solchen Projektmitarbeit und vorübergehenden Doppelfunktion weiss.

Gesprächsabschluss durch den Personalleiter

Ich hole nun mehr Informationen ein, vor allem in die Richtungen, die Sie am meisten interessieren. Es gibt da sogar mehrere Möglichkeiten. Sie selber könnten mir mal einige Aufgaben zeigen, die Sie besonders gern und gut machen und eine Liste von Tätigkeiten, die Ihnen besonders zusagen. Je nachdem können wir dann auch über Weiterbildungsmassnahmen sprechen, um Ihnen das notwendige Rüstzeug für einen Aufgabenwechsel geben zu können.

Zuversicht signalisieren und konstruktives Gespräch würdigen

Ich habe ein sehr gutes Gefühl, Herr Kundert, dass wir auf dem richtigen Weg sind, denn Sie haben Ziele, klare Erwartungen und sind auch bereit, für die Realisierung einen aktiven Beitrag zu leisten. Dieses Gespräch ist sehr gut verlaufen und Sie haben eine sehr konstruktive Einstellung. Unter diesen Umständen sind auch entsprechend gute Lösungen möglich, die optimal aufeinander abgestimmt werden können.

Beachten: Es ist generell wichtig, den Mitarbeiter immer auch aktiv am Lösungsprozess teilhaben zu lassen und ihn aufzufordern, Eigeninitiative zu entwickeln und Bedürfnisse zu äussern. Wichtig ist auch, ein konstruktiv verlaufenes Gespräch rückblickend als solches zu bezeichnen und diesen Eindruck wiederzugeben.

Die Meinung des betroffenen Mitarbeiters

Ich sehe das genauso. Ich mache mich noch heute Abend daran, meinen Beitrag zu leisten und beginne mit einer solchen Liste und weiteren Überlegungen.

Würdigung eines guten Vorschlages

Hintergrundinformationen zum Gesprächsthema

Es ist ausserordentlich wichtig, kreative und dynamische Mitarbeiter zu haben und deren Vorschläge und Initiativen auch zu würdigen. Bemerkungen zwischen Tür und Angel wie "Das war wirklich gut, Herr Meister" genügen kaum. Vielmehr sollten es offizielle Gespräche sein, in denen Vorschläge und Ideen entsprechend gewürdigt werden.

Die Kernelemente dieses Gespräches

In einem solchen Gespräch geht es darum, den konkreten Nutzen einer Sonderleistung für das Unternehmen zu kommunizieren, dafür aufrichtig und wenn möglich mit Taten zu danken, die Qualifikation und den Wert des Mitarbeiters für das Unternehmen herauszustellen und zu diesem Verhalten zu ermuntern.

Mögliche Gesprächsbausteine

Gesprächseröffnung

Guten Tag, Herr Reimann. Ich komme soeben von einer Besprechung mit der Geschäftsleitung. Es wird Sie freuen, Herr Reimann, zu wissen, dass Ihr Vorschlag, die Produktionstechnologie des Verarbeitungsprozesses für das Produkt XY zu optimieren, der Geschäftsleitung sehr imponiert hat – und der Vorschlag realisiert wird.

Beachten: Geben Sie zu erkennen, dass der Vorschlag von anderen Stellen mitgetragen wird und auf ein sehr positives Echo gestossen ist.

Gratulation zu dieser Idee

Dazu gratuliere ich Ihnen von ganzem Herzen, Herr Reimann. Und ich bin sehr stolz auf Ihr Innovationstalent und Ihre profunden Fachkenntnisse, die hinter diesem Verbesserungsvorschlag stecken. Damit haben Sie einmal mehr bewiesen, dass Sie ein sehr qualifizierter Mitarbeiter sind, der mit Initiative und Engagement zur prosperierenden Weiterentwicklung des gesamten Unternehmens beiträgt.

Beachten: Stellen Sie den Wert des Verbesserungsvorschlages für das gesamte Unternehmen oder zumindest die gesamte Tragweite oder den konkreten Nutzen in den Vordergrund.

Die Belohnung

Nun freut es einen ja sicher, dass Vorschläge und Ideen geschätzt und umgesetzt werden und dass man ein Dankeschön bekommt. Etwas fehlt aber wohl - ja, Sie vermuten richtig, die Tat der Wertschätzung. Und die verdienen Sie unbedingt. Wir haben uns entschieden, Ihnen mit der nächsten Lohnauszahlung einen Bonus von CHF/Euro 8000.— zu überweisen und eine Zusatz-Ferienwoche auf Ihrem Ferienkonto gutzuschreiben.

Damit aber auch Ihre Familie einbezogen ist - sie musste ja durch Ihren Mehreinsatz einige Freizeitstunden ohne Sie auskommen - haben wir für Sie und Ihre ganze Familie einen Städteflug nach Rom im Wert von CHF/Euro 3500.— gebucht.

Beachten: Belohnungen sollten mit Gefühl, mit Anerkennung, mit Humor und mit Phantasie vorgenommen - und kommuniziert werden. So lässt sich deren Wirkung verstärken.

Wie man dieses Verhalten verstärkt und bestätigt

Ich möchte Sie ganz einfach bitten, Ihr Innovationstalent und Ihre immensen Kenntnisse weiterhin in den Dienst des Unternehmens zu stellen. Dafür ist meine Türe jederzeit besonders weit offen. Fachkurse oder spezifische Weiterbildungen finanzieren wir natürlich auch jederzeit sehr gerne für Sie. Herr Reimann, ich versichere Ihnen auch im Namen der Geschäftsleitung, dass Ihr Ideenreichtum und Ihre Initiative für uns sehr wertvoll und hilfreich sind.

Beachten: Die Wertschätzung von Verbesserungsvorschlägen und ihr Wert für das Unternehmen müssen dem Mitarbeiter klargemacht werden und dieses Verhalten damit bestärkt und bestätigt werden.

Anerkennung eines besonderen Einsatzes

Hintergrundinformationen zum Gesprächsthema

Es gibt sie in jedem Unternehmen, die stillen und oft unauffälligen Arbeiter und Angestellten, die sich Monat für Monat weit über das Erwartete hinaus einsetzen und Dutzende von Überstunden leisten und Freizeit opfern. Doch wie oft wird Ihnen gedankt und Wertschätzung ausgesprochen? Vielleicht mit diesem Mustergespräch ein wenig häufiger als bisher?

Die Kernelemente dieses Gespräches

Konkrete Belege und Beobachtungen für den überdurchschnittlichen Arbeitseinsatz, Fragen, wie es dem Mitarbeiter dabei ergeht, die Würdigung seiner Fähigkeiten und seiner Arbeitsleistung, ein mehr als nur verbales Dankeschön mit Wertschätzung verbunden und der Wunsch nach einer weiterhin guten Zusammenarbeit und einem Verbleib im Unternehmen können die Kernelemente eines solchen Gespräches sein.

Mögliche Gesprächsbausteine

Gesprächseröffnung

Herr Meier, als ich gestern das Büro verliess, brannte bei Ihnen nach 22.00 Uhr noch immer das Licht. Letzte Woche anerboten Sie sich, den dringenden Verkaufsbericht über das Wochenende zu schreiben – und vor einigen Tagen schafften Sie es dann noch, das gesamte Produktschulungsprogramm an einem Tag zu konzipieren und niederzuschreiben. Einfach unglaublich, was Sie da alles leisten und wie Sie das hinkriegen!

Die Meinung des Personalleiters/Verkaufsleiters

Wissen Sie, es ist wirklich beeindruckend, was Sie leisten, Herr Meier. Überstunden, Ihr Einspringen in anderen Abteilungen, wenn mal Not am Mann ist, Sondereinsätze, Wochenendarbeiten, Projektmitarbeit und vieles mehr. Dann ist ja Quantität das eine, aber Sie schaffen es auch noch, immer wieder eine tadellose Top-Qualität hinzubringen. Bin ich jetzt da zu euphorisch, oder wie sehen Sie das?

Beachten: Lob und Anerkennung sollten sehr konkret und mit vielen Beispielen ausgesprochen werden. Dies steigert die Glaubwürdigkeit und beweist die Individualität. Emotionen und aufrichtige Freude und Begeisterung damit zu verbinden, ist ebenfalls sehr empfehlenswert.

Die Meinung des Mitarbeiters

Zum Schlafen komme ich schon noch und einige Freizeitstunden mit meiner Freundin bleiben mir auch noch... . Spass beiseite, ich weiss schon, dass ich in diesem Unternehmen nicht zu den Minimalisten gehöre. Aber die Arbeit macht mir ganz einfach Spass, ich fühle mich immer wieder herausgefordert. Und wenn das dann noch geschätzt wird, wie dieses Gespräch wieder zeigt, ist das nur ein Grund mehr, sein Bestes zu geben.

Die Meinung des Personalleiters/Vorgesetzten

Nun ja, da gibt es sicher einige Gründe, die mit der Unternehmenskultur und mit der Arbeitsqualität zusammenhängen. Aber zur Hauptsache ist es Ihr Verdienst, sind es Ihre Fähigkeiten und Ihr Top-Einsatz, die mich und die Geschäftsleitung beeindrucken. Sie bewältigen ein enormes Pensum, und das schon seit Monaten.

Die Wertschätzung des Personalleiters/Verkaufsleiters

Es ist wirklich allerhöchste Zeit, Herr Meier, Ihnen dafür - nicht einfach nur zwischen Tür und Angel – sondern in diesem Gespräch allerhöchste Anerkennung Ihrer Leistung und ein herzliches Dankeschön auszusprechen! Ihre Leistungen und Ihr Einsatz sind für unser Unternehmen von allergrösstem Wert. Aber auch ich persönlich habe von Ihnen und Ihrer Arbeitsmoral eine sehr hohe Meinung - und einen grossen Respekt. Das will ich hier mit aller Deutlichkeit betonen und festhalten.

Beachten: Anerkennung kann sehr differenziert ausgesprochen werden. Quantität und Qualität, Leistung und Einsatz, Wert für das Unternehmen, persönlicher Respekt des Vorgesetzten und das Hervorheben der ausserordentlichen Leistungserbringung.

Die Meinung des Mitarbeiters

Das so deutlich und vor allem auch glaubwürdig zu hören, freut mich wirklich sehr. Wissen Sie, das Gehalt, die Provisionen, die Herausforderung bei der Arbeit, die Kollegen usw., das trägt alles sicher zur Motivation bei und spornt an. Aber letztendlich ist es Anerkennung, Respekt, Wertschätzung, Lob, welches tief geht und gut tut. Irgendwie ist das ja unser geistiger Sauerstoff, sage ich mir immer wieder. Und dass ich den hier bei Ihnen habe, ist der wahrscheinlich wichtigste Grund meiner Freude an Leistung und meines Einsatzes.

Beachten: Was hier vom Mitarbeiter gesagt wird, ist Motivationslehre pur in aller Kürze mit den wichtigsten dazugehörenden Punkten und kann nicht genug betont und immer wieder gesagt werden!

Die Meinung des Personalleiters/Verkaufsleiters

Ich sehe das sehr ähnlich. Nun möchte ich aber Ihre ausserordentliche Leistung – trotzdem – auch noch materiell belohnen. Sie sagten mir etwas von einigen übrig bleibenden Freizeitstunden mit Ihrer Freundin. Die möchte ich gleich als erstes erhöhen – mit einem Flugticket nach Rom für vier Tage für Sie und Ihre Freundin. Alles inklusive, mit einem nicht zu knapp bemessenen Taschengeld, versteht sich.

Und den Bonus, der Ende dieses Jahres ohnehin hoch ausfällt, den habe ich mit dem Einverständnis der Geschäftsleitung gleich verdoppelt. Das gibt dann einen rechten "Batzen", aber Sie verdienen ihn ganz einfach.

Apropos Geschäftsleitung und Bonus: Damit möchte diese zum Ausdruck bringen, dass Ihre Leistungen auch auf höchster Ebene auffallen und geschätzt werden.

Beachten: Je breiter – möglichst natürlich von der Geschäftsleitung und allenfalls auch schriftlich – eine solche Anerkennung und Belohnung abgestützt ist, desto mehr verstärkt sich die Wirkung und Glaubwürdigkeit zusätzlich.

Die Meinung des Mitarbeiters

Vielen herzlichen Dank! Ich habe das so nie erwartet – es "haut mich beinahe um"! Das muss meine Freundin heute abend als erste erfahren, da gibt's wohl für heute mal keine Überstunden...

Gratulation zum Diplomabschluss

Hintergrundinformationen zum Gesprächsthema

Der erfolgreiche Abschluss einer Ausbildung ist nicht nur für den betreffenden Mitarbeiter ein wichtiger Meilenstein. Auch dem Betrieb beweist ein solcher Erfolg, dass es sich um einen ambitiösen Mitarbeiter mit Disziplin und Durchhaltewillen handelt, der den Wert von Wissen und Weiterentwicklung kennt und dafür einen Teil seiner Freizeit opfert. Ein solches Gespräch muss zeigen, dass genau dies erkannt wird und sich dem Absolventen auch im Unternehmen neue Möglichkeiten und Chancen bieten.

Die Kernelemente dieses Gespräches

Natürlich ist es vorerst einmal die Gratulation, die Anerkennung der erbrachten Leistung und des damit verbundenen Wertes für das Unternehmen. Wenn möglich ist das Aufzeigen konkreter Auswirkungen auf Karriere, Weiterentwicklung, Gehaltserhöhung oder/und Erweiterung des Aufgabenkreises, der Kompetenz und der Verantwortung von entsprechender Bedeutung.

Mögliche Gesprächsbausteine

Gesprächseröffnung

Herr Koller, mit Freude haben wir von Ihrem Vorgesetzten gehört, dass Sie die Ausbildung zum eidg. diplomierten Buchhalter nicht nur mit Erfolg, sondern auch noch mit einer ausserordentlich guten Gesamtnote bestanden haben. Zu diesem hervorragenden Erfolg beglückwünsche ich Sie und gratuliere Ihnen von ganzem Herzen. Wie fühlt man sich als frisch gebackener eidg. diplomierter Buchhalter?

Beachten: Die Gratulation sollte nicht "trocken heruntergeleiert", sondern mit Gefühlen und aktiver, glaubwürdiger Freude am Erfolg geäussert werden.

Die Reaktion des Mitarbeiters

Viel anders als vorher fühle ich mich ja eigentlich nicht. Einerseits ein bisschen erschöpft von den vielen Stunden des "Büffelns" bis in die späte Nacht hinein, andererseits bin ich aber sicher auch stolz, ein wichtiges Ziel erreicht zu haben. Und mir bewiesen zu haben, dass ich die dafür notwendige Disziplin und den Durchhaltewillen aufbringe.

Die Bedeutung eines Diplomabschlusses für das Unternehmen

Ja, das sehe ich ähnlich, nebst dem hohen Wert des Wissens zeigen Sie mit diesem Abschluss sich und uns auch Fähigkeiten, die für unser Unternehmen ebenso wertvoll sind: Initiative, Beharrungsvermögen, Einsatz und Lernwille. Gerade im Bereich der Buchhaltung ist qualifiziertes Know-how auf aktuellem Stand von grosser Bedeutung für unser Unternehmen. Wie sehen Sie denn nach diesem Abschluss Ihre Zukunft in unserem Unternehmen, Herr Koller?

Beachten: Besonders auf den persönlichen Erfolg für sich selber und das Unternehmen hinzuweisen verstärkt Anerkennung und Wertschätzung des Diplomabschlusses.

Die Vorstellungen des Mitarbeiters

Darüber habe ich mir noch gar nicht allzu viele Gedanken gemacht, die Ausbildung hat dermassen viel Lernzeit absorbiert. Hier jetzt gleich Karriereziele und neue Positionen ins Visier zu nehmen, wäre verfrüht. Doch mittelfristig ist es für mich sicher wichtig, das neu erworbene Wissen bei Ihnen auch einsetzen und nutzen und mehr Verantwortung und anspruchsvollere Aufgaben übernehmen zu können. Dass sich das auf meine Position und mein Gehalt auswirken wird, damit rechne ich schon, aber wie gesagt, nicht zum heutigen Zeitpunkt.

Beachten: Die Reaktionen sind natürlich unterschiedlich. Es ist sicher empfehlenswert, sich im Vorfeld des Gespräches auf mögliche Erwartungen einzustellen.

Das In-Aussicht-stellen von Konsequenzen

Ich stimme mit Ihnen überein, Herr Koller. Über Veränderungen in Ihrem Aufgabenbereich habe ich mit Ihrem Vorgesetzten bereits gesprochen. Und am Ende dieses Jahres wird Ihr Abschluss im Rahmen der Qualifikationsgespräche natürlich in der einen oder anderen Form auch seine Konsequenzen haben. Wir haben unsere Vorstellungen und Sie wohl auch die Ihrigen. Nutzen Sie die bis dahin verbleibende Zeit, Ihre Pläne und Möglichkeiten zu konkretisieren.

Beachten: Im Konkretisierungsgrad der zu treffenden Massnahmen wird ein vorteilhafter Mittelweg angestrebt, der einiges offen lässt, aber andererseits auch konkrete Verpflichtungen und Konsequenzen beinhaltet.

Wie man sich erkenntlich zeigen kann

Nun möchten wir es aber nicht bei schönen Worten und einem Händedruck bewenden lassen, sondern Ihnen sozusagen mit Taten nochmals gratulieren. Eine von uns offerierte Ferienwoche und ein Reisegutschein im Wert von CHF/Euro 3000.—, ein Abendessen mit Ihnen und Ihrer Frau im besten Restaurant des Platzes sollen zeigen, dass wir uns mit Ihnen zusammen über Ihren Erfolg freuen.

Glückwunsch zum erfolgreichen Projektabschluss

Hintergrundinformationen zum Gesprächsthema

Projekte sind oft Herausforderungen, die in Bezug auf Führung, Einsatz, Überzeugungsarbeit, Organisationsgeschick, Fachkenntnisse, Innovationsgabe und Kenntnisse der Betriebszusammenhänge und der Informationstechnologien – um nur einige Beispiele zu nennen –, sehr viel abverlangen. Entsprechend wichtig ist es, erfolgreich abgeschlossene Projekte entsprechend zu würdigen. Dies sollte natürlich mit dem gesamten Projektteam gemacht werden, doch hier handelt es sich um ein zusätzliches Gespräch nur mit dem Projektverantwortlichen.

Die Kernelemente dieses Gespräches

Die konkrete Wertschätzung, der gezeigte Einsatz, die Bedeutung des Projektes für das Unternehmen und die professionelle Projektführung sind einige Kernelemente eines solchen Gespräches.

Mögliche Gesprächsbausteine

Gesprächsgrund

Nach beinahe einjähriger Arbeit ist es also erfolgreich abgeschlossen und mit vollem Erfolg gelungen: Die Einführung des neuen Customer-Relationship-Management-Systems. Herzliche Gratulation, Herr Kersten, es ist eine in jeder Beziehung tolle Leistung, die Sie erbracht haben. Wie fühlen Sie sich?

Die Stellungnahme des Projektleiters

Danke für die Glückwünsche, Herr Kundert. Nun, ich fühle mich ein wenig ausgelaugt und ermüdet, aber eigentlich rundum grossartig, dass das Projekt nun abgeschlossen ist, und zwar zur Zufriedenheit aller.

Würdigende Worte des Personalleiters

Das kann man wohl sagen. Zufriedenheit ist wohl leicht untertrieben, Herr Kersten. Die Geschäftsleitung war gestern bei den ersten praktischen Fallbeispielen von Ihren professionellen Instruktionen bei der Handhabung der CRM-Software und von der motivierten Nutzung der Mitarbeiter geradezu begeistert. Herr Bergmann von der Geschäftsleitung sprach sogar von einem ganz entscheidenden Meilenstein, ein eindrücklicher Sprung des Unternehmens in Richtung konsequenter Markt- und Kundenorientierung mit den besten Instrumenten, die man zur Zeit dafür haben kann. Wenn das kein Topbeweis für Ihre Leistung ist, Herr Kersten.

Beachten: Es sind Fakten, Beobachtungen, Details, Menschen, die einen Erfolg letztlich zum Leben erwecken und veranschaulichen. Deshalb ist es wichtig, dass dies auch so kommuniziert wird.

Die Stellungnahme des Projektleiters

Doch, das ist es schon. Mich freute vor allem auch die restlose Akzeptanz der Mitarbeiter bei der letzten Schulung. Sie stehen alle voll und ganz hinter der Strategie. Mich freut vor allem, dass man verstanden hat, dass es ohne eine klare und von allen getragene und gelebte Kundenstrategie nicht geht, ein CRM erfolgreich zu implementieren. Denn wenn das CRM nur Technologie und Software bleibt, ist es verlorenes Geld und bewirkt nichts als Kosten und Aufwand. Erst das Zusammenspiel aller, vom Call Center über den Vertrieb und das Marketing bis zum Versand, die Umsetzung der Kundenorientierung im Kontakt und in der Praxis machen das CRM zu dem, was es ist.

Die Stellungnahme des Personalleiters

Dieser Meinung bin ich auch. Und es ist ja gerade diese Überzeugungsarbeit, mit der Sie auch so viel erreichten. Was ist das beste Projekt, wenn es nicht von allen getragen und der Sinn dahinter erkannt und umgesetzt wird. Aber auch die vielen Klippen, die Sie umschifft haben, die vorbildliche Information über alle Phasen des Projektes und die didaktisch absolut professionelle Schulung aller Beteiligten hat zum erfolgreichen Gelingen beigetragen.

Beachten: Je konkreter der Projekterfolg kommuniziert wird, auf desto fruchtbareren Boden fällt Anerkennung und Wertschätzung.

Die Stellungnahme des Projektleiters

Schulung und Implementierung, das sind schon die Stichworte für Bereiche, die mir besonders wichtig waren. Es freut mich ausserordentlich, dass Sie dieses Projekt dermassen würdigen und hochhalten. Wir dürfen aber nicht vergessen, dass es das Resultat aller Projektmitglieder und Mitarbeiter ist.

Frage des Personalleiters

Ich musste gestern meiner Assistentin in wenigen Worten erklären, was es mit dem Customer Relationship Management auf sich hat. Können Sie das nochmals erklären, Herr Kersten?

Die Stellungnahme des Projektleiters

Mach ich gerne Herr Kundert. Nun, Customer Relationship Management ist ein ganzheitlicher Ansatz zur Unternehmensführung. Es integriert und optimiert alle kundenbezogenen Prozesse in Marketing, Vertrieb, Kundendienst und Logistik mit Hilfe von IT-Systemen. CRM ist die Schlüsselstrategie um Kunden zu binden, optimal zu bedienen und individuellen Service bieten zu können. Studien verheissen mit dieser Strategie jährliche Wachstumsraten von bis zu 30 Prozent. Ihr Unternehmen spielt eindeutig eine Vorreiterrolle.

Die Stellungnahme des Personalleiters

Ja, jetzt werde ich mir das definitiv merken. Herzlichen Dank also nochmals, Herr Kundert. Ich würde nun gerne noch mit Ihnen und unserer Geschäftsleitung die Massnahmen zur Erfolgskontrolle besprechen - und die Feier mit Ihnen, Ihrem Projektteam und allen Mitarbeitern nächste Woche.

Bausteine für motivierende Mitarbeitergespräche

Nachfolgend fassen wir besonders hilfreiche Gesprächsblöcke nochmals in leicht veränderter, neutralisierter Form zusammen. Es sind Gesprächsbausteine und Gesprächsphasen für Situationen, mit denen man sich meistens schwer tut. Bedenken Sie, dass gewisse Gesprächsbausteine sich auch abwandeln oder kombinieren lassen oder manchmal nur schon eine Redewendung oder ein bis zwei Begriffe Anregungen geben können, die weiterhelfen.

Zuversicht für eine Verbesserung signalisieren

Es freut mich, dass Sie diese Chance packen wollen und genauso daran glauben, dass es klappen wird, wie ich. Ihre konstruktive Grundhaltung und Ihre Zuversicht sind sehr gute Voraussetzungen für gemeinsame Fortschritte und eine baldige Lösung des Problems.

Verbesserungswünsche eines Mitarbeitenden erfahren

Frau Meister, angenommen, Sie könnten zwei bis drei für Sie besonders wichtige Anliegen und Dinge ganz nach Ihren Vorstellungen ändern – welche wären das? Das kann übrigens Ihre Aufgabe, Ihren Arbeitsplatz oder das Team und die Organisation des gesamten Unternehmens betreffen.

Unterschiedliche Beurteilungen und Meinungen

Sie sind also mit meiner Beurteilung zur "Situation XY" nicht einverstanden. So wie Sie die Dinge sehen und wo Sie das Schwergewicht legen, kann ich das verstehen. Aber genau hier liegt der Punkt. Für mich ist bei "Situation XY" das konkrete, an den Tag gelegte Verhalten das Entscheidende und nicht Theorien und Memos mit gut klingenden Absichtserklärungen. Letztlich zählen immer nur Taten und welche Resultate daraus entstehen.

Verbindliche und klare Abmachungen

Ich bin wirklich erleichtert und froh, dass wir miteinander gesprochen haben. Vor allem stimmt mich zuversichtlich, dass Sie sich offensichtlich helfen lassen möchten und das Problem erkennen. Das ist immer ein sehr wichtiger erster Schritt! Legen wir jetzt zusammen die nächsten Schritte fest. Geht es Ihnen ähnlich?

Zur offenen Aussprache ermuntern und ermutigen

Frau Muster, Sie haben eine sehr sympathische und gewinnende Art, mit Leuten zu kommunizieren. Mit offenen Gefühlen auf jemanden zuzugehen und zu sprechen, kann Wunder bewirken und eine Verhaltensänderung auslösen, die man vorher nicht für möglich hielt. Was meinen Sie denn, was passieren würde, wenn Sie es dennoch täten?

Den Wert einer Aus- und Weiterbildung darlegen

Nebst dem hohen Wert des gewonnen Wissens beweist man mit einem Abschluss auch Fähigkeiten, die für das Unternehmen ausgesprochen wertvoll sind: Initiative, Beharrlichkeit, Einsatz und Lernwillen. Gerade im Bereich Ihres Faches ist qualifiziertes Know-how auf aktuellem Stand von grosser Bedeutung für unser Unternehmen. Wie sehen Sie denn nach diesem Abschluss Ihre Zukunft in unserem Unternehmen?

Wertschätzung eines ausserordentlichen Einsatzes

Es ist wirklich allerhöchste Zeit, Herr Muster, Ihnen dafür – nicht einfach nur zwischen Tür und Angel – sondern hier und jetzt allerhöchste Anerkennung für Ihre Leistung und ein herzliches Dankeschön auszusprechen! Ihre Leistungen und Ihr Einsatz sind für unser Unternehmen von allergrösstem Wert. Aber auch ich persönlich habe von Ihnen und Ihrer Arbeitsmoral eine sehr hohe Meinung – und einen grossen Respekt. Das will ich hier mit aller Deutlichkeit betonen und festhalten. Die genau gleiche Meinung wird übrigens von der gesamten Geschäftsleitung vertreten.

Offenes Ansprechen von Problemen

Doch, in letzter Zeit haben Sie sich stark verändert. Und das in eine Richtung, die mir Sorgen macht. Flüchtigkeitsfehler wie die Falschlieferungen von letzter Woche, Ihr immer häufigeres Zuspätkommen, das passive Verhalten bei den wöchentlichen Besprechungen und allein in den letzten zwei Monaten zwei Fehlzeiten sind einige Beispiele, Herr Muster. Auch sonst wirken Sie auf mich in letzter Zeit sehr <Verhalten XX>, zuweilen sogar <Verhalten XY>. Wie sehen Sie das? Täusche ich mich oder haben Sie berufliche oder private Probleme?

Klarmachen, dass das Anliegen ernst genommen wird

Wie Sie mir das jetzt geschildert haben, verstehe ich sehr gut, dass diese Sache Sie beschäftigt. Ich habe den Eindruck, dass es sich für Sie um ein grosses Problem handelt, und ich möchte es in diesem Gespräch deshalb noch besser verstehen.

Zielvorgaben definieren und umsetzen

Die Unternehmensleitung möchte Qualitätsverbesserungen in den Bereichen Service, Fertigung, Logistik und Forschung erreichen. Für uns ist der Servicebereich erstrangig. Es würde mich interessieren, wo Sie hier Verbesserungspotential sehen. In welchen Bereichen können wir, Ihrer Meinung nach, qualitativ und quantitativ vorwärts kommen? Ich finde diesen Punkt gut. Halten Sie eine Steigerung der Zufriedenheitsquote unserer Kunden von 80% auf 90% für realistisch? Welche Chancen sehen Sie im Schulungsbereich?

Gemeinsam Ziele vereinbaren

Meines Erachtens muss auch die Software dringend modernisiert werden, damit wir professionellere Statistiken und Auswertungen machen können. Welche Meinung vertreten Sie in diesem Punkt? Sehen Sie hier auch Verbesserungspotential? Ich möchte die Ziele mit Ihnen festlegen und diskutieren. Ich bin mir bewusst, dass Ihre Erfahrung und Ihre Kenntnisse wesentlich dazu beitragen, dass wir eine realistische Zielplanung haben, hinter der wir dann auch alle stehen können.

Auf Vertrauen basierende Gesprächsgrundlage schaffen

Ich verstehe Sie gut, es ist manchmal wirklich schwierig, zu sagen, wo die Gründe liegen. Dass Sie so viele Gründe nennen, zeigt mir, dass Sie sich mit Ihrer Situation intensiv auseinandersetzen und Ihnen der Leistungsrückgang nicht gleichgültig ist. Das ist schon einmal ein sehr gutes Zeichen. Ihre Kritik mit fehlendem Erfahrungsaustausch und Teamgeist trifft übrigens zu. Ich muss mir dazu wirklich Gedanken machen und bin froh, dass Sie mich darauf hingewiesen haben.

Mit konkreten Massnahmen verbleiben

Ein Vorschlag, Herr Muster: Unterbreiten Sie mir doch eine Liste von drei bis vier Massnahmen mit Terminen und ich mache dasselbe auch. Dann treffen wir uns in einer Woche wieder, besprechen alle Vorschläge, stimmen die Massnahmen gegenseitig ab und setzen sie dann in einem Massnahmenplan mit Terminen und konkreten und messbaren Zielen um. Ist dieses Vorgehen für Sie so in Ordnung?

Verständnis und Einfühlungsvermögen signalisieren

Ich kann Sie sehr gut verstehen, Frau Muster. Ein solcher Vorfall kann einen ganz schön durcheinander bringen. Und schliesslich soll man Niedergeschlagenheit und Frustration auch spüren und verarbeiten können und nicht einfach verdrängen. Aber wissen Sie, was ein erfolgreicher Mann einmal gesagt hat – und er hatte völlig recht: "Umfallen ist keine Schande, aber liegen bleiben sehr wohl". Sie sind eine Frau mit sehr vielen Stärken und Begabungen, Frau Muster. Nutzen Sie diese, um wieder aufzustehen. Ich weiss, Sie können es und ich helfe Ihnen auch sehr gerne dabei.

Gratulation zu einer guten Idee

Dazu gratuliere ich Ihnen von ganzem Herzen, Herr Muster. Ich bin sehr stolz auf Ihr Innovationstalent und Ihre Fachkenntnisse, die hinter dieser Idee stecken. Damit haben Sie einmal mehr bewiesen, dass Sie ein sehr qualifizierter Mitarbeiter sind, der mit Initiative und Engagement entscheidend zur Weiterentwicklung des gesamten Unternehmens beiträgt.

Lob und Anerkennung aussprechen

Konkret Lob und Anerkennung aussprechen

Herr Muster, wir arbeiten nun über zwei Jahre zusammen. Ich habe Sie immer als qualifizierten und engagierten Mitarbeiter geschätzt, das gilt genauso für das vergangene Jahr. Die herausragendste Leistung war Ihr Projekt XY, das Sie professionell, schnell und mit grossem Teamengagement realisiert haben. Dabei haben Sie auch Führungsqualitäten bewiesen, da Sie alle Mitarbeiter für die Ziele begeistern konnten und in Kürze ein zupackendes "Winner-Team" zustandebrachten. Das ist eine Spitzenleistung, auf die Sie in jeder Beziehung stolz sein können!

Wertschätzung der Leistung bei Austritt

Ich möchte Ihnen auf jeden Fall für Ihre hervorragende Leistung herzlich danken, Frau Muster. Sie haben sehr viel in dieses Unternehmen eingebracht. Ihre Initiative und Ihre gewinnende und souveräne Art haben mir dabei besonders imponiert. Trotz Ihrer positiven Grundhaltung haben Sie aber auch auf einige Schwachstellen hingewiesen und Verbesserungen initiiert. Ich kann Ihnen daher nur sagen, dass das Zeugnis logischerweise exzellent ausfallen wird, Sie können darauf sehr stolz sein!

Spontanes Lob

Die Art und Weise, wie Sie heute Ihren Standpunkt dargelegt haben, hat mir schwer imponiert, Herr Lauster. Das hat mir einmal mehr gezeigt, dass ich in Ihnen einen sehr qualifizierten Mitarbeiter habe, der mit Standfestigkeit und Identifikation hinter unseren Projekten und Zielen steht. Sie können stolz darauf sein – und vielen Dank.

Anerkennung nach verbesserter Leistung

Frau Solinaria, wir hatten in letzter Zeit ja einige Probleme mit der Termineinhaltung und der Arbeitseffizienz. Sie haben jetzt aber grosse Fortschritte erzielt und bewiesen, dass Sie sich mit viel Disziplin zum Guten verändern können. Dazu möchte ich Ihnen gratulieren und zeigen, wie sehr mich Ihre Fortschritte freuen.

Lob und Anerkennung bei mangelndem Selbstvertrauen

Sie verfügen über mehr Qualitäten, als Sie selber wissen, Herr Konrad. Ihr Fachwissen, Ihr Beharrungsvermögen, Ihre Innovationsgabe und ihr Organisationstalent sind Stärken, auf die Sie wirklich stolz sein können. Und es sind vor allem auch Stärken, die ich und der Betrieb sehr schätzen und brauchen.

Anerkennung für Sondereinsatz

Frau Kandelmann, ich finde es toll, wie Sie sich in den letzten zwei Wochen ins Zeug gelegt haben. Ohne Sie hätten wir diesen engen Termin nie geschafft. Dafür möchte ich Ihnen herzlich danken – und bei dieser Gelegenheit auch sagen, wir froh ich bin, in Ihnen jemanden bei mir und im Team zu haben, auf den ich stets zählen kann und der mich nie im Stich lässt.

Anerkennung zu abgeschlossener Ausbildung

Herr Kachelmann, willkommen im Club der PR-Profis. Ihr Diplomabschluss ist Klasse und ich bin froh, in Ihnen nun einen Fachmann zur Seite zu haben, der die Materie fundiert und ganzheitlich kennt und beherrscht. Beeindruckt hat mich aber auch, wie beharrlich und diszipliniert Sie den Abschluss neben Ihrem Job geschafft haben und welche Ausdauer Sie damit an den Tag gelegt haben.

Lob und Anerkennung für eine einfache Arbeit

Herr Muster, Sie und Ihre Arbeit stehen bei uns leider manchmal etwas abseits im Schatten anderer. Doch ohne Ihre zuverlässige, schnelle und pünktliche Spedition wäre alles gar nicht möglich, denn der Kunde ist erst zufrieden und wir haben erst dann den Umsatz, wenn das Produkt bei ihm eingetroffen ist. Und das ermöglichen Sie – Tag für Tag – und auf sehr professionelle Art und Weise.

Sie sind eine echte Teamstütze

Sie im Team zu haben, ist einfach ein gutes Gefühl. Sie verbreiten Optimismus und Zuversicht, packen überall mit an und geben Mut, wenn's auch einmal nicht so rund läuft. Ich finde es toll, Sie im Team zu haben und so auf Sie zählen zu können. Dafür einfach vielen Dank.

Talent-Anerkennung

Mit dieser Arbeit haben Sie einmal mehr bewiesen, wie talentiert und stark Sie auf dem Gebiet der "Stärke" sind. Sie haben damit eine hervorragende Arbeit abgeliefert, für die ich Ihnen danken möchte. Seien Sie stolz auf Ihr Talent und pflegen Sie es, es ist für unser Team und das Unternehmen sehr wertvoll.

Würdigung eines besonderen Vorschlages

Diese Idee ist super, darauf muss man erst mal kommen. Sie und unsere Abteilung können echt stolz darauf sein. Für das Unternehmen ist dieser Vorschlag ungemein wertvoll, weil wir damit den Umsatz markant steigern können und unseren guten Ruf als serviceorientiertes Unternehmen noch mehr stärken können. Herzlichen Dank dafür.

Lob für jemanden, der zum Winner-Team beiträgt

Wissen Sie, was ein Winnerteam auszeichnet, Frau Müller? Frauen wie Sie darin zu haben. Ihr Engagement, Ihr Teamgeist und Ihre Begeisterungsfähigkeit sind enorm wertvoll für unsere Vorankommen. Das habe ich nun schon mehrmals beobachtet und möchte diese Gelegenheit nutzen, Ihnen dafür herzlich zu danken.

Musterbriefe mit Motivationswirkung

Auch oder gerade im E-Mail-Zeitalter hat der gute alte Brief seine Bedeutung und Wirkung nicht eingebüsst. Er symbolisiert Beständigkeit, Wesentlichkeit und Wertschätzung. Ein persönlich verfasster Brief zur richtigen Zeit und zum richtigen Anlass kann deshalb sehr motivationswirksam sein. Dies ist nur dann der Fall, wenn er ohne Floskeln individuell und persönlich abgefasst ist. Für Briefideen und Formulierungen sollen Ihnen die folgenden Vorlagen Anregungen und Ideen vermitteln.

Anerkennung guter Leistungen

Sehr geehrte Frau Muster

Seit mehreren Monaten beobachten wir mit Freude, wie engagiert und motiviert Sie an die Arbeit als Empfangsdame und Sekretärin gehen.

Besonderes Lob bekommen wir von Kunden zu hören, die Ihren Charme und Ihre zuvorkommende und mit Hilfsbereitschaft verbundene Freundlichkeit beinahe jeden Monat explizit würdigen und schätzen. Sie tragen mit diesem Verhalten wesentlich zum kundenfreundlichen Ruf und zu sich erfolgreich entwickelnden Kundenbeziehungen bei.

Zudem hat Ihr organisatorisches Geschick zu konkreten Verbesserungen der Abläufe intern und extern beigetragen. Besonders aufgefallen ist uns dabei die Korrespondenz-Organisation mit der Vorlagensammlung und systematischen Struktur von Kundenbriefen auf Ihrem PC.

Für diese weit über dem Durchschnitt liegende Leistung möchten wir uns bei Ihnen bedanken. Wir möchten diesen Dank mit dem beiliegenden "Anerkennungscheque" unterstreichen und offerieren Ihnen zudem einen Zwei-Tageskurs für fortgeschrittene PC-Anwender, dessen Thema Sie sich nach eigener Einschätzung auswählen können.

Zudem haben wir ganz konkrete Pläne und Vorstellungen, Sie im Laufe des nächsten Jahres mit einer Führungsaufgabe zu betrauen. Wir werden diesbezüglich recht bald auf Sie zukommen.

Mit freundlichen Grüssen

Anerkennung guter Leistungen eines Sachbearbeiters

Sehr geehrter Herr Muster

Nach Abschluss des Jahresplanes haben wir heute die letzten Exporte fakturiert. Dabei durften wir mit Genugtuung und Freude feststellen, dass unsere Zielsetzungen 2006 erreicht und teilweise sogar überschritten wurden und wir deshalb von einem guten Geschäftsjahr sprechen dürfen. Den Erfolg verdanken wir nicht nur der günstigen Konjunktur, unseren zahlreichen Produktinnovationen und zufriedenen Kunden, sondern vor allem dem vorbildlichen Einsatz aller unserer Mitarbeiter.

Sie, Herr Muster, haben dazu mit besonderem Engagement beigetragen. Das sture Einhalten der 8-Stunden-Arbeitszeit war nie ein Kriterium für Ihre Arbeitseinteilung, die Wünsche und Bedürfnisse unserer – ich darf fast schon sagen Ihrer – Kunden waren Ihnen stets wichtiger. Es ist genau diese kundenfreundliche und engagierte Haltung, die sich dann auch auf eine positive Zielerreichung auswirkt. Dafür möchten wir Ihnen recht herzlich danken.

Als Anerkennung für Ihren Einsatz und Beitrag für die hervorragende Geschäftsentwicklung 2006 möchten wir Ihnen dieses Jahr eine einmalige Gratifikation von CHF/Euro 6.000.– (brutto) zukommen lassen. Diese wird mit der nächsten Salärzahlung überwiesen.

Ich wünsche Ihnen und Ihrer Familie schöne und erholsame Feiertage und viel Freude und gute Erholung für das kommende Jahr.

Mit freundlichen Grüssen

Anerkennung eines guten Verbesserungsvorschlages

Sehr geehrte Frau Muster

Jedes Unternehmen lebt vom Engagement und Ideenreichtum seiner Mitarbeiter. Die Bedeutung dessen ist grösser als jede noch so leistungsfähige Maschine.

Mit Ihrem Vorschlag, die Korrespondenzverwaltung und -erstellung in unserem Betrieb mit einem ausgeklügelten und durchdachten System auf PC zu rationalisieren und qualitativ zu steigern, haben Sie für alle Abteilungen unserer Firma eine sehr wertvolle Verbesserung erzielt.

Doch es blieb nicht nur bei der Anregung, Sie haben zugleich die Initiative ergriffen, diese Massnahmen auch in die Tat umzusetzen. Damit haben Sie gezeigt, dass die Idee wohl der erste Schritt, deren Umsetzung aber der zweite, ebenso wichtige, ist.

Für diesen Verbesserungsvorschlag möchten wir uns bei Ihnen bedanken. Wir unterstreichen diesen Dank mit dem beiliegenden "Anerkennungscheque" und offerieren Ihnen zudem einen Zwei-Tageskurs für fortgeschrittene PC-Anwender, dessen Thema Sie sich nach eigener Einschätzung auswählen können. Ferner übergeben wir Ihnen auch die Projektleitung und die Entscheidungskompetenz, den für die Umsetzung Ihres Verbesserungsvorschlages notwendigen Berater zu bestimmen.

Wir bitten Sie, sich Ihre kritische und innovative Haltung zu bewahren und sich weiterhin so engagiert und mitdenkend für unser Unternehmen einzusetzen. Es kommt allen zugute: Ihnen selber, unseren Kunden und unserem Betrieb.

Mit freundlichen Grüssen

Anerkennung besonderer Leistung mit Honorierung

Sehr geehrter Herr Muster

Die für 20XY gesetzten Ziele haben wir als Gesamtunternehmen weitgehend erreicht. Ich denke dabei vor allem an die Umsatzziele, Sortimentszusammensetzung, Markterschliessung, Rationalisierungsinvestitionen und Organisationshilfsmittel. Sie haben mit voller Kraft und besonderem Engagement wesentlich zur Steigerung unseres Exportumsatzes beigetragen.

Dabei haben Sie qualitative Ziele und die Bedürfnisse der Firma mit Überstunden und Mehrleistungen immer vor Ihre Annehmlichkeiten und privaten Bedürfnisse gestellt. Sie richteten sich stets nach den Wünschen und Bedürfnissen unserer Kunden und es gelang Ihnen, unsere eigenen Lieferanten zu vorteilhaften Leistungen zu bewegen, ohne dabei zu grossen Druck auszuüben. Für diese positive und leistungsbewusste Haltung im Interesse unseres Unternehmens möchten wir Ihnen herzlich danken.

Als Anerkennung für Ihren Einsatz und Beitrag für die positive Geschäftsentwicklung möchten wir Ihnen dieses Jahr eine einmalige Gratifikation von CHF/Euro 4500.– zukommen lassen. Diese wird Ihnen mit der nächsten Lohnabrechnung überwiesen.

Das kommende Jahr wird gerade im Exportbereich erhöhte Anstrengungen verlangen, denn wir müssen in einem sich verschärfenden Konkurrenzumfeld und gesättigten Heimmarkt durch überdurchschnittliche Exportanstrengungen die Finanzierbarkeit unserer ehrgeizigen Wachstumsziele zusätzlich sicherstellen.

Wir wünschen Ihnen und Ihrer Familie ein glückliches und geruhsames Weihnachtsfest und für das kommende Jahr 20XY viel Erfolg und Gesundheit.

Mit freundlichen Grüssen

Besonders herzliches Anerkennungsschreiben

Lieber Herr Muster

ganz ehrlich: Wir überlegen uns ernsthaft, ob wir für Sie nicht einen Fanbriefkasten einrichten sollten. Denn so viele Anerkennungsschreiben, wie für Sie seit einem Jahr ins Haus flattern, machen eine solche innerbetriebliche Einrichtung fast erforderlich.

Aber nun Spass beiseite: Sie haben sich für die Firma stark engagiert und Erfolge erreicht, die selbst grösste Optimisten nicht für möglich gehalten hätten. Dabei konnten Sie mit Ihrem Engagement anfangs nicht mit allgemeiner Zustimmung rechnen, wie die Skepsis gegenüber der von Ihnen forcierten Schulung der Kundendienstmitarbeiter beweist.

Damit wären wir schon beim Thema: Sie waren einer der Ersten in unserem Betrieb, der nicht müde wurde, darauf hinzuweisen, welche Bedeutung eine am einzelnen Kunden orientierte Beratung hat. Sie haben nicht locker gelassen, bis alle Kundendienstmitarbeiter diesbezüglich fachlich und psychologisch geschult wurden. Sie haben selbst eine Art Lehrplan entwickelt, nach dem die Mitarbeiter unterrichtet wurden.

Die positiven Folgen blieben nicht aus: Die Mitarbeiter waren sichtbar mit viel mehr Eifer bei der Sache, weil sie ihren Dienst am und für den Kunden mit Erfolg belohnt sahen; die Kunden äusserten sich in hohem Masse zufrieden über die Art und Weise, wie sie von den Mitarbeitern unserer Firma behandelt werden. Die Firma spürt den Aufwind, der dank Ihrer Initiative und der daraus resultierenden Tätigkeit der Mitarbeiter einsetzt.

Herr Muster, ich danke Ihnen für Ihr Engagement und entschuldige mich gleichzeitig für meine von Skepsis geprägte Hartnäckigkeit, mit der ich Ihrer Idee anfänglich gegenübergestanden habe. Sie haben mich überzeugt; sehen Sie den Cheque als Zeichen meiner Anerkennung und Wertschätzung. Und was ich Ihnen zusätzlich versichere: Bei weiteren Initiativen dieser Art werden Sie mit keinen Hürden mehr rechnen müssen.

Mit unseren besten Grüssen

Gratulation zu einem Ausbildungsabschluss

Sehr geehrter Herr Muster

Mit Freude haben wir von Ihrem Vorgesetzten gehört, dass Sie die Ausbildung zum eidg. diplomierten Buchhalter nicht nur mit Erfolg, sondern auch noch mit einer ausserordentlich guten Gesamtnote bestanden haben.

Zu diesem hervorragenden Erfolg beglückwünschen wir Sie und gratulieren Ihnen von ganzem Herzen. Aus- und Weiterbildung wird heutzutage zu Recht überall grossgeschrieben. Doch die Initiative und wirkliche Einsicht zur Notwendigkeit der Weiterbildung, der entscheidende Schritt dazu, die notwendige Disziplin und der Durchhaltewille und als Krönung der jeweils erfolgreiche Abschluss - das sind Voraussetzungen und Stationen einer Weiterbildung, die dann in der Praxis leider doch eher wenige schaffen.

Aber Sie gehören dazu. Und darauf sind wir stolz. Denn Sie haben mit dem überdurchschnittlichen Abschluss Fähigkeiten an den Tag gelegt, die für unser Unternehmen ebenso wertvoll sind: Initiative, Beharrungsvermögen, Einsatz und Lernwille.

Mit dem beiliegenden Cheque wollen wir uns an Ihren Kosten für diese Ausbildung beteiligen. Am Ende dieses Jahres wird Ihr Abschluss im Rahmen der Qualifikationsgespräche natürlich in der einen oder anderen Form auch seine Konsequenzen haben. Wir haben unsere Vorstellungen - und Sie wohl auch die Ihrigen. Nutzen Sie die bis dahin verbleibende Zeit, Ihre Pläne und Möglichkeiten zu konkretisieren.

Nochmals: Herzliche Gratulation zum Abschluss. Auch unsere Geschäftsleitung ist überzeugt, dass Sie einen weiteren qualifizierten Buchhalter und Finanzfachmann im Hause hat.

Mit freundlichen Grüssen

Gratulation zu einem interessanten Vorschlag

Sehr geehrte Frau Muster

Sie erinnern sich an Ihren vor ca. einem Monat eingereichten Vorschlag betreffend Einsatz neuer Verfahrensweisen zur Herstellung unserer Produkte?

Heute haben wir nun höchst erfreuliche und positive Nachrichten: Die Geschäftsleitung ist von Ihrem Vorschlag begeistert und der Produktionsleiter ist bereits am Ausarbeiten eines Realisierungsplanes und am Abklären weiterer Details zur Umsetzung.

Ihr Vorschlag war also ein Treffer ins Schwarze - eine sehr gut durchdachte und sinnvolle Innovation, die nicht nur Kosten sparen hilft, sondern auch die Qualität der Produkte wesentlich verbessert. Sie dürfen auf diese Innovation wirklich stolz sein.

Die Geschäftsleitung, wir von der Personalabteilung und der Produktionsleiter haben übereinstimmend ein "Dankeschönpaket" zur Anerkennung und Wertschätzung Ihrer hervorragenden Idee geschnürt:

Wir möchten Sie nächste Woche am <Datum> zu einem Abendessen im besten Restaurant des Platzes einladen. Dort werden wir Ihnen einen Cheque im Wert von CHF/Euro 10.000.– überreichen und ausserdem noch zwei, innerhalb der nächsten zwei Jahre zu beziehende Ferien-Zusatzwochen, hinzu. Von den, nach Ablauf von zwei Jahren, effektiv erzielten Kosteneinsparungen werden wir dann zu diesem Zeitpunkt 10% der nachweisbar eingesparten Kosten auf Ihr Konto überweisen.

Wir hoffen, Ihnen damit unsere Wertschätzung Ihres Vorschlages gebührend zum Ausdruck gebracht zu haben und danken Ihnen nochmals ganz herzlich für Ihre tolle Verbesserungsidee.

Mit freundlichen Grüssen

Lohnerhöhung wegen besonderer Leistungen

Sehr geehrter Herr Muster

In den letzten Monaten haben Sie sich mit grossem zeitlichem Aufwand und überdurchschnittlichem persönlichem Engagement bei den Reorganisationsarbeiten eingesetzt und dabei eine hervorragende Leistung erbracht.

Es gehört zur Tradition unseres Unternehmens, herausragende Leistungen und besonderes Engagement in der von uns gewünschten Qualität zu honorieren. Als Dank und Zeichen unserer Anerkennung freuen wir uns daher, Ihnen eine Salärerhöhung bekanntzugeben.

Neu beträgt Ihr monatliches Bruttogehalt ab <Datum> CHF/Euro <Betrag>. Wir sind uns bewusst, dass es für Ihre Frau und Ihre Kinder in dieser arbeitsintensiven Zeit mit zahlreichen Überstunden und Spezialeinsätzen nicht immer leicht war und einige Entbehrungen mit sich brachte. Umso mehr danken wir Ihnen an dieser Stelle für Ihr entgegengebrachtes Verständnis und das Ihrer Familie.

Der beiliegende Gutschein im Betrag von CHF/Euro 300.– für den Freizeitpark XY soll auch gegenüber Ihrer Familie ein Ausdruck unserer Wertschätzung und ein Dankeschön an ihre Adresse sein. Grüssen Sie sie bei dieser Gelegenheit bitte herzlich von uns.

Wir wünschen Ihnen und Ihrer Familie alles Gute und auch persönlichen und beruflichen Erfolg. Wir freuen uns auf eine weiterhin beidseitig gewinnbringende Zusammenarbeit. Für Ihren überdurchschnittlichen Einsatz möchten wir uns nochmals ganz herzlich bedanken.

Mit freundlichen Grüssen

Jubiläumsschreiben mit Leistungsanerkennung

Sehr geehrter Herr Muster

Ein volles Jahrzehnt ist es her, dass Sie als Servicetechniker in unsere Firma eingetreten sind.

10 Jahre Muster AG und Herr Muster - auf diese dauerhafte und vertrauensvolle Partnerschaft sind wir stolz. Für dieses Jahrzehnt einer erfolgreichen und erfreulichen Zusammenarbeit möchten wir Ihnen von der Geschäftsleitung und Personalabteilung von ganzem Herzen gratulieren.

Gratulieren - und zugleich danken für die hervorragende Leistung, die Sie in diesen stürmischen, aber erfolgreichen Jahren in unserer Firma vollbrachten. Wir denken da insbesondere an Ihre weit herum bekannte Hilfsbereitschaft und Kollegialität. An Ihre Initiative, auch über Ihr "Abteilungsgärtchen" hinauszudenken und tatkräftig an Verbesserungen und neuen Ideen zu arbeiten. Oder an Ihren vor gut zwei Jahren eingereichten Vorschlag, die Wegzeiten von Servicetouren rationeller zu planen – ein Vorschlag, der uns erhebliche Kosteneinsparungen ermöglichte.

Dafür möchten wir uns, Herr Muster, herzlich bedanken. Als erstes laden wir Sie von der Geschäftsleitung mit Ihrer Frau zusammen am <Datum> zu einem Abendessen im Fünf-Sterne-Hotel "Salamander" ein. Als zweites wird Ihr Gehalt von nächstem Monat in doppeltem Betrag überwiesen und eine besonders schöne und komfortable Gartenmöblierung für Ihren Gartensitzplatz mit allem Drum und Dran soll Ihnen auch die Stunden der Entspannung und Erholung in Ihrer Freizeit verschönern. Versprechen Sie uns jedoch nur etwas: Dass Sie darauf an keinen neuen Tourenplanungen arbeiten werden!

Spass beiseite – noch einmal ein herzliches Dankeschön für Ihre 10 Jahre Firmentreue und ausgezeichnete Leistungen. Wir freuen uns mit Ihnen zusammen auf die nächsten 10 Jahre.

Mit freundlichen Grüssen

Zum 10-Jahres-Jubiläum eines Mitarbeiters

Sehr geehrter Herr Muster

Am <Datum> traten Sie als Angestellter in unser Unternehmen ein. Seitdem sind 10 Jahre vergangen. In all diesen Jahren lernten wir Sie als einen zuverlässigen und gewissenhaften Mitarbeiter kennen und schätzen.

Wir freuen uns daher ganz besonders, Ihnen heute zu Ihrem 10-jährigen Firmenjubiläum zu gratulieren. Als Anerkennung Ihrer Verdienste und als Zeichen unserer Wertschätzung überreichen wir Ihnen (Geschenk).

Wir hoffen, dass wir noch viele Jahre auf Ihre Mitarbeit in unserem Unternehmen bauen können. Für Ihre sehr initiative und engagierte Mitarbeit und Ihren ausgesprochen kollegialen und hilfsbereiten Teamgeist möchten wir uns bei dieser Gelegenheit bedanken. Es freut uns, Mitarbeiter von Ihrem charakterlichen Verhalten und Ihrer Leistungsfähigkeit in unserem Unternehmen zu wissen und wie sehen einer erfreulichen Mitarbeit für die nächsten 10 Jahre entgegen.

Wir wünschen Ihnen und Ihrer Familie frohe Festtage und viel Freude. Wir sind überzeugt, dass Ihnen das beiliegende Geschenk - bei dem wir an Ihr Hobby gedacht haben - die Fest- auch zu Hobbytagen machen wird.

Mit den besten Wünschen

Zum 25-Jahres-Jubiläum eines Kaderangestellten

Sehr geehrter Herr Muster

am <Datum> traten Sie als Lehrling in unser Unternehmen ein. Seitdem sind 25 Jahre vergangen, in denen Sie in unserem Hause bis zum <Position> aufgestiegen sind.

Stationen Ihres von Veränderungen und ambitiösen Anforderungen an sich selbst geprägten Werdeganges waren unter anderem:

von ...	bis ...	... -Abteilung	als ....
von ...	bis ...	... -Abteilung	als ....
von ...	bis ...	... -Abteilung	als ....

Am <Datum> kamen Sie in die XY-Abteilung, deren Führung Ihnen am <Datum> aufgrund Ihres vorbildlichen und positiven Teamverhaltens anvertraut wurde. Wir kennen Sie als einen zuverlässigen und gewissenhaften Mitarbeiter, der es versteht, sein Team immer wieder im Einklang mit den unternehmerischen Herausforderungen neu zu motivieren, um so die an die Abteilung gestellten Anforderungen erfüllen zu können. Dies erachten wir als eine zentrale Führungsaufgabe, welche den Grundstein zu überdurchschnittlichen Leistungen bildet.

Wir freuen uns daher ganz besonders, Ihnen heute zu Ihrem 25-jährigen Firmenjubiläum zu gratulieren. Als Anerkennung Ihrer Verdienste und als Zeichen unserer Wertschätzung überreichen wir Ihnen <Geschenk>.

Wir hoffen, dass wir noch viele Jahre auf Ihre Mitarbeit in unserem Unternehmen bauen können. Wir wünschen Ihnen für Ihren Festtag viel Freude.

Mit den besten Wünschen

Fachglossar zu Führung und Motivation

Was bezweckt die Potentialanalyse, was versteht man unter Jobenrichment genau, was hat Management by Objectives mit Zielvereinbarungen zu tun und wie werden Sozialkompetenzen bei Führungskräftebeurteilungen genau definiert – im Zusammenhang mit Fragen der Motivation werden oft Begriffe verwendet, unter denen man Unterschiedliches versteht oder deren Bedeutung nicht klar ist. Dies kann zu gravierenden Missverständnissen führen. Deshalb haben wir nachfolgend Begriffe zusammengetragen, die Klarheit schaffen sollen und das Thema Motivation zusätzlich von allen Seiten her beleuchten.

Arbeitsmoral

Psychisch und gesellschaftlich beeinflusste Einstellung und Haltung von Mitarbeitern gegenüber Arbeit und ihrem Stellenwert. Die Arbeitsmoral schlägt sich im konkreten Arbeitsverhalten, insbesondere z.B. im verantwortungsvollen Umgang mit Arbeits- und Betriebsmitteln, in der Arbeitssorgfalt, im Verhalten gegenüber Kollegen und Mitarbeitern nieder. Ein positives Arbeitsverhalten liegt gewöhnlich auch einer guten Arbeitsmoral zugrunde.

Arbeitsproduktivität

Die Arbeitsproduktivität wird als eine Schlüsselgrösse für die Wettbewerbsfähigkeit und Qualität einer Volkswirtschaft betrachtet. Als volkswirtschaftliche Grösse ist die Arbeitsproduktivität ein Indikator, wie gross der produktive Beitrag von Beschäftigten ist. Ein Anstieg der Arbeitsproduktivität bedeutet, dass sich die Wertschöpfung in Bezug auf den Arbeitseinsatz erhöht hat bzw. das angestrebte Produktionsergebnis mit einer geringeren Menge von Arbeitsstunden erreicht wird.

Arbeitszufriedenheit

Arbeitszufriedenheit entsteht zur Hauptsache aus der Bewertung und Einschätzung der Arbeitsqualität und der subjektiv empfundenen Arbeitsbedingungen. Arbeitszufriedenheit richtet sich nach verschiedenen Kriterien wie Familienverhältnissen, Lebensalter, Bedürfnisprioritäten, Motivation und der wirtschaftlichen Konjunktur.

Burnout-Syndrom

Im Allgemeinen wird darunter Stress am Arbeitsplatz verstanden. Folgen sind u.a. emotionale Erschöpfung und das Gefühl, permanent weniger zu leisten. Dies hat Auswirkungen auf das Verhalten: Reizbarkeit, nachlassende soziale Kontakte, innere Kündigung und psychosomatische Beschwerden. Diese Reaktionen können auch bei fehlendem beruflichem Erfolg auftreten oder wenn Anerkennung, Motivation und Arbeitszufriedenheit vermisst werden.

Coaching

Dies kann einerseits die fachmännische Begleitung und Unterstützung von Arbeitnehmern durch externe Berater bei bestimmten Problemen wie Mobbing, Stress, Führungsprobleme und mehr sein. Dabei kann es im Laufe der Beratung vorkommen, dass neben externen dann auch betriebsinterne Berater – Vorgesetzte oder Personalfachleute – eine Coachingrolle übernehmen. Häufiger wird aber das interne Coaching als Bestandteil einer Unternehmenskultur verstanden und ist ein Instrument der Personalentwicklung, bei dem Führungskräfte Mitarbeitern helfen, zu lernen, wie sie Aufgaben und Probleme selbständig bewältigen und lösen können. Grundlage und Voraussetzungen sind eine partnerschaftliche Beziehung, ein positives Menschenbild und eine überdurchschnittlich hohe Sozialkompetenz. Einbezogen werden sowohl Fertigkeiten und Fähigkeiten, wie auch Faktoren auf der Persönlichkeitsebene wie Selbstvertrauen und Motivation, die vor allem in Beziehung und Kommunikation zum Tragen kommen.

Coaching-Konzept

Beratungskonzept eines Coachs, das festlegt, welche Methoden in der Beratung verwendet und wie diese Methoden eingesetzt werden. Zudem gibt das Coaching-Konzept Auskunft über das ihm zugrundeliegende Menschenbild und grundsätzlich verfolgte Absichten und Ziele. Das Coaching-Konzept bildet somit das "Gerüst" für jegliche Massnahmen des Beraters und sollte für den Klienten transparent sein und von ihm akzeptiert werden.

Coaching-Partnerschaft

Form des Coachings, in der sich zwei (gleichgestellte) Personen gegenseitig beraten. Dabei werden je nach Anliegen die Rollen von Klient und Coach getauscht.

Coaching-Konzept

Beratungskonzept eines Coachs, das festlegt, welche Methoden in der Beratung verwendet und wie diese Methoden eingesetzt werden. Zudem gibt das Coaching-Konzept Auskunft über das ihm zugrundeliegende Menschenbild und grundsätzlich verfolgte Absichten und Ziele. Das Coaching-Konzept bildet somit das "Gerüst" für jegliche Massnahmen des Beraters und sollte für den Klienten transparent sein und von ihm akzeptiert werden.

Einzel-Coaching

Coaching-Variante, bei der ein einzelner Klient gecoacht wird. Wird oft gleichgesetzt mit dem Coaching eines Managers durch einen externen Berater. Einzel-Coaching kann aber auch durch interne Linien-Coachs und Vorgesetzte praktiziert werden.

Emotionale Intelligenz

Unter EI verstehen wir Qualitäten wie das Bewusstsein und die Kontrolle der eigenen Gefühle, Einfühlungsvermögen in andere Menschen und die Fähigkeit, Emotionen so zu steuern, dass sich die Lebensqualität sowie Leistung und Verhalten im betrieblichen Leben verbessern. Emotionale Intelligenz basiert auf den fünf Elementen: *Selbstwahrnehmung, Motivation, Selbstregulierung, Empathie, und soziale Fähigkeiten.* Von der emotionalen Intelligenz zu unterscheiden ist die emotionale Kompetenz. Ähnlich wie fachliche Kompetenz im Laufe des Lebens erlernt werden muss, ist emotionale Kompetenz dem Menschen ebenfalls nicht von Natur aus gegeben. So, wie der IQ die Basis für fachliche Kompetenz bildet, stellt die EI die Grundlage für die emotionale Kompetenz dar. Emotionale Kompetenz ist daher, wie die fachliche Kompetenz auch, erlernbar, kann diese aber nicht ersetzen.

Mehr im Web

Beitrag zur emotionalen Intelligenz in der Personalauswahl: www.personalseite.de/aufsatz/steinert2.htm

Empathie

Einfühlungsvermögen; Fähigkeit, sich in andere hineinzuversetzen. In einem weiteren Sinne versteht man darunter auch die Fähigkeit, auf andere Werthaltungen und Normen eingehen, sie in die Person integrieren und neue soziale Rollen annehmen zu können. In einer sich schnell verändernden Gesellschaft ist Empathie eine wichtige Eigenschaft, um die Veränderungen mitzubestimmen und mitzutragen. Diese Fähigkeit spielt auch beim Coaching, bei der Mitarbeiterführung generell und bei Bewerberinterviews eine bedeutende Rolle.

Erfolgsbeteiligung

Unter Erfolgsbeteiligung versteht man die Beteiligung am gemeinsamen Erfolg einer Gruppe, Abteilung oder des gesamten Unternehmens. Die Erfolgsbeteiligung kann sich auf alle Mitarbeiter des Unternehmens beziehen oder nur auf Mitarbeitergruppen wie z.B. Kaderleute oder bestimmte Abteilungen. Entscheidend hierfür ist die Zielsetzung, die das Unternehmen mit der Erfolgsbeteiligung verbindet. Im Zentrum stehen Zielerreichungen wie zum Beispiel Produktqualität, Innovation, Kostenbewusstsein. Grundsätzlich kann man vier Arten der Mitarbeiterbeteiligung unterscheiden: a) die reine Erfolgsbeteiligung b) die reine Kapitalbeteiligung - die laboristische Kapitalbeteiligung und c) eine kombinierte Form dieser beiden Möglichkeiten.

Extrinsische Motivation

Arbeits- oder Lernanreiz, der durch die Erwartung nachfolgender Belohnung bewirkt wird. Er kann in materieller Art, wie Geld, oder in Form von sozialer Anerkennung durch Personen im Umfeld, wie Kursleiter, Familie, Fachkollegen, Vorgesetzte etc., gegeben werden.

Feedback

Feedback bedeutet "Rückmeldung". Es gibt u.a. Menschen die Möglichkeit, Selbst- und Fremdbild miteinander zu vergleichen und dadurch zu erfahren, wie sie mit ihrem Verhalten tatsächlich auf andere wirken. Feedback ist nur dann konstruktiv, wenn es hilfreich ist. Deshalb sollte es folgende Eigenschaften aufweisen: beschreibend (nicht bewertend), konkret (nicht verallgemeinernd), realistisch (nicht utopisch), unmittelbar (nicht verspätet), erwünscht (nicht aufgedrängt).

Feedbackgespräche

Feedbackgespräche sind ausdrückliche, absichtliche und einfühlsame verbale Mitteilungen darüber, wie das Verhalten eines Gesprächspartners wahrgenommen wird. Erforderlich ist dafür die kritische Auseinandersetzung mit dem eigenen Verhalten. Dies ist zum Beispiel bei heiklen Mitarbeitergesprächen oder bei Bewerberinterviews eine wichtige Methodik der Gesprächsführung.

Fluktuationsquote

Die so gemessene Fluktuationsrate ist ein wichtiger Indikator für die Arbeitszufriedenheit und das Unternehmensklima. Die Fluktuation kann und soll insbesondere in grösseren Betrieben differenziert für verschiedene Verantwortungsbereiche, Personalkategorien, Altersgruppen, Länge der Betriebszugehörigkeit, Geschlecht usw. ermittelt werden, um Vergleichsmöglichkeiten zu erhalten. Zudem ist die Fluktuation periodisch zu erheben, um auf der Zeitachse Veränderungen beobachten zu können. Die Interpretation ist allerdings vorsichtig genug vorzunehmen und Unterschiede im Fluktuationsrisiko in die Überlegungen einzubeziehen (z.B. unterschiedliches Lebensalter oder natürliche Schwankungen, insbesondere bei kleineren Gruppierungen). Um die Entwicklung der Fluktuation im Unternehmen darzustellen, kann man folgende Formel nutzen: Fluktuation = Abgänge im Zeitraum X 100 / durchschnittlicher Personalbestand im Zeitraum.

Fragetechniken

Bestimmte Formen von Fragestellungen, die das Gewinnen von Informationen erleichtern. Besondere Anwendung finden solche Techniken bei Bewerberinterviews. Beispiel: Offene Fragen, die ausführlichere Antworten verlangen und geschlossene, welche nur mit einem Ja oder Nein beantwortet werden können. Suggestivfragen zielen darauf ab, auf manipulatorische Weise durch die Art der Frage die erwarteten Informationen zu gewinnen.

Fringe Benefits

Unternehmensleistung, die nicht materiell und nicht von einer Leistung oder dem Unternehmenserfolg abhängig erbracht wird. Beispiele: Übernahme von Versicherungskosten, Mitarbeiterrabatte bei Firmenleistungen oder Vergütung einer Zeitschrift.

Führungseigenschaften

Wesenszüge, die es ermöglichen, Führungspositionen erfolgreich wahrzunehmen. Wichtige Führungsmerkmale und Bedingungen sind: Besonderes Engagement für die Arbeit und das Unternehmen, Intelligenz und Klarheit des Denkens, überdurchschnittliche Kommunikationsfähigkeiten, hohe Belastbarkeit, innere Zufriedenheit und Ausgeglichenheit, geordnetes Privat- und Familienleben, positive Einstellung und Grundhaltung und Konzentration auf *"doing the right things"*. Weitere Kriterien sind: Beharrlichkeit, Anpassungsfähigkeit, Belastbarkeit, Urteilsfähigkeit, Selbstbeherrschung, Kreativität, Überzeugungskraft, Verantwortungsbewusstsein, Durchsetzungsvermögen und Eigeninitiative. Auch Personen mit anderen Eigenschaften und Persönlichkeitsmerkmalen - z.B. aufgrund ihres Menschenbildes oder einer ausgeprägten Motivation - können auf ihre Weise oft ebenso erfolgreich sein.

Führungsgrundsätze

Führungsgrundsätze sind Vorgaben, nach denen sich die Unternehmensführung und leitende Angestellte verhalten sollen. Je nach Führungsstil werden die Grundsätze erarbeitet. Als sinnvoll hat sich in den letzten Jahren erwiesen, dies zusammen mit allen Mitarbeitern durchzuführen. Führungsgrundsätze, die allgemein im Unternehmen bekannt sind, müssen auch eingehalten werden. Führungsgrundsätze bieten die Grundlage für die Gesamtbeurteilung der Führungskräfte auf allen Ebenen hinsichtlich der Erfüllung ihrer Führungsaufgaben. Fehlen sie, so können weder die Mitarbeiter noch die Teams, noch die Führungskräfte für Verstösse gegen die Verhaltensrichtlinien verantwortlich gemacht werden.

Führungsstil

Das zeitlich überdauernde, einheitliche Führungsverhalten der Vorgesetzten gegenüber ihren Mitarbeitern. Grob unterscheidet man im Führungsverhalten drei Arten: *Der autoritäre Führungsstil:* Autokratisches, absolutistisches, diktatorisches, patriarchalisches, hierarchisches, bürokratisches Führungsverhalten. *Der laissez-faire-Führungsstil:* Passive, permissive Führungsformen, die gekennzeichnet sind durch fahrlässige oder absichtliche Abstinenz im Gebrauch der Führungsautorität, Führungskompetenz und Führungsmittel. *Der kooperative Führungsstil:* Demokratisches, partnerschaftliches, partizipatives, sozial-integratives, mitarbeiter- und gruppenorientiertes Führungsverhalten mit einem hohen Grad der Beteiligung der Mitarbeiter.

Führungsstilanalyse

Die Führungsstilanalyse hat zum Zweck, herauszufinden, wie der Führungsstil der Vorgesetzten von Mitarbeitern beurteilt und wahrgenommen wird, wie er sich auf das Arbeitsklima, die Motivation und die Leistung auswirkt. Diese Analysen sollten keine punktuellen Massnahmen sein, sondern systematisch in Mitarbeiterbefragungen oder Vorgesetztenbeurteilungen zur Sprache kommen. Die Führungsstilanalyse kann ein wichtiger Gradmesser der Führungsfähigkeiten der Vorgesetzten sein und wichtige Hinweise zu Weiterbildungsmassnahmen für Führungskräfte geben.

Führungstest

Ein Führungstest ermittelt die notwendigen Informationen auf wissenschaftlicher Grundlage und in einem umfangreichen, persönlichen Gutachten werden Ansatzpunkte für entsprechende Verhaltensänderungen aufgezeigt. So kann der berufliche Erfolg durch einen weiterentwickelten Führungsstil optimiert oder bei der Personalsuche geprüft werden.

Gruppendynamik

Der Antrieb oder die Kraft, die durch die Interaktion und Veränderungen innerhalb von sozialen Gruppen verursacht wird. Mit dem Ziel Verhaltensänderungen zu bewirken, wird Gruppendynamik im Fortbildungsbereich in Form von Trainingsverfahren eingesetzt zur Bewusstmachung von Problembereichen. In der Jugend- und Erwachsenenbildung wird Gruppendynamik als Sammelbegriff für Fertigkeiten und Methoden verwendet, die zu einer verbesserten Fremd- und Selbstwahrnehmung beitragen.

High Potentials

Bezeichnung für hochbegabte und –qualifizierte Berufsleute, die sich vor allem durch soziales Verhalten und Engagement auszeichnen, sog. Überflieger, die für Spitzenpositionen in Unternehmen vorgesehen sind.

Incentives

Incentives sind besondere materielle oder immaterielle Belohnungen und Anreize für besondere Leistungen, die die Motivation und Bindung des Mitarbeiters an das Unternehmen erhöhen und stärken sollen. Meistens beruhen die Incentives auf firmenspezifischen, produktbezogenen und zeitlich befristeten Wettbewerben und werden vor allem im Verkauf eingesetzt. Als Prämientypen kann man unterscheiden: a) Geldprämien b) Sachprämien wie Reisen oder Sprachaufenthalte c) Statusprämien wie eine ehrenvolle statusfördernde Auszeichnung und Ehren wie Verleihung eines Senior-Titels.

Informationsmittel

Grundsätzlich kann man in einem Unternehmen mündliche und schriftliche Informationen unterscheiden. Bei der mündlichen Information sind die Mittel das Einzel- oder das Gruppen- und Abteilungsgespräch. Mündliche Informationen sind immer nachhaltiger und wirksamer. Zu den schriftlichen Informationsmitteln gehören: Memos, Berichte, Protokolle, Formulare, Umläufe, Informationsblätter und Rundschreiben, Mitarbeiterzeitschriften, Mitarbeiter- oder Betriebshandbücher, Plakate, schwarze Bretter. Durch den Einsatz moderner Informations- und

Kommunikationstechniken wie Intranet, Internet, E-Mails, elektronische Bretter, E-Communities und mehr als Informationsmittel bekommt die Verteilung und die zeitliche Verfügbarkeit von Informationen zusätzliche, sehr effektive Möglichkeiten.

Innere Kündigung

Gründe wie schlechtes Arbeitsklima, Führungsfehler, autoritäres Verhalten, unzureichende Informationen, verletzende Beurteilungsgespräche, Übergehen bei Beförderungen usw. können bei Mitarbeitern zur inneren Kündigung führen. Ein weiterer, häufiger Grund der inneren Kündigung kann auch ein bevorstehender, bereits bestätigter Arbeitsplatzwechsel sein. Die Folgen der inneren Kündigung sind gravierend und werden oft unterschätzt. Nehmen sie in einem Betrieb überhand, sind sie ein ernst zu nehmendes Alarmzeichen. Frustration, Demotivation und Resignation von Mitarbeitern mit weitgehenden Leistungseinbussen sind die Folge. Der Mitarbeiter zeigt nur noch wenig Initiative, distanziert sich von seinen Aufgaben und von den Zielen des Betriebes.

Inplacement

Die Folge von Umstrukturierungen können Personalfreisetzungen sein. Die betroffenen Arbeitnehmer werden dann bei ausreichender Qualifikation durch ein sogenanntes Inplacement weiter betreut. Diese Betreuung kann sich auf anderweitig offene Stellen beziehen. Die sich aus einem Inplacement ergebenden Vorteile für das Unternehmen sind: Betriebskenntnisse, raschere Personalauswahl, höhere Akzeptanz. Outplacement bezieht sich dagegen auf Mitarbeiter, die tatsächlich den Betrieb verlassen.

Intrinsische Motivation

Von intrinsischer Motivation wird gesprochen, wenn ein interner Anreiz besteht, der subjektiv als interessant oder notwendig angesehen wird, um einen anderen Sachverhalt zu verstehen. Neugiermotivation ist ein Beispiel für intrinsische Motivation. Dabei können des weiteren zwei Typen intrinsischer Motivation unterschieden werden: das Prinzip "need to succeed" gilt bei Erfolgsorientierung, "need to avoid failure" bei Misserfolgsvermeidung als primäre Zielsetzung. In den meisten Fällen spielen beide Faktoren eine Rolle.

Intuitive Führung

Darunter ist ein Verhalten der Führung zu verstehen, welche anstatt auf rationale Überlegungen und Beobachtungen eher auf Führung durch Intuition setzt. Dadurch kann es zu Konflikten mit anderen Führungsmitgliedern kommen, die eher einen Führungsstil rationaler und traditioneller Art haben.

Job Enlargement

Darunter versteht man eine quantitative Tätigkeits- oder Aufgabenerweiterung. Beispiel: Ein Aussendienstverkäufer übernimmt zusätzlich Serviceaufgaben mit dem Ziel, Kundenbedürfnisse praxisorientierter zu verstehen. In der Regel werden die betroffenen Mitarbeiter durch höheren Arbeitsanfall mehr als vorher gefordert; können sie dieser höheren Anforderung dauernd entsprechen, erweitern sie aber ihre Qualifikation.

Job Enrichment

Das Job Enrichment stellt eine Aufgabenbereicherung dar, bei der neue, qualitativ höherwertige Aufgaben den bestehenden Aufgaben hinzugefügt werden, d.h. es erfolgt eine strukturelle Änderung der Arbeitssituation. Job Enrichment zielt auf eine bessere Arbeitssituation für den Mitarbeiter, führt vielfach zu einer Höherqualifizierung des Mitarbeiters, kann aber gleichzeitig auch eine Höherqualifizierung voraussetzen.

Job Rotation

Job Rotation ist ein systematischer Arbeitswechsel oder Arbeitsplatzwechsel. Es wird häufig bei Führungskräften zur Einarbeitung praktiziert, damit diese das Unternehmen kennenlernen (Trainee). Der Arbeitsplatzwechsel erfolgt planmässig und umfasst gleichwertige oder ähnliche Aufgaben für den Mitarbeiter. Bei Facharbeitern kann es zur Erreichung von Mehrfachqualifikation dienen. Durch Job Rotation kann die Motivation des Mitarbeiters erhöht werden. Ein Nachteil ist die immer wieder notwendig werdende Einarbeitung.

Job Sharing

Die auf freiwilliger Basis und dauerhaft angelegte Teilung eines bisher vollzeitlich besetzten Arbeitsplatzes zwischen zwei oder mehreren Mitarbeitern. Zur Abgrenzung der Einzelaufgaben, zur Sicherung der Kontinuität bei der Erledigung der Aufgaben, zur eindeutigen Aufgliederung der Kompetenzen sowie zur Klarstellung der Verantwortlichkeit für die Gesamtaufgaben empfiehlt sich die Stellenbeschreibung.

Kernkompetenz

Die entscheidende Schlüsselfähigkeit eines Unternehmens oder einer Person zur Leistungserbringung als wichtiger Wettbewerbs- und Qualitäts- bzw. Qualifikationsvorteil.

Kooperativer Führungsstil

Der kooperative Führungsstil beinhaltet im Kern die Kompetenz und Motivation in Planungs-, Entscheidungs- und Umsetzungsprozessen von Mitarbeitern. Man orientiert sich an einem partnerschaftlichen Stil der

Zusammenarbeit und strebt zum Beispiel eine gemeinsame Zielerreichung an. Konkreter Ausdruck dieses Führungsstils sind oft stattfindende Mitarbeitergespräche und praktizierte Zielvereinbarung.

Kritikgespräch

Das Kritikgespräch ist eine Form des Mitarbeitergesprächs. Es sollte sorgfältig, objektiv, aufgrund von Fakten und mit Einfühlungsvermögen vorbereitet und durchgeführt werden, um eine demotivierende Wirkung zu vermeiden. Wichtig sind bei einem solchen Gespräch: a) entspannte Atmosphäre erzeugen b) gute Vorbereitung c) Standpunkt des Mitarbeiters einbeziehen d) konkrete und terminierte Lösungsziele vereinbaren e) Gründe für die Kritik offen und objektiv darlegen f) gemeinsam Massnahmen zur Verhinderung einer Wiederholung der zur Kritik führenden Ursache erarbeiten.

Kündigungsgründe

Häufige Gründe für das Ausscheiden von Mitarbeitern sind: Schlechtes Betriebsklima – fehlende Aufstiegsmöglichkeiten – unzureichende Verdienstmöglichkeiten – schlechte Personalführung – anstrengende Arbeit – wechselnde Arbeitszeiten – weite Entfernung der Arbeitsstätte – Schwierigkeiten mit den Kollegen. Die Gründe, die Mitarbeiter zum Ausscheiden bewegen, sind vielfältig. Sie ergeben sich entweder aus der persönlichen Sphäre der Mitarbeiter oder sind auf betriebliche Tatbestände zurückzuführen. Die Motive für das Ausscheiden von Mitarbeitern können durch ein Abschlussgespräch meistens in Erfahrung gebracht werden. Der Mitarbeiter ist zwar nicht zur Angabe seiner Beweggründe verpflichtet und sagt vielleicht auch nicht immer die (volle) Wahrheit. Ohne ein derartiges Gespräch erfährt das Unternehmen jedoch gar nichts über die Gründe für das Ausscheiden von Mitarbeitern und damit über eventuelle Schwachpunkte innerhalb des Unternehmens.

Laissez-Faire-Führungsstil

Der Laissez-faire-Stil ist ein besonders liberaler, jedes Autoritätsprinzip ablehnender Führungsstil und kann mit "Machenlassen" übersetzt werden. In der Praxis hat der Laissez-faire-Stil durch seine Passivität bewirkende und keine klaren Zielsetzungen und Inhalte mit sich bringende Art keine Bedeutung erlangt.

Management by Delegation

Darunter versteht man die Delegation und Verlagerung von Zuständigkeiten, Entscheidungskompetenzen, Aufgabenbereichen und Verantwortung auf Mitarbeiter. Voraussetzung sind einerseits qualifizierte, selbständige und motivierte Mitarbeiter und andererseits Vorgesetzte, die in der Lage sind, gekonnt und motivierend zu delegieren. Von der

Idee her befriedigt dieser Führungsstil wichtige Bedürfnisse der Mitarbeiter wie Selbständigkeit, Wertschätzung, Initiative und Eigenverantwortung. In der Praxis entsteht jedoch schnell die Gefahr einer Überforderung und Vorgesetzte wirken oft zusätzlich demotivierend, indem vor allem unangenehme Aufgaben oder Entscheidungen delegiert werden.

Management by Exception

Kann als Führung nach dem Ausnahmeprinzip bezeichnet werden. Die Ziele und Eigenschaften dieses Stils sind: Entlastung der Vorgesetzten von Routineaufgaben durch Delegation von Entscheidungen und Verantwortung sowie Erhöhung der Motivation und des Leistungswillens bei den Mitarbeitern.

Management by Motivation

Führungsstil, der die Bedeutung und den Stellenwert der Motivation und Mitarbeiterzufriedenheit in den Mittelpunkt der Führungsziele und –aufgabe stellt.

Management by Objectives

Dieser Führungsstil ist weit verbreitet und praxiserprobt und wird als der umfassendste und am weitesten entwickelte Lösungsansatz betrachtet. Unter Management by Objectives versteht man grundsätzlich die Führung durch Zielvereinbarung. Ziele werden dabei bei moderner Betrachtungsweise mit dem Mitarbeiter gemeinsam besprochen und festgelegt.

Management by Results

Führungsstil, der die Bedeutung und den Stellenwert der Leistung und, wann immer möglich, messbare Resultate der Arbeit und Arbeitsqualität in den Mittelpunkt der Führungsziele stellt.

Managementqualitäten

Schlüsselqualifikationen von Führungskräften. Überdurchschnittlich erfolgreiche Manager zeichnen sich nicht nur durch überzeugende Fachkompetenz, sondern ein ausgereiftes Sozialverhalten aus. Zu den wichtigsten Qualitäten von Führungskräften gehören, nach neuesten Erkenntnissen der Führungspraxis, Eigenschaften wie Flexibilität, Belastbarkeit, soziale Kompetenz, Durchsetzungskraft, Selbstdisziplin, Eigeninitiative, Entschlusskraft und Selbstvertrauen.

Mediation

Form der aussergerichtlichen Vermittlung in Konflikten. Dabei versuchen die beteiligten Konfliktparteien mit Unterstützung eines oder mehrerer Mediatoren, einvernehmlich eine gemeinsame und tragfähige Lösung des Konflikts zu entwickeln.

Mentoring

Innerbetriebliche Form der Mitarbeiterbetreuung. Als Mentor fungieren meist ältere Organisationsmitglieder, die im Vergleich zu ihrem Schützling höher positioniert sind und bereits längere Zeit für die Organisation arbeiten. Ziele des Mentoring sind die rasche und problemlose Einführung neuer Mitarbeiter in eine Organisation. Zudem kann das Mentoring auch als langfristige, innerbetriebliche Karriereberatung fungieren.

Mindmapping

Visualisierte Kreativitätsmethode, in der Ideen, Projekte, Pläne, Vorhaben mit optischen Symbolen verzweigt und im Zusammenhang aufgezeichnet werden. Der Gegenstand der Aufmerksamkeit kristallisiert sich in einem Zentralbild, die Hauptthemen des Gegenstands strahlen vom Zentralbild wie Äste mit Schlüsselbildern aus.

Mitarbeiterbefragung

Die Mitarbeiterbefragung ist ein wichtiges und kontinuierlich einzusetzendes Instrument der innerbetrieblichen Meinungsumfrage im Sinne eines modernen Personalmarketings, um Einstellungen, Arbeitsklima und Erwartungen systematisch und objektiv in Erfahrung zu bringen. Dabei können der gesamte Betrieb oder auch nur bestimmte Abteilungen befragt werden. Mit Hilfe des Intranets können Mitarbeiterbefragungen besonders schnell, flexibel und kostengünstig durchgeführt werden. Der wesentliche Vorteil ist allerdings ein Motivationsaspekt und die Möglichkeit, Arbeitnehmer in Entscheidungen und Projekte einzubeziehen. Befragungspunkte können sein: a) Zusammenarbeit Kollegen/Vorgesetzte b) Arbeitsbedingungen, c) Mängel in betrieblichen Leistungen d) Arbeitszeiten und Arbeitszeitenflexibilisierung e) Fragen zur Personalentwicklung generell.

Mitarbeiterbeteiligung

Neben der rein monetären Mitarbeiterbeteiligung kommt der Beteiligung der Mitarbeiter an Unternehmensentscheidungen immer grössere Bedeutung zu. Die Leistungsbereitschaft und Identifikation der Mitarbeiter mit dem Betrieb wird um so höher sein, je grösser ihr Verantwortungsbereich und die Möglichkeit der Einflussnahme auf das betriebliche Geschehen ist. Wer nur als Befehlsempfänger betrachtet wird, wird kaum Eigeninitiative und Verantwortungsbewusstsein entwickeln, gefragt ist heute die unternehmerische Einstellung und das mitverantwortliche Handeln eines jeden einzelnen Mitarbeiters.

Mitarbeiterbindung

Massnahmen eines Unternehmens, seine Mitarbeiter möglichst lange zu halten bzw. an das Unternehmen zu binden und damit die Fluktuation zu senken. Ein zentrales Instrument dafür ist die Personalentwicklung. Bindende Elemente sind: *a) Team b) Freiräume c) Vorgesetzte und Führungsstil d) Entlöhnung e) Unternehmenskultur f) Entwicklungsmöglichkeiten g) Arbeitsqualität.*

Mitarbeitereinführung

Genauso wichtig wie die Personalauswahl ist nach dem Entscheid eine systematische und geplante Einführung und Einarbeitung neuer Mitarbeiter. In grösseren Betrieben übernimmt die Einarbeitung in der Regel der unmittelbare Vorgesetzte und die Personalabteilung in den nichtfachlichen Belangen. In Klein- und Mittelbetrieben hingegen wird diese Aufgabe oft in Personalunion vom Vorgesetzten übernommen. Folgende Aspekte sollten zum Beispiel bei der Einführung von Mitarbeitern beachtet werden: *a) sehr gute Betreuung durch Götti b) Informationsunterlagen und Leitfäden c) klare Zielsetzungen und Probezeitgespräche d) in sich abgeschlossene Aufgabenblöcke mit Erfolgserlebnis und -kontrolle e) Herstellung des gesamtbetrieblichen Zusammenhanges.*

Mitarbeiterführung

Eine an Unternehmenszielen und daraus abgeleitete Aufgabenstellungen sowie an Mitarbeiterqualifikation und -bedürfnissen ausgerichtete Steuerung und Beeinflussung des Mitarbeiterverhaltens. Dieser Prozess findet jeweils zwischen Vorgesetzten, also auf der Führungsebene, und zwischen Mitarbeitern, und damit auch auf der Ausführungsebene, statt. Kernelemente sind zum Beispiel individuelle Führungsfähigkeiten und -qualifikationen, ein unternehmensweit deklarierter und praktizierter Führungsstil und die glaubwürdige Vorbildrolle der Vorgesetzten und der Unternehmensführung aufgrund ihres praktischen Verhaltens. Die Bedeutung optimaler Mitarbeiterführung für die Leistungsbereitschaft und Produktivität der Mitarbeiter wird mit steigenden Ansprüchen und Anforderungen von Mitarbeitenden und Unternehmen immer grösser.

Mobbing

Mobbing (aus dem Englischen "to mob" = anpöbeln, schikanieren) bedeutet, dass eine Person oder eine Gruppe am Arbeitsplatz von gleichgestellten, vorgesetzten oder untergebenen Mitarbeitenden schikaniert, belästigt, beleidigt, ausgegrenzt oder mit kränkenden Arbeitsaufgaben bedacht wird. Bei allgemeiner Unzufriedenheit der Mitarbeitenden tritt Mobbing häufiger auf. Eine aufgeschlossene Unternehmens- und Kommunikationskultur, offenes Führungsverhalten auf allen Hierarchieebenen, ein Mitarbeitende respektierendes Arbeitsklima, nicht zu stark auf Konkurrenz angelegte Leistungsmessformen und mehr sind Mittel und Voraussetzungen gegen das Mobbing.

Mehr im Web

Eine Fülle von Informationen mit Adressen, Prävention, Arbeitsklima und mehr unter www.mobbing-info.ch

Motivationsgespräche

Der Erfolg einer Führungskraft hängt nicht zuletzt von den Leistungen ihrer Mitarbeiter ab. Deren Bereitschaft, ihre Pflichten zu erfüllen oder sich sogar darüber hinaus für das Unternehmen zu engagieren, lässt sich durch faire und auf der Basis des Respekts und ehrlicher Anerkennung geführte Motivationsgespräche steigern. Sie ermutigen Mitarbeiter, gestellte Aufgaben konsequent zu verfolgen und auch in belastenden Situationen nicht zu kapitulieren.

Motivationspsychologie

Der Motivationsprozess ist ein Führungsprozess zur positiven Beeinflussung von Mitarbeitern in deren und im Interesse des Unternehmens. Die persönlichen und betrieblichen Bedürfnisse der Mitarbeiters werden dabei mit Hilfe von Anreizen gefördert, um eine höhere Arbeitsbereitschaft und bessere Arbeitsergebnisse zu erzielen. Je nach Persönlichkeit ist ein Mitarbeiter mehr oder weniger motivierbar. Merkmale gut motivierbarer Mitarbeiter sind *a) Menschen mit reger Fantasie b) Menschen mit guter Selbsteinschätzung c) Menschen, die auf Anpassung an das soziale Umfeld bedacht sind d) ambitiöse, zielorientierte Mitarbeiter e) sensible und identifikationsfähige Mitarbeiter.* Interessant ist die provokative These von Sprenger, dass zahlreiche Motivations-Massnahmen, "Bestechungen", ohne Wirkung oder nur von kurzfristiger Wirkung seien.

Motivatoren

Ein Fachbegriff aus der Zweifaktorentheorie von Herzberg: Motivatoren wie Leistung, Anerkennung und Selbstverwirklichung können zu einer Motivierung und zu einem Leistungsansporn der Mitarbeiter führen. Im Gegensatz dazu tragen Hygienefaktoren eher zum Abbau von Unzufriedenheit bei.

Motivpyramide

Nach Maslow sind menschliche Bedürfnisse hierarchisch angeordnet. Ist ein Bedarf erfüllt, wird das nächst höhere Bedürfnis relevant. Diese Bedürfnisse sind: Physiologische Bedürfnisse (z.B. Nahrung, Schlaf), Sicherheitsbedürfnisse, Zugehörigkeitsbedürfnisse, Bedürfnis nach Wertschöpfung und schliesslich nach Selbstverwirklichung. Die Arbeitsgestaltung sollte die Entwicklung der Mitarbeiterbedürfnisse berücksichtigen, um Zufriedenheit, Ausgeglichenheit, Produktivität und Lebensqualität zu garantieren.

Neuro-Linguistisches Programmieren

Das Neuro-Linguistische Programmieren gilt als Konzept für Kommunikation und Veränderung. NLP wird definiert als die Struktur der subjektiven Erfahrung und untersucht die Muster oder die "Programmierung", die durch die Interaktion zwischen dem Gehirn (Neuro), der Sprache (Linguistik) und dem Körper kreiert wird und die sowohl effektives als auch ineffektives Verhalten produzieren können. Die Techniken des NLP entstanden durch Beobachtung der Muster von Experten aus diversen Bereichen professioneller Kommunikation, unter anderem aus dem Bereich der Psychotherapie, der Wirtschaft, der Hypnose, des Rechtswesens und der Erziehung.

Neuropsychologie

Dies ist ein Teilgebiet der Psychologie; sie befasst sich mit den Zusammenhängen zwischen den Vorgängen im Zentralnervensystem (ZNS), also Gehirn und Rückenmark, und dem gezielten Verhalten von Menschen. Durch diese Herangehensweise wird eine ganzheitliche Sicht angestrebt, die auch zur Strukturierung von Lernprozessen eingesetzt und für die Aus- und Weiterbildung nutzbar gemacht werden kann.

Newplacement

Der Wechsel von einem Beruf in einen anderen, neuen Beruf. Dafür kann es viele Gründe geben: Unsichere Zukunftsaussichten durch technologische Entwicklungen im erlernten Beruf bis zum Verschwinden des Berufs (Beispiel Schriftsetzer), gesundheitliche Gründe, Statusveränderungen und vieles mehr. Ein Viertel der Schulabgänger haben nach Abschluss ihrer Ausbildung den Eindruck, nicht den für sie richtigen Beruf gewählt zu haben. Besonders belastend zeigt sich Newplacement seit einigen Jahren für viele Hochschulabsolventen, die ein Studium abgeschlossen haben, mit dem sie auf dem Arbeitsmarkt keine ihren Erwartungen entsprechende Beschäftigung finden.

Open door policy

Personalpolitik der offenen Türe, die die permanente Bereitschaft der offenen und sofortigen Gesprächsmöglichkeit zum Ziel hat und vor allem in mitarbeiterfreundlichen und kommunikativen Unternehmen mit einer modernen Führungspolitik Anwendung findet.

Outplacement

Massnahmen, die einen Arbeitnehmer als Folge eines Personalabbaus auf die bevorstehende Arbeitslosigkeit vorbereiten und die Suche nach einer neuen Position erleichtern sollen. Das Outplacement hat bei der Freisetzung von Mitarbeitern – es handelt sich oft um Führungskräfte – sowohl für den Unternehmer als auch für den betroffenen Mitarbeiter ein Reihe von Vorteilen: *a) Vermeiden der inneren Kündigung b) Kostenreduktion c) Vermeiden arbeitsrechtlicher Probleme mit gemeinsamen Lösungen d) Verbesserung des Arbeitgeberimages auf dem Arbeitsmarkt e) positive Auswirkungen auf das gesamte Betriebsklima.* Ein Arbeitgeber, der sich von einem Mitarbeiter trennen will, kann diesen beraten und den Entlassenen so wirkungsvoll unterstützen, eine weiterführende berufliche Aufgabe zu finden.

Personaldiagnostik

Die Personaldiagnostik liefert nach aktuellem Verständnis Entscheidungshilfen und systematische, ganzheitliche Vorgehensweisen im Bereich Persönlichkeit und Kompetenzen. Sie kann zur Beurteilung von Bewerbungen, aber auch bei der Förderung oder Versetzung bestehender Mitarbeiter im Rahmen der Personalentwicklung wertvolle Dienste leisten.

Personalentwicklung

Massnahmen zur Erhaltung, Entwicklung und Verbesserung der Arbeitsleistung bzw. des Qualifikationsprofils von Mitarbeitern, um die Ansprüche des Unternehmens an die Qualität seiner Arbeitskräfte sicherzustellen. Personalentwicklung zielt darauf ab, das Leistungs- und Lernpotential der Mitarbeitenden zu erkennen, zu erhalten und zu fördern. Für funktionierende Personalentwicklungskonzepte gibt es keine Standardlösungen und keine "Bedienungsanleitungen" – zu unterschiedlich sind die unternehmerischen Gegebenheiten und Anforderungen. PE umfasst über die Weiterbildung hinausgehende Qualifizierungsmassnahmen, zum Beispiel auch Job Enlargement oder Job Enrichment.

Persönlichkeitsentwicklung

Massnahmen, die die Stärkung oder Förderung wichtiger ausserfachlicher Qualifikationen und die Entwicklung und Festigung der Persönlichkeit des Mitarbeiters zum Ziel haben. Wichtig sind dabei soziale Kompetenz und Fähigkeiten, wie Führungsfähigkeit, Belastbarkeit, Kommunikations- und Teamfähigkeit und in einem weiteren Sinne generelle Persönlichkeitsstärken wie Selbstbewusstsein und Motivation.

Persönlichkeitstests

Am häufigsten werden psychologische Persönlichkeitstests bei Einstellungsentscheiden und zur Auswahl von Auszubildenden und Trainees angewandt, um Informationen über Persönlichkeitsmerkmale erfassbar zu machen. Persönlichkeitstests und ähnliche Verfahren versuchen, ein möglichst objektives Bild über das Verhalten und die Persönlichkeit einer Person zu bekommen und unbewusste Verhaltensweisen oder Einstellungen zu erfassen. In den meisten Fällen geht es darum, bestimmte Eigenschaften und deren Ausprägungen zu messen, z.B. Leistungswille, Durchsetzungsvermögen, emotionale Stabilität, Gewissenhaftigkeit, Verträglichkeit, Aggression, Labilität. Mitunter soll aber auch ein "Gesamtbild der Persönlichkeit" gewonnen werden, um so über das engere Qualifikationsprofil hinaus tiefgreifende Eindrücke zur möglichst umfassenden Beurteilung von Bewerbern zu erhalten.

Potenzialanalyse

Das Potential ist grundsätzlich das Leistungsvermögen eines Mitarbeiters oder einer Führungskraft, das sich in seiner Gesamtheit aus diversen Kenntnissen, Fertigkeiten und Wertorientierungen ergibt. Dabei sind "Schlüsselqualifikationen" diejenigen Elemente des Potentials, die es dem Mitarbeiter ermöglichen, sein eigenes Potential weiterzuentwickeln und dieses optimal in den Dienst des Unternehmens stellen zu können. Bei der Potenzialanalyse werden mit Blick in die Zukunft die Stärken eines Mitarbeiters eruiert. Mit der Potenzialanalyse analysiert man persönliche, soziale und methodische Kompetenzen auf eine systematische und umfassende Art.

Potenzialbeurteilung

Erfassung und Bewertung des Potenzials von Mitarbeitern oder Bewerbern, um die Eignung für die künftige Verwendung zu beurteilen. Eine umfassende Potenzialbeurteilung strebt an, Fach-, Methoden- , Sozial- und Persönlichkeitskompetenz einzubeziehen, also insbesondere nicht nur die Leistung in der Vergangenheit. Eingesetzte Instrumente sind u.a. das Assessment Center, strukturierte Interviews und mehr.

Reframing

Umdeutung des Verhaltens oder Erlebens. Durch ein Reframing werden festgefahrene Muster in einen anderen Rahmen gesetzt, der neue Sichtweisen ermöglicht.

Selbstbeurteilung

Ein Instrument der Mitarbeiterbeurteilung, Leistungsbeurteilung und kooperativen Mitarbeiterführung. Mit der Selbstbeurteilung will man die Eigenverantwortung und Selbstmotivation der Mitarbeiter fördern und die Akzeptanz und Objektivität verbessern und verfeinern. Normalerweise nehmen Vorgesetzte und Mitarbeiter getrennt voneinander eine Beurteilung nach dem jeweils gleichen Schema bzw. Beurteilungsformular vor. Dabei werden die Bewertungen in einem Beurteilungsgespräch detaillierter besprochen, um zu einer gemeinsam abgestützten und beidseitig getragenen abschliessenden Beurteilung des Mitarbeiters zu gelangen.

Selbstwertgefühl

Das Selbstwertgefühl ist ein wichtiger Faktor einer gesunden Persönlichkeitsentwicklung. Es besteht in der Einschätzung der eigenen Person und der eigenen Fähigkeiten und der Abschätzung des eigenen Werts innerhalb der beruflichen Tätigkeit und im sozialen und privaten Umfeld. Es ist ein vergleichendes Gefühl, das durch Selbsttätigkeit und Anerkennung von aussen gestärkt wird, in einer übersteigerten Anspruchshaltung aber allerdings auch ins Negative kippen kann. Minderwertigkeitsgefühle führen zu persönlicher Verunsicherung oder einem kompensativen Verhalten.

Situative Führung

Nach den situativen Ansätzen ist der jeweils erfolgsversprechende Führungsstil abhängig von der jeweiligen Situation massgebend und angebracht und kein vom Modell her fix festgelegter Führungsstil. So kann eine Leistungsbeurteilung oder unterschiedliche Arbeitnehmerpersönlichkeiten einen anderen Führungsstil erfordern als zum Beispiel das Führen in einer Projektgruppe.

Soft skills

Eigenschaften, die über die fachliche und berufliche Qualifikation hinaus gehen. Soft skills beinhalten emotionale und soziale Kompetenzen, die je nach Anforderungsprofil der Person, des Berufes und der Position unterschiedlich stark zu gewichten sind. Im Wesentlichen sind es 1) Selbstwahrnehmung: die Fähigkeit, die eigenen Emotionen wahrzunehmen, sich ihrer Wirkung bewusst zu sein und persönliche Stärken und Schwächen realistisch einzuschätzen 2) Einfühlungsvermögen: eine wichtige Voraussetzung für die Kontaktaufnahme und die Beziehungsgestaltung, die eine bessere Verständigung ermöglichen (Empathie) 3) Selbstmanagement: Diese Fähigkeit ist die Grundlage für eine optimistische Grundhaltung, und dient der Selbstmotivation und Identifikation zu Beruf, Aufgabe und Unternehmen.

Sozialkompetenz

Nach langer Über- und Alleinbewertung der Rationalität und des Intelligenzquotienten hat die Sozialkompetenz an Bedeutung gewonnen. Von sozialer Kompetenz spricht man bei Menschen, die im kommunikativen und sozialen Bereich befähigt und stark sind und sich vor allem durch Geschick im Beziehungsverhalten und im Bereich der Führungskompetenzen auszeichnen. Es sind also jene, die zum Beispiel über Selbstsicherheit verfügen und mit Souveränität ihre persönlichen Ziele bei sozialen Problemen oder Herausforderungen erreichen. In der Praxis sind Merkmale sozialer Kompetenz in den folgenden Fähigkeiten und Verhaltensweisen zu finden: a) Einsatzbereitschaft b) Kritikfähigkeit c)

Rollendistanz d) Kooperationsfähigkeit e) Kompetenzen anderer achten f) Durchsetzungsfähigkeit g) Überzeugungskraft.

Stressforschung

Die Stressforschung der vergangenen Jahre hat gezeigt, dass im Rahmen der Stressverarbeitung bestimmten Verhaltensweisen im Hinblick auf Erkrankungsrisiken eine besondere Bedeutung zukommt. Beim Stressgeschehen ist zu beachten: Stressoren sind Ereignisse bzw. Situationen, die Stressreaktionen auslösen. Solche Stressoren können zu verschiedensten psychischen wie auch körperlichen Stressreaktionen führen. Für die Stressbewältigung gibt es unterschiedliche Strategien, die die Intensität von Stressreaktionen reduzieren können.

Supervision

Emotions- und beziehungsorientierte Beratungsform zur Thematisierung beruflicher Zusammenhänge. Historisch begründet lassen sich bei der Supervision folgende Funktionsbereiche erkennen: Administrative Supervision (Führung, Beratung und Kontrolle durch Vorgesetzte) und Clinical Supervision (psychotherapeutische Supervision und Supervision in der Sozialarbeit).

Team-Coaching

Spezialvariante des Coaching, bei der eine im beruflichen Funktionszusammenhang stehende Personengruppe in ihrem Umfeld gecoacht wird. Ziel ist die effektive Teamentwicklung und Verbesserung von Kommunikation, Motivation und Kooperation. Team-Coaching ist eine Unterform des Gruppen- Coachings und wird oft durch Einzel-Coaching für die Team-Mitglieder ergänzt.

Total Reward-Programme

Wurde Vergütung früher mit Gehalt gleichgesetzt, so umfasst der Begriff heute weit mehr: Fixes und variables Gehalt, betriebliche Nebenleistungen und persönliche Entwicklungsmöglichkeiten sind heute in einem attraktiven Gesamtvergütungspaket berücksichtigt. Ein zeitgemässes "Total Reward"- oder Gesamtvergütungssystem ist komplex.

Training-near-the-job

Aus- und Weiterbildung, welche räumlich und inhaltlich nahe am Arbeitsplatz und den Aufgaben und Tätigkeiten der Mitarbeiter liegen. Anhand von konkreten Aufgabenstellungen wird so die Effizienz und Praxisnähe wesentlich gesteigert. Eingesetzte Methoden sind u.a. Qualitätszirkel, Lernstatt, Mentoring, Coaching, Projektgruppenarbeit, Mitarbeitergespräche und Ausbildungswerkstatt.

Training-off-the-job

Beim Training-off-the-job wird ein Training räumlich und didaktisch von den Aufgaben und Tätigkeiten der Stelle weg in Lehrgängen, Seminaren, Vorträgen, Workshops und Tagungen gelernt. Gegenstück zum Training-on-the-job.

Training-on-the-Job

Unter Training-on-the-Job (Learning by doing) versteht man das Lernen am Geschehen des Arbeitsplatzes mit praktischen Aufgabenstellungen und Lernmöglichkeiten. Dies ist eine sehr effektive Form der Einführung, sollte aber dennoch geplant und nicht nur mit einem "Nebenansitzen" vorgenommen werden. In der Praxis angewandte Trainingsmethoden sind Modell-Lernen, Job Enlargement, Job Enrichment, Job Rotation und Gruppenautonomie.

Überforderung

Eine Überforderung eines Mitarbeiters liegt dann vor, wenn eine Arbeit oder Aufgabe höhere Anforderungen an ihn stellt, als er auf Grund seiner Qualifikation und seiner Fähigkeiten bewältigen kann. Auswirkungen der Überforderung sind nicht zu unterschätzen und können Demotivation, Unsicherheit, Angst um den Arbeitsplatz, Frustration und ähnliches bewirken. Die gegenteilige Form ist die Unterforderung.

Unterforderung

Bei einer Unterforderung eines Mitarbeiters ist dieser für eine Aufgabe oder Stelle überqualifiziert, seine Fähigkeiten und Qualifikation entsprechen nicht den Aufgaben und Tätigkeiten. Dies kann zu Demotivation und Frustration führen. Massnahmen gegen Unterforderung sind Job Enrichment und Job Enlargement, eine interne Versetzung oder Beförderung.

Unternehmenskultur

Die Persönlichkeit und Qualitätsmerkmale eines Unternehmens und von Mitarbeitern gelebte und als wichtig empfundene Werte, Normen, Grundhaltungen und Umgangsstile. Kriterien können Eigenverantwortung, Transparenz und Kommunikation sein. Eine Unternehmenskultur ist oft in einem Leitbild festgehalten.

Vision

Die Unternehmensvision ist ein Fernziel in manchmal etwas idealisierter Form, welches die Entwicklung und die Prosperität eines Unternehmens sicherstellen soll. Aus der Vision werden Unternehmensziele abgeleitet. In der Mitarbeiterführung erfolgreiche und aktive Unternehmen verstehen es sehr gut, Visionen zu pflegen und zu kommunizieren und diese in die Unternehmensziele einzubinden.

Vorgesetztenbeurteilung

Eine Vorgesetztenbeurteilung ist als systematisches und verbindliches Beurteilungs- und Personalentwicklungsinstrument zu betrachten. Ziel ist es, die Zusammenarbeit zwischen den Vorgesetzten und den Mitarbeitern zu verbessern und Informationen für künftige Personalentscheidungen zu gewinnen. Grundsätze des Systems: a) Bewertung des Führungsverhaltens des Vorgesetzten b) Die Vorgesetztenbeurteilung beschränkt sich auf die Beschreibung des Führungsverhaltens und der sozialen Kompetenz durch die Mitarbeiter c) Einsatz klassischer Instrumente wie Fragebogen, Gespräch, Selbsteinschätzung, Zielvereinbarung und mehr können auch bei der Vorgesetztenbeurteilung angewandt werden.

Worklife Balance

Darunter wird das Gleichgewicht von Beruf und Privatleben und das Bestreben von Arbeitnehmerinnen und Arbeitnehmern verstanden, die Anforderungen der Arbeitswelt und die Anforderungen ihres privaten Lebens miteinander in Einklang zu bringen. Ist dieses Gleichgewicht gestört, sind die Folgen gemäss Untersuchungen verringerte Arbeitszufriedenheit, verminderte Produktivität, häufigere und gehäufte innere Kündigungen und Stellenwechsel.

Die CD-ROM zum Buch

Auf der beiligenden CD-ROM finden Sie sämtliche Mustertexte, Merkblätter, Checklisten und andere Arbeitsblätter und Vorlagen in einer Worddatei.

So können Sie die Vorlagen auf einfache Weise anpassen, bearbeiten und erweitern und mit den ensprechenden Arbeitshilfsmitteln aktiv arbeiten und diese zur effizienten und einfacheren betrieblichen Umsetzung anwenden.

Literaturverzeichnis

Albs, Norbert	*Wie man Mitarbeiter motiviert*	Berlin
Andrzejewski, L.	*Trennungskultur*	Neuwied
Arnold, R.	*Betriebspädagogik*	Berlin
Bembenek, W.	*Stellenbeschreibungen für Führungskräfte*	Düsseldorf
Böhringer, Peter	*Lehrgang Arbeitsrecht*	Zürich
Niermeyer	*Motivation*	Freiburg
Blum/Zaugg	*Praxishandbuch Arbeitszeitmanagement*	Zürich
Brocks, W.	*Teamarbeit für Ingenieure*	Düsseldorf
Bühner, R.	*Mitarbeiter mit Kennzahlen führen*	Landsberg
Clifton, Donald	*Entdecken Sie Ihre Stärken jetzt*	München
Eberhard, U.	*Beschäftigungswirksame Arbeitszeitmodelle*	Zürich
Edwards, M.	*360°-Beurteilung*	München
Fleer, A.	*Leistungsbeitrag der Personalabteilung*	Köln
Geissbühler/Pifko	*Soziales in der Schweiz*	Zürich
Golemann, D.	*Emotionale Intelligenz*	München
Haberleitner, E.	*Führen, Fördern, Coachen*	Frankfurt
Haberkorn, A.	*Praxis der Mitarbeiterführung*	Renningen
Harlander, N.	*Personalwirtschaft*	Landsberg
Jettrer, M.	*Effiziente Personalgewinnung*	Stuttgart
Mack, B.	*Führungsfaktor Menschenkenntnis*	Landsberg
Malik, F.	*Führen, Leisten, Leben*	Stuttgart
Meier, Robert	*30 Minuten für erfolgreiche Teamarbeit*	Offenbach
Meffi/Pifko	*Personalarbeit im Unternehmen*	Zürich
Müller, Robert	*Systematische Mitarbeiterbeurteilungen*	Zürich
Oechsler, W.	*Personal & Arbeit*	München
Olesch/Paulus	*Innovative Personal-Entwicklung in der Praxis*	München
Riekhof	*Personalentwicklung*	Berlin
Rosenstiel, L.	*Führung von Mitarbeitern*	Stuttgart
Rückle, H.	*Coaching*	Landsberg
Schmitz, L.	*Mitarbeitergespräche*	München
Schuler, H.	*Psychologische Personalauswahl*	Göttingen
Sprenger, R. K.	*Mythos Motivation*	Offenbach
Sprenger, R. K.	*30 Minuten für mehr Motivation*	Offenbach
Steinmann, H.	*Management*	Wiesbaden
Tschumi, M. A.	*Lexikon für das Personalwesen*	Zürich
Tschumi, M. A.	*Praxisratgeber zur Personalentwicklung*	Zürich
Tschumi, M. A.	*Musterbriefe und Musterreglemente*	Zürich
Jörg Zeyeringer	*Der Treppenläufer*	Zürich

Stichwortverzeichnis

J

K

L

M

N

P

S

T

U

V

W

Z

Informationen zum Praxium-Buchprogramm

Mehr Informationen und das aktuelle Programm mit Zusatzinformationen und ausführlichen Inhaltsangaben finden Sie im Internet auf unserer Verlags-Website unter:

www.praxium.ch

Arbeitshandbuch für die Zeugniserstellung

Speziell für Schweizer Betriebe entwickelt - Mit zahlreichen Textbausteinen und Formulierungshilfen - Über 90 von A-Z ausformulierte Musterzeugnisse - Inklusive Formulare, Checklisten und Arbeitsblätter

Für Personalleiter, Personalzuständige, Geschäftsführer, Vorgesetzte

wirft das Erstellen von Zeugnissen oft viele Fragen auf: Rechtliche Unklarheiten, Fragen zur Formulierung und zum korrekten Aufbau, Handhabung von Codierungen, problematische Formulierungen, um nur einige Beispiele zu nennen. In solchen und mehr Situationen steht Ihnen dieser neue Praxis-Ratgeber zur Seite.

Dieses Arbeitshandbuch gibt praktische Hilfestellung

zum stil- und rechtssicheren Verfassen von Zeugnissen. Im Mittelpunkt stehen Musterzeugnisse, Beispielstexte, Formulierungshilfen und Textbausteine in den unterschiedlichsten Varianten für viele Berufsgruppen, Leistungsstufen, Hierarchieebenen, Tätigkeiten und Branchen. Zur Sprache kommen besonders auch Formulierungshilfen zu problematischen Leistungs- und Verhaltensbeurteilungen für viele Situationen.

Zahlreiche Mustervorlagen und Hilfsmittel

wie tabellarische Übersichten, Formulare, Checklisten, Zusammenfassungen, Schnellanleitungen auf einen Blick, wichtige Merkpunkte und mehr verstärken die Praxisausrichtung und machen das Buch auch zu einem jederzeit nutzbaren Nachschlagewerk und Ratgeber. Administrative Hilfsmittel und Vorlagen erleichtern Ihnen die Zeugniserstellung zusätzlich.

Als Käufer haben Sie Anspruch auf den kostenlosen Disketten-Bezug

mit sämtlichen Musterzeugnissen, Textbausteinen und Formulierungshilfen für die effiziente Zeugniserstellung und individuelle Anpassung am PC.

Autor: Martin Tschumi, ISBN: 3-9522712-0-9, 316 Seiten, gebunden,
Preis € 46.-/CHF 69.–

Zu beziehen bei Ihrem Buchhändler oder online bei www.hrmbooks.ch

Lexikon für das Personalwesen

Wichtige Fachbegriffe aus dem Personalwesen – inklusive Praxistipps und Arbeitsrechtsinformationen.

Was ist ein Sabbatical? Was ist bei Kündigungsfristen zu beachten? Was umfasst flexible Arbeitszeit alles? Was versteht man genau unter Fluktuation?

Wie andere Managementbereiche ist auch der Personal-Fachjargon einem starken Wandel unterworfen. Der Einfluss des Englischen, neue Trends und der zunehmende Stellenwert des Human Resource Managements sind einige Gründe. Mit diesem Lexikon ist man über neue Trends informiert, kann gezielt Wissenslücken füllen oder einen schnellen und aktuellen Überblick zu einem bestimmten Fachgebiet gewinnen. Besonders auch mit den zahlreichen arbeitsrechtlichen Kurzinformationen stiftet dieses Lexikon einen zusätzlichen Nutzen.

Von einem Schweizer Autor für Schweizer Betriebe

Ob es um Arbeitsrecht, Sozialversicherung, Verbände oder gesetzliche Bestimmungen geht - dieses Lexikon ist auf Schweizer Verhältnisse ausgerichtet und für Schweizer Betriebe und Berufsleute geschrieben.

Inklusive Praxisbeispiele, Merkpunkte und Webquellen

Über die Definition der Fachbegriffe hinaus wird oft auch Praxiswissen in Kürze vermittelt. Dies können Kriterien, Abläufe, Vorgehensweisen, Auszüge aus Studien, Fallbeispiele, Merkpunkte usw. sein. Zu wichtigen Themen findet man interessante Websitequellen, die das Gesagte vertiefen.

Aktualität und Arbeitsrecht

Die Aktualität und Relevanz der Begriffe steht durch die starke Berücksichtigung von Trends, neuen Entwicklungen und modernem Sprachgebrauch besonders im Vordergrund. Über 100 arbeitsrechtliche Informationen zu Themen wie Kündigung, Überstunden, Lohnfortzahlung und aktuellen Schwerpunktthemen wie Arbeitszeitmodelle, Personalentwicklung, Sozialversicherungen und mehr wurden besonders berücksichtigt.

Autor: Martin Tschumi, ISBN: 3-9522712-1-7, 288 Seiten, gebunden,

Preis € 47.50/CHF 74.–

Zu beziehen bei Ihrem Buchhändler oder online bei www.hrmbooks.ch

Musterbriefe und Musterreglemente für das Personalwesen

Diese für Schweizer Betriebe von einem Schweizer Autor verfassten Musterbriefe und Musterreglemente sind Ihnen in allen Bereichen der Personalkommunikation mit Formulierungshilfen und Briefideen von der Anrede bis zur Grussformel mit fertig ausformulierten Mustertexten behilflich.

Eine Auswahl der Briefthemen:

Korrespondenz mit Bewerbern, Briefe und Mitteilungen zur Mitarbeitereinführung, persönliche Mitarbeiter-Korrespondenz (Kondolenzbriefe, Jubiläum, Geburtstag, Mitarbeiterbegrüssung, Genesungswünsche und mehr), Anerkennungs- und Beförderungsbriefe, rechtssichere Kündigungsbriefe aus verschiedenen Gründen (Fehlverhalten, betriebsbedingte Gründe, mangelnde Leistung, ordentliche Kündigung und mehr), Ermahnungsbriefe zu häufigen und heiklen Situationen, interne Betriebsmitteilungen und Reglemente (Administratives, Qualifikation, Bekanntmachungen, Reorganisation, Arbeitszeiten, personelle Veränderungen und mehr), Musterzeugnisse zu unterschiedlichen Zeugnistypen.

Ihr Nutzen geht weit über die Formulierungshilfen hinaus

Mit diesem Buch profitieren Sie auch von aktuellem Praxiswissen, Rechtsinformationen und vielen Anregungen und Ideen zum Personalwesen allgemein. Zum Beispiel, was ein Welcome Package für einen Mitarbeiter beinhalten kann, in einem Reglement die Informationen zum Einbezug aller Aspekte einer Arbeitszeitflexibilisierung oder rechtliche Klarheit, wenn es um die Begründung einer Kündigungsandrohung geht. Auch aktuelle Themen wie Internet und Arbeitszeitflexibilisierung kommen zur Sprache.

Als Käufer haben Sie Anspruch auf eine kostenlose Diskette

mit sämtlichen Musterbriefen, Reglementen und Mitteilungen, Textbausteinen und Formulierungshilfen für die effiziente Brieferstellung und individuelle Anpassung am PC.

Autor: Martin Tschumi, ISBN: 3-9522712-2-5, 284 Seiten, gebunden,
Preis € 46.-/CHF 69.–

Zu beziehen bei Ihrem Buchhändler oder online bei www.hrmbooks.ch

Formulare und Arbeitsblätter für das Personalwesen

Über 200 praktische Arbeitshilfsmittel und Mustervorlagen für die erfolgreiche Personalarbeit - mit CD-ROM

Mitarbeiterbefragung durchführen – die Einführung eines neuen Mitarbeiters organisieren – ein Leistungs- oder Zielvereinbarungsgespräch vorbereiten – eine Stellenbeschreibung verfassen – mit den besten Interviewfragen vorbereitet sein – die Lohnentwicklung analysieren... . . Dies sind nur einige Beispiele wichtiger Aufgaben im Personalalltag. Zur effizienten und zeitsparenden Erledigung von über 200 Personalaufgaben dieser Art verhilft Ihnen dieser Ratgeber - und gibt erst noch viele neue Anregungen.

Thematische Vielfalt

Besondere Beachtung wird in diesem Handbuch einer breiten und praxisrelevanten Themenpalette geschenkt. Die Arbeitsblätter und Formulare stammen aus den Bereichen Personalbeschaffung, Bewerber-Interviews, Arbeitszeugnisse, Mitarbeitereinführung, Stellenbeschreibungen, Mitarbeiterbefragungen und Mitarbeiterbeurteilungen, Mitarbeitergespräche und Personaladministration.

Einige Beispiele aus den über 200 Vorlagen

Formular zur strukturierten Schritt-für-Schritt-Erstellung von Zeugnissen – Formular für die Beurteilung von Leistungen für Zeugnisse und Bewerbungen – A-Z-Einführungsprogramm für neue Mitarbeiter – Fragebögen und Auswertungsblätter für Mitarbeitergespräche – Bewerberfragen mit Antwort- und Interpretationsbeispielen – Gesprächsleitfäden für Jahres-, Kritik-, Kündigungs-, Verwarnungsgespräche – Formular und Fragebogen zur Gehaltsfestlegung und zu Lohnveränderungen – Klar strukturiertes und ausführliches Zielvereinbarungs-Formular.

Alle Vorlagen auch auf CD-ROM

Alle Formulare und Arbeitsblätter können auf der beiliegenden CD-ROM in Wordvorlagen einfach und schnell angepasst und auf die individuellen Bedürfnisse von Personalabteilungen und Firmen ausgerichtet werden.

Autor: Martin Tschumi, ISBN: 3-9522712-3-3, 240 Seiten, gebunden,
Preis € 54.80/CHF 85.–

Zu beziehen bei Ihrem Buchhändler oder online bei www.hrmbooks.ch

Leitfaden für erfolgreiche Mitarbeitergespräche und Mitarbeiterbeurteilungen

Von A-Z ausformulierte Mitarbeiter-Mustergespräche aus der Personalpraxis mit Formularen auch zur Mitarbeiterbeurteilung – inkl. CD-ROM

Mit diesem neuen, für Schweizer Verhältnisse verfassten Buch können Sie Mitarbeitergespräche schnell vorbereiten und auch in heiklen Situationen mit mehr Sicherheit argumentieren. Das Buch umfasst Mitarbeitergespräche UND die Mitarbeiterbeurteilung zugleich mit CD-ROM und weist folgende überzeugende Vorzüge auf:

Moderne zeitgemässe Themen wie Projektgratulation, Internetmissbrauch, Burnout usw.

Zahlreiche Motivationsgespräche wie Dankeschön-Gespräche für Vorschlag, besonderen Einsatz, Diplomabschlüsse usw. mit konkreten Anerkennungs- und Motivationsideen.

Heikle Konfliktgespräche wie Vorgesetztenprobleme, Kündigungen, sexuelle Belästigung, fehlende Führungsqualitäten, innere Kündigung, Alkoholismus u.m. kommen zur Sprache.

Dutzende von Gesprächstipps mit konkreten Beispielen: Die besten Fragen, gehemmte Mitarbeiter aktivieren, Vielredner stoppen und neueste Erkenntnisse zu Konfliktgesprächen.

Viele Formulierungsideen für deutliche, klare, harte, unmissverständliche Standpunkte.

Kündigungsgespräche und Kündigungsandrohungen aus mehreren Gründen (Leistung, Führungsmängel, Fehlverhalten, wirtschaftliche Gründe usw.) werden ebenfalls angegangen.

Arbeitsrechtliche Informationen (Datenschutz, Kündigung, Freistellung, Kündigungsandrohung, Arbeitszeiten usw.) geben zusätzliche Gesprächs- und Rechtssicherheit.

Über 25 sofort einsetzbare Formulare für die Mitarbeiterbeurteilung und Mitarbeitergespräche. Sämtliche Formulare, Gespräche und Gesprächsbausteine sind auch auf CD-ROM enthalten.

Autor: M. De Micheli, ISBN: 3-9522712-5-X, 332 Seiten, gebunden,

Preis € 46.-/CHF 69.–

Zu beziehen bei Ihrem Buchhändler oder online bei www.hrmbooks.ch

Mit den besten Interviewfragen die besten Mitarbeiter gewinnen

Ein Kompass für professionelle Interviews und sicherere Einstellungsentscheidungen.

Kandidateninterviews gehören zu den wichtigsten Instrumenten der Personalauswahl. Dabei gehören taktisch kluge Fragen zu den wichtigsten Kommunikationstechniken. Mit Fragen führt man ein Bewerberinterview systematisch und erhöht die Chance, die wirklich wichtigen Informationen und einen möglichst zutreffenden Eindruck der Persönlichkeit zu gewinnen.

Zahlreiche Themenfelder

Alle Fragen werden kommentiert und bieten konkrete Interpretationshilfen. Die Auswahl an Themenfeldern reicht von Fragen zum Lebenslauf bis zu Fragen für Kaderangehörige und diverse Funktionen. Beispiele: Verhältnis zum vorherigen Arbeitgeber, Lohnerwartungen, Arbeitszeugnisse, Motivation, Selbstbewusstsein, Belastbarkeit, Leistungsvermögen und mehr.

Interviewtechniken und Hintergrundwissen

Auch rund um das Thema Kandidateninterviews bietet das Buch erfolgserprobtes Praxiswissen zu Interviewtechniken, Verhaltensweisen von Kandidaten, Tipps zum Umgang mit schwierigen Kandidaten und die verschiedenen Arten, Zwecke und Ziele von Interviewfragen.

Inklusive Formulare und Arbeitsblätter

Diese erleichtern den Ablauf und die Auswertung von Interviews zusätzlich. Beispiele: Dossier-Beurteilung als Interview-Grundlage, Beurteilungsformular zu Persönlichkeitsfaktoren, Grobvergleich von Kandidaten, Muster zur Begründung einer Einstellungsentscheidung, Formular zur systematischen Auswertung eines Vorstellungsgespräches und mehr.

Als Käufer haben Sie Anspruch auf eine kostenlose CD-ROM

mit allen Interviewfragen zur individuellen Selektion, als Auswertungs-Frageliste zum Einsatz in Ihren Interviews und mit allen Formularen.

Autor: Arthur Schneider, ISBN: 3-9522712-7-6, 210 Seiten, gebunden,
Preis € 39.-/CHF 59.—

Zu beziehen bei Ihrem Buchhändler oder online bei www.hrmbooks.ch

Handbuch für die erfolgreiche Personalrekrutierung

Gezielte und systematische Personalrekrutierung mit vielen Mustervorlagen und Handlungsanleitungen und Excel-Tools und allen Vorlagen auch auf CD-ROM.

Die besten Mitarbeiter einstellen - ein zentraler Erfolgsfaktor für jedes Unternehmen. Wie man vorgeht, welche Instrumente es gibt und worauf man achten muss, um die Besten zu gewinnen, verrät dieses Buch äusserst praxisnah. Erhöhte Ansprüche von Arbeitnehmern, die Intensivierung des Arbeitsmarktwettbewerbs und hohe Kosten von Fehlbesetzungen machen eine professionelle Personalgewinnung immer wichtiger.

Kompaktinformationen zur modernen Personalrekrutierung

Die besten Mitarbeiter einstellen - ein zentraler Erfolgsfaktor für jedes Unternehmen. Wie man vorgeht, welche Instrumente es gibt und worauf man achten muss, um die Besten zu gewinnen, verrät dieses Buch praxisnah.

Von der Stellenanzeige bis zum Einstellungsentscheid

Von der attraktiven Stellenanzeige über Bewerbungsmanagement und Kandidateninterviews bis zum Einstellungsentscheid werden alle praxisrelevanten Phasen der Personalrekrutierung behandelt, wie z.B. Datenschutz, Referenzeinholung, Interviewtechniken und die Chancen der Online-Rekrutierung.

Mustervorlagen, Übersichtstafeln und Handlungsanleitungen

Welches sind die besten Interviewfragen, wie sichtet man Bewerbungsdossiers ganzheitlich, wie erstellt man aussagekräftige Anforderungsprofile, wie gelingt die Mitarbeitereinführung, wie hilft ein Stellensuchplan, wie gewinnt man mehr Sicherheit bei Einstellungsentscheidungen - dies sind nur einige wenige Beispiele der behandelten Themen und Fragen.

Autor: Markus Sommerhalder, ISBN: 3-9522712-8-4, 296 Seiten, gebunden, Preis € 46.-/CHF 69.-

Zu beziehen bei Ihrem Buchhändler oder über www.hrmbooks.ch

Handbuch zum Personalmanagement

Modernes Personalmanagement aus der Praxis für die Praxis – mit zahlreichen Excel-Tools auf CD-ROM und vielen weiteren Mustervorlagen und Arbeitshilfen

Modernes Personalmanagement ist die aktive Gestaltung der Beziehung zu Mitarbeitenden eines Unternehmens. Dieses Buch ist ein Ideen- und Praxisratgeber mit Konzentration auf das Wesentliche. Von der Personalplanung über die Personalentwicklung und das Arbeitsrecht bis zu Lohn- und Austrittsfragen wird ein breites Spektrum relevanter Personalthemen behandelt. Das Buch vermittelt auch fundierte Handlungskonzepte, gibt Anregungen und möchte ebenso für wichtige Trends des modernen Personalmanagements sensibilisieren.

Lehrmittel, Nachschlagewerk und Praxisratgeber

Der Titel ist Lehrmittel, Nachschlagewerk und Praxisratgeber in einem und damit vielseitig verwendbar. Der Fokus auf Praxisbedürfnisse mit vielen Arbeitshilfsmitteln wie Checklisten und Vorlagen ermöglicht eine sofortige Umsetzung in der Betriebspraxis. Online-Zusatzleistungen und eine reichhaltige Sammlung von Excel-Tools auf der CD-ROM gestatten, das Buch zudem auf und mit mehreren Medienplattformen kombiniert zu nutzen.

Das gesamte praxisrelevante Themenspektrum

Der Titel ist Lehrmittel, Nachschlagewerk und Praxisratgeber in einem und damit vielseitig verwendbar. Personalplanung, -gewinnung, –führung und –entwicklung sowie Arbeitszeugnisse, Arbeitsrecht, Salärwesen, Mitarbeiterkommunikation, Sozialversicherungen, Kündigungs-Management und HR-Kennziffern sind die Themen.

Mustervorlagen, Übersichtstafeln und Handlungsanleitungen

Salärberechnungs-Vorlagen, arbeitsrechtliche Fallbeispiele und Rechtsprechungen, Musterarbeitszeugnisse, Stellenbeschreibungen, wichtige HR-Kennziffern, Stolpersteine bei Kündigungsfragen, Beurteilung von Führungsqualitäten sind nur einige wenige Beispiele von Dutzenden von Tools und Arbeitshilfen.

Autor: Martin Tschumi, ISBN: 3-9522958-0-9, 364 Seiten, gebunden,
Preis € 46.-/CHF 69.–

Zu beziehen bei Ihrem Buchhändler oder über www.hrmbooks.ch

Praxisratgeber zur Personalentwicklung

Personalentwicklung umfasst eine systematische Förderung und Weiterbildung von Mitarbeitenden. Darauf sind Unternehmen je länger desto mehr angewiesen – und entsprechend aktuell und wichtig ist das Thema.

Wen sollen wir wo und wie weiterbilden? Was macht einen wirklich guten Trainer aus? Wie stellen wir sicher, dass Gelerntes in der Praxis auch angewendet wird? Dieses Buch beantwortet diese und viele Fragen mehr auf praxisnahe und anschauliche Weise mit vielen Beispielen.

Das gesamte praxisrelevante Themenspektrum

Von der Bedarfsermittlung über die Umsetzung bis zur Erfolgskontrolle werden praxisrelevante Themen behandelt. Die Vielfalt und Kombination der Lernmethoden, wirkungsvolle Wissensvermittlung, Qualitätsbeurteilung von Seminaranbietern, das E-Learning, Schulungskonzepte und weitere Praxiserfahrungen aus Unternehmen sind einige Beispiele.

Mustervorlagen, Fallbeispiele, Handlungsanleitungen

Vom Muster einer Weiterbildungs-Vereinbarung über Konzepte und Planungsbeispiele zu Personalentwicklungs-Massnahmen bis hin zu Qualitätsprüfungshilfen für die Evaluation von Schulungsanbietern enthält das Buch zahlreiche sofort umsetzbare Vorlagen und Ideen für die erfolgreiche Praxisanwendung.

Plus Mehrwert auf CD-ROM

- Sämtliche Vorlagen aus dem Buch
- Ein Musterkonzept zur Personalentwicklung
- Excel-Tools zur PE-Planung und Analyse
- Eine fertig gestaltete Powerpoint-Präsentation

kommen hinzu und machen das Buch noch umsetzungsfreundlicher.

Autor: Martin Tschumi, ISBN: 3-9522958-1-7, 284 Seiten, gebunden,
Preis € 46.-/CHF 69.-

Zu beziehen bei Ihrem Buchhändler oder über www.hrmbooks.ch

Systematische Mitarbeiterbeurteilungen und Zielvereinbarungen

Von der Planung über die Durchführung bis zur Auswertung mit vielen Arbeitshilfen und Mustervorlagen inkl. Beurteilungsrastern, Mustergesprächen, Mitarbeiter-Beurteilungsbögen und Formulierungsbeispiele

Mitarbeiterbeurteilung – aus der Praxis für die Praxis

In diesem Buch werden die für die Beurteilungspraxis relevanten Themen fokussiert: Methoden, Planung, Durchführung, Beurteilungskriterien, -raster, -formulierungen, Auswertungen und Beurteilungs-Mustergespräche. Ein ausführlicher Fragen- und Antworten-Katalog führt schnell zu den wesentlichen Kernthemen und häufigen Fragen aus der Praxis.

Zahlreiche Arbeitshilfen und Beurteilungsbögen

Das Schwergewicht liegt auf Vorlagen, Praxiserfahrungen und Musterbeispielen, um Beurteilungssysteme individuell optimieren und übernehmen zu können. Vor allem die in Zielsetzung, Darstellung und Ausführlichkeit unterschiedlichen Varianten von Beurteilungsbögen und Bewertungsverfahren leisten wertvolle Hilfe für die schnelle Übernahme in die Praxis.

Inklusive Zielvereinbarungen

Zielvereinbarungen gewinnen als zukunftsgerichtetes Beurteilungsinstrument immer mehr an Bedeutung. Auch hier stehen Mustervorlagen und Handlungskonzepte mit praxiserprobtem Know-how im Vordergrund.

CD-ROM-Mehrwert mit Excel-Tools

Zahlreiche Excel-Tools und Dutzende von Vorlagen aus dem Buch auf CD-ROM erhöhen den Nutzwert zusätzlich und vereinfachen die Umsetzung. Beurteilungs-Auswertungen mit Grafiken, Mitarbeiterbeurteilungs-Tools und Anforderungsprofilen sind einige Beispiele.

Autor: Robert Müller, ISBN: 3-9522958-2-5, 304 Seiten, gebunden,

Preis € 46.-/CHF 69.–

Zu beziehen bei Ihrem Buchhändler oder über www.hrmbooks.ch

Bestellformular

Wir freuen uns über Ihr Interesse an unseren weiteren Titeln. Dazu können Sie einfach diese Seite kopieren und an **044 481 14 65** faxen, uns per Post zukommen lassen oder den/die Titel bei Ihrem Buchhändler anfordern.

Buch Titel

_ Ex **Arbeitshandbuch für die Zeugniserstellung**
Preis CHF 69.— / € 46.00, Autor: M. Tschumi, ISBN: 3-9522712-0-9

_ Ex **Lexikon für das Personalwesen**
Preis CHF 74.— / € 47.50, Autor: M. Tschumi, ISBN: 3-9522712-1-7

_ Ex **Musterbriefe und Musterreglemente für das Personalwesen**
Preis: CHF 69.— / € 46.00, Autor: M. Tschumi, ISBN: 3-9522712-2-5

_ Ex **Formulare und Arbeitsblätter für das Personalwesen**
Preis CHF 85.— / € 54.80, Autor: M. Tschumi, ISBN: 3-9522712-3-3

_ Ex **Leitfaden für erfolgreiche Mitarbeitergespräche und Mitarbeiterbeurteilungen**
Preis CHF 69.— / € 46.00, Autor: M. De Micheli, ISBN: 3-9522712-5-X

_ Ex **Mit den besten Interviewfragen die besten Mitarbeiter gewinnen**
Preis CHF 59.— / € 39.00, Autor: A. Schneider, ISBN: 3-9522712-7-6

_ Ex **Handbuch für die erfolgreiche Personalrekrutierung**
Preis CHF 69.— / € 46.00, Autor: M. Tschumi, ISBN: 3-9522712-8-4

_ Ex **Handbuch zum Personalmanagement**
Preis: CHF 69.— / € 46.00, Autor: M. Tschumi, ISBN: 3-9522958-0-9

_ Ex **Praxisratgeber zur Personalentwicklung**
Preis: CHF 69.— / € 46.00, Autor: M. Tschumi, ISBN: 3-9522958-1-7

_ Ex **Systematische Mitarbeiterbeurteilungen und Zielvereinbarungen**
Preis: CHF 69.— / € 46.00, Autor: Robert Müller, ISBN: 3-9522958-2-5

Firma:..

Vorname/Nachname:...

Strasse:.. PLZ, Ort:................................

Fax:.................................. E-Mail:...

Unterschrift:...

Fax 044 481 14 65